飞行器系列丛书

飞行器气动弹性 CFD/CSD 耦合计算

郭同庆　陆志良　周　迪　著

科学出版社
北　京

内 容 简 介

本书总结了作者在飞行器气动弹性 CFD/CSD 耦合计算及其工程应用方面的研究工作。详细阐述了 CFD 动态网格生成技术,定常、非定常流动 CFD 模拟方法,流-固耦合界面数据传递方法,静气动弹性 CFD/CSD 耦合迭代算法,以及动气动弹性 CFD/CSD 时域耦合算法。重点讨论了大型客机静气动弹性、飞行器跨声速颤振和突风响应、航空发动机叶片静弹/颤振等关键气动弹性问题的数值模拟实用算法,并给出了丰富的验证算例和工程应用实例以及详细的结果分析。

本书可供从事飞行器气动弹性力学计算和优化设计的专业技术人员使用,也可作为高等院校空气动力学、飞行器设计等相关专业本科生和研究生的参考教材。

图书在版编目(CIP)数据

飞行器气动弹性 CFD/CSD 耦合计算 / 郭同庆, 陆志良, 周迪著. — 北京 : 科学出版社, 2019. 11
(飞行器系列丛书)
ISBN 978 - 7 - 03 - 062893 - 0

Ⅰ. ①飞… Ⅱ. ①郭… ②陆… ③周… Ⅲ. ①飞行器—气动弹性—计算方法 Ⅳ. ①V211.47

中国版本图书馆 CIP 数据核字(2019)第 243200 号

责任编辑:许 健 / 责任校对:谭宏宇
责任印制:黄晓鸣 / 封面设计:殷 靓

科学出版社 出版
北京东黄城根北街 16 号
邮政编码:100717
http://www.sciencep.com
南京展望文化发展有限公司排版
广东虎彩云印刷有限公司
科学出版社发行 各地新华书店经销
*
2019 年 11 月第 一 版 开本:B5(720×1000)
2025 年 1 月第八次印刷 印张:13 1/4
字数:260 000

定价:90.00 元

(如有印装质量问题,我社负责调换)

丛书序

飞行器是指能在地球大气层内外空间飞行的器械，可分为航空器、航天器、火箭和导弹三类。航空器中，飞机通过固定于机身的机翼产生升力，是数量最大、使用最多的航空器；直升机通过旋转的旋翼产生升力，能垂直起降、空中悬停、向任意方向飞行，在航空器中具有独特的不可替代的作用。航天器可绕地球飞行，也可远离地球在外太空飞行。1903 年，美国的莱特兄弟研制成功了人类第一架飞机，实现了可持续、有动力、带操纵的飞行。1907 年，法国的科尔尼研制成功了人类第一架直升机，实现了有动力的垂直升空和连续飞行。1957 年，人类第一颗人造地球卫星由苏联发射成功，标志着人类由此进入了航天时代。1961 年，苏联宇航员加加林乘“东方 1 号”飞船进入太空，实现了人类遨游太空的梦想。1969 年，美国的阿姆斯特朗和奥尔德林乘“阿波罗 11 号”飞船登月成功，人类实现了涉足地球以外的另一个天体。这些飞行器的成功，实现了人类两千年以来的各种飞行梦想，推动了飞行器的不断进步。

目前，飞行器科学与技术快速发展，各种新构型、新概念飞行器层出不穷，反过来又催生了许多新的飞行器科学与技术，促使人们不断地去研究和探索新理论、新方法。出版“飞行器系列丛书”，将为人们的研究和探索提供非常有益的参考和借鉴，也将有力促进飞行器科学与技术的进一步发展。

“飞行器系列丛书”将介绍飞行器科学与技术研究的最新成果与进展，主要由南京航空航天大学从事飞行器设计及相关研究的教授、专家撰写。南京航空航天大学已研制成功了 30 多种型号飞行器，包括我国第一架大型无人机、第一架通过适航审定的全复合材料轻型飞机、第一架直升机、第一架无人直升机、第一架微型飞行器等，参与了我国几乎所有重大飞行器型号的研制，拥有航空宇航科学与技术一级学科国家重点学科。在这样厚重的航空宇航学科基础上，撰写出“飞行器系列丛书”并由科学出版社出版，具有十分重要的学术价值，将为我国航空航天界献上一份厚重的礼物，为我国航空航天事业的发展作出一份重要的贡献。

祝“飞行器系列丛书”出版成功！

夏品奇
2017 年 12 月 1 日于南京

前　言

气动弹性是现代先进飞行器设计过程中的一个关键科学问题。先进战机、导弹、大型客机和运输机、航空发动机等型号研制都会遭遇严重的气动弹性问题。

作者长期从事飞行器气动力 CFD 计算和气动弹性 CFD/CSD 耦合计算研究，并致力于自主软件研发和工程应用。本书以实用为目的，重点内容包括静、动气动弹性 CFD/CSD 耦合算法及其在大型客机静气弹、飞行器跨声速颤振和突风响应、航空发动机叶片气动弹性等关键问题中的拓展和应用，力求为相关气动弹性数值模拟和计算程序编写提供借鉴和参考。

本书共分为 8 章。第 1 章介绍了飞行器气动弹性力学的基本概念、研究的重要性和 CFD/CSD 耦合计算的关键环节。第 2 章介绍了多种高效动态网格生成技术，为气动弹性 CFD 计算提供高质量计算网格。第 3 章介绍了飞行器定常、非定常外流 Euler/N－S 方程高效算法及其在跨声速机翼抖振初始迎角预测中的应用。第 4 章介绍了流固耦合计算过程中的气动-结构数据传递方法。第 5 章介绍了包括结构几何非线性在内的静气弹 CFD/CSD 高效耦合迭代算法及其在机翼型架外形设计中的应用。第 6 章介绍了颤振 CFD/CSD 时域耦合算法、可压流颤振分析变刚度技术、考虑透气壁影响的跨声速风洞模型颤振以及几何非线性颤振计算方法。第 7 章介绍了突风响应分析的网格速度法以及刚性、弹性机翼的突风响应 CFD/CSD 时域耦合算法。第 8 章介绍了航空发动机内流 N－S 方程模拟方法，叶片静气弹正、反问题和颤振 CFD/CSD 耦合算法；相比于外流飞行器，航空发动机内流和叶片气动弹性分析均存在较大差异且更为复杂，国内外研究也相对不够充分，因此本书也花了较多篇幅来阐述叶片气动弹性问题。

本书是南京航空航天大学空气动力学系飞行器气动弹性研究团队长期以来在气动弹性数值计算方法及其工程应用研究方面的工作总结。参与本书部分编写工作的还包括团队成员陈皓、丁力、顾宁、沈恩楠、唐迪、董璐等。

飞行器气动弹性问题机制和理论深奥，计算复杂。作者为全书编写付出了极大努力，但由于水平和精力有限，不足和不妥之处在所难免，望读者批评指正。

作　者
于南京航空航天大学
2019 年 7 月

目　　录

第1章　绪　　论

飞行器都是弹性体，在空气动力的作用下会产生结构变形，结构变形又会引起附加的空气动力，而附加的空气动力又使结构产生附加的变形。飞行器在空气动力和弹性力的相互作用下所产生的结构变形可能趋于越来越小，最后达到一个平衡位置；也可能趋于发散而导致结构破坏。不仅弹性变形会引起附加的空气动力，弹性变形运动也会引起附加的空气动力，它们又使结构产生附加的变形和运动。在有些情况下，不仅要考虑空气动力和弹性力间的相互作用，还需要考虑它们和惯性力间的相互作用。

气动弹性力学就是研究空气动力、弹性力和惯性力间的相互作用以及这种相互作用对飞行器设计的影响的一门交叉学科。如图1.1气动弹性力三角形所示，按照是否考虑惯性力，气动弹性问题分为两类：只考虑空气动力和弹性力相互作用的气动弹性问题称为静气动弹性问题；包含空气动力、弹性力和惯性力相互作用的气动弹性问题称为动气动弹性问题。

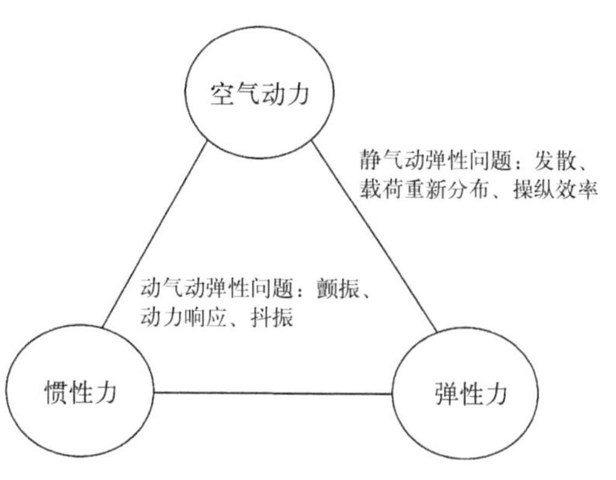

图1.1　气动弹性力三角形

弹性结构在气流中的稳定性是气动弹性力学关心的主要问题之一，飞行器飞行过程中必须保证不会发生不稳定事故。根据惯性力是否允许忽略，分为静不稳定（如发散）和动不稳定（如颤振）问题。在静气动弹性方面，不仅要求定量分析结构变形对气动特性的影响，对于大型客机等大展弦比飞行器，为了保证巡航飞行时弹性机翼恰好变形至设计巡航外形，更是要求在机翼优化设计过程中考虑结构弹性变形的影响。

气动弹性是现代先进飞行器设计过程中的一个关键科学问题。在国内现阶段，先进战机和导弹的跨声速颤振以及大型客机、运输机和预警机的静气动弹性问题等都是型号研制过程中必须解决的。相比于外流飞行器，航空发动机则面临着更为严峻和复杂的气动弹性问题。

飞行器气动弹性问题研究主要包括风洞试验、飞行试验和数值计算几种方法。气动弹性风洞试验是一种高难度的特种试验，从模型设计到专门的实验仪器，周期长、费用高。气动弹性飞行试验则具有更高要求。因此,数值计算显得尤为必要,而且气动弹性试验往往需要事先利用数值方法对风洞模型或真实飞机的气动弹性特性进行预测。

长期以来,国内外工程上的飞行器颤振分析主要采用基于线化气动力理论的 Nastran 商用软件,静弹分析主要采用商用 CFD/结构有限元软件松耦合迭代的方式,在分析精度、计算效率和适用范围上已经无法满足上述气动弹性问题研究的需要。

近 20 年来,随着基于 Euler/N－S 方程的计算流体力学(computational fluid dynamics, CFD)和基于结构有限元方法的计算结构力学(computational structural dynamics, CSD)的不断发展和成熟,国内外相继提出不同复杂程度的气动弹性 CFD/CSD 耦合计算方法,并逐渐将其应用于飞行器气动弹性问题的计算分析。总体来讲,气动弹性 CFD/CSD 耦合计算主要包括图 1.2 所示的几个关键环节。其中,流场 CFD 和结构场 CSD 是基础,CFD/CSD 耦合算法是核心,气动-结构数据传递是枢纽,动态网格生成则是气动弹性 CFD 计算的前提。本书针对不同气动弹性问题,主要围绕这几个环节进行阐述。

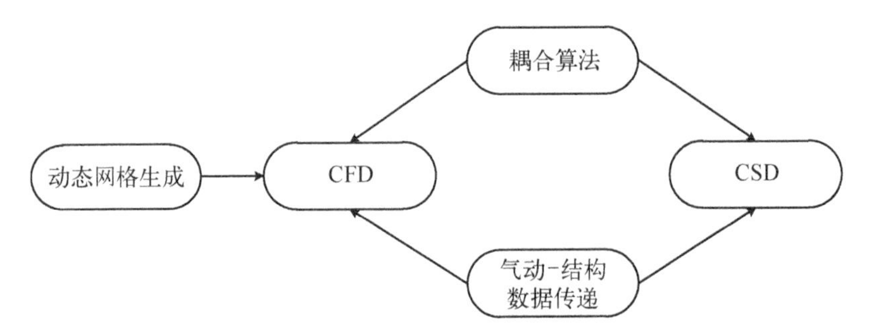

图 1.2　气动弹性 CFD/CSD 耦合计算关键环节

第2章　多块结构动态网格生成

CFD计算网格分为结构网格和非结构网格两类。通常来讲，基于结构网格的黏性流动CFD模拟精度要高于非结构网格。随着对数值模拟精度的要求不断提高，工程问题中也越来越多地采用结构网格。

目前，绝大部分动边界问题数值模拟都采用动态网格技术。各种动态网格生成技术在适用网格类型、插值精度和计算效率等方面都存在各自的优缺点。对于飞行器气动弹性CFD计算而言，动态网格生成还面临着复杂构型、结构大变形，以及颤振时结构振荡发散等困难。近年来，结合不同方法优点的动态网格生成的混合方法不断被提出，以期实现复杂构型大变形下高质量动态网格的高效率自动生成。

多块结构网格是复杂气动构型黏性绕流和非定常流动模拟的理想网格形式。本书中的动态网格技术和数值方法都只针对多块结构网格。本章首先给出网格质量判据，然后分别讨论结构动态网格生成的无限插值(transfinite interpolation, TFI)法、径向基函数(radial basis functions, RBF)法、反距离加权(inverse distance weighting, IDW)法、RBF－TFI和IDW－TFI混合方法，以及特大变形下动态网格生成的预估-校正技术。

2.1　网格质量判据

对于气动弹性CFD/CSD耦合计算，首先要生成CFD的基础网格，流-固耦合迭代计算过程中则需要根据结构弹性变形生成动态网格。无论是基础网格还是动态网格，均需要对网格质量进行检查，以保证具有高质量的计算网格，从计算网格的角度提高CFD模拟精度。

2.1.1　网格单元质量

计算网格系统由网格单元组成，因此首先对网格单元的质量进行评估。附面层网格要求具有正交性。对于结构网格而言，矩形和长方体是二维和三维网格的理想网格单元，但是对于复杂气动构型，这样的理想情况不可能完全实现。为了评估实际网格单元与理想网格单元的相似程度，选取Gridgen和ICEM CFD等网格生成软件中常用的等角度偏度(equi-angle skewness)来衡量网格单元质量。

等角度偏度准则的一般形式为

$$Q = 1 - \max\left(\frac{\theta_{\max} - \theta_e}{180° - \theta_e}, \frac{\theta_e - \theta_{\min}}{\theta_e}\right) \tag{2.1}$$

式中,Q 为网格单元质量;$\theta_{\max}$ 和 $\theta_{\min}$ 分别为网格单元的最大内角和最小内角;θ_e 为理想网格单元的内角,对于结构网格,$\theta_e = 90°$。

等角度偏度准则给出的网格单元质量为 0~1。$Q = 1$ 表示实际网格单元与理想单元一致,质量最好。$Q = 0$ 则表示网格单元质量最差。

等角度偏度准则适用于所有网格单元类型,包括面单元和体单元。

2.1.2　网格整体质量

根据网格单元质量可以获得网格质量的空间分布情况,但还需要定义一个参数来衡量计算网格的整体质量。取所有网格单元的最差质量作为网格整体质量是最常见和最简单的做法。考虑到一个网格系统中,不同区域网格质量对计算结果精度的影响程度不一样。例如附面层、激波、分离等复杂流动区域,网格质量对计算结果的影响更大。此外,对于动态网格而言,网格质量判据还应当能够反映出网格变形前后的质量变化情况。为此,在保证最差网格质量的前提下,提出如下一种基于加权平均的网格整体质量评判准则:

$$\overline{Q} = \frac{\sum_{k=1}^{N_C} \delta_k \sigma_k Q_k}{\sum_{k=1}^{N_C} \delta_k} \tag{2.2}$$

式中,$\overline{Q}$ 为网格整体质量;N_C 为网格单元总数;Q_k 为网格单元 k 的质量。σ_k 为一个与网格单元 k 的体积、网格质量和网格距物面的最小距离相关的参数,用于表征网格单元变形前后的相似程度,定义如下:

$$\sigma_k = \min\left(\frac{\Omega_k^{\text{initial}}}{\Omega_k}, \frac{\Omega_k}{\Omega_k^{\text{initial}}}\right) \times \min\left(\frac{Q_k^{\text{initial}}}{Q_k}, \frac{Q_k}{Q_k^{\text{initial}}}\right) \times \min\left(\frac{d_k^{\text{initial}}}{d_k}, \frac{d_k}{d_k^{\text{initial}}}\right) \tag{2.3}$$

式中,$\Omega_k^{\text{initial}}$、$Q_k^{\text{initial}}$ 和 d_k^{initial} 分别为初始网格单元的体积、网格质量和网格单元中心到物面的最小距离,初始网格 $\sigma_k = 1$。

式(2.2)中,权重系数 δ_k 设计为网格单元中心到物面最小距离 d_k 的函数:

$$\delta_k = \begin{cases} 1, & 0 < d_k \leqslant d_0 - \Delta/2 \\ \dfrac{\sin\left(\dfrac{\pi}{2}\dfrac{d_k - d_0}{\Delta/2} + \pi\right) + 1}{2}, & d_0 - \Delta/2 < d_k \leqslant d_0 + \Delta/2 \\ 0, & d_k > d_0 + \Delta/2 \end{cases} \tag{2.4}$$

式中，d_0 为距离阈值；Δ 为过渡区间间距。

如图 2.1 所示，令参考长度为 1，取 $d_0 = 2$、$\Delta = 1$。即认为与物面距离在 0~1.5 的网格单元质量最重要，距离在 1.5~2.5 的网格单元质量对整体质量的影响逐渐减小，而距离超过 2.5 的网格单元质量对整体质量的影响则为零。

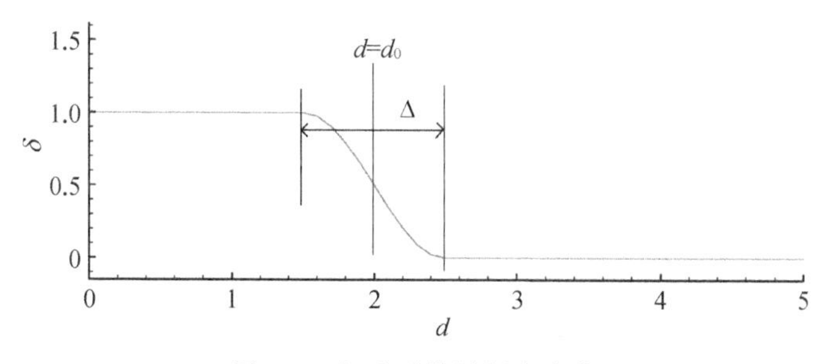

图 2.1　权重系数随距离变化

2.2　TFI 动态网格技术

通常来讲，动态网格生成遵循物面网格随动（由已知物面变形决定）、远场边界网格固定不动的基本原则。

TFI 只适用于结构网格，在已知单个网格块所有边界网格点变形的基础上，通过代数插值计算得到内部网格点变形。采用插值函数的布尔和，三维 TFI 可以写成

$$\Delta \boldsymbol{x}_{i,j,k} = U + V + W - UV - VW - UW + UVW \tag{2.5}$$

式中，下标 i、j、k 代表结构网格点编号；$\Delta \boldsymbol{x} = (\Delta x, \Delta y, \Delta z)$ 为网格点变形量。式中的单变量及复合变量分别定义如下：

$$\begin{aligned} U &= (1 - \alpha_{i,j,k})\Delta \boldsymbol{x}_{1,j,k} + \alpha_{i,j,k}\Delta \boldsymbol{x}_{i\max,j,k} \\ V &= (1 - \beta_{i,j,k})\Delta \boldsymbol{x}_{i,1,k} + \beta_{i,j,k}\Delta \boldsymbol{x}_{i,j\max,k} \\ W &= (1 - \gamma_{i,j,k})\Delta \boldsymbol{x}_{i,j,1} + \gamma_{i,j,k}\Delta \boldsymbol{x}_{i,j,k\max} \end{aligned} \tag{2.6}$$

$$
\begin{aligned}
UV &= (1-\alpha_{i,j,k})(1-\beta_{i,j,k})\Delta\boldsymbol{x}_{1,1,k} + \alpha_{i,j,k}(1-\beta_{i,j,k})\Delta\boldsymbol{x}_{i\max,1,k} \\
&\quad + (1-\alpha_{i,j,k})\beta_{i,j,k}\Delta\boldsymbol{x}_{1,j\max,k} + \alpha_{i,j,k}\beta_{i,j,k}\Delta\boldsymbol{x}_{i\max,j\max,k} \\
VW &= (1-\beta_{i,j,k})(1-\gamma_{i,j,k})\Delta\boldsymbol{x}_{i,1,1} + \beta_{i,j,k}(1-\gamma_{i,j,k})\Delta\boldsymbol{x}_{i,j\max,1} \\
&\quad + (1-\beta_{i,j,k})\gamma_{i,j,k}\Delta\boldsymbol{x}_{i,1,k\max} + \beta_{i,j,k}\gamma_{i,j,k}\Delta\boldsymbol{x}_{i,j\max,k\max} \\
UW &= (1-\alpha_{i,j,k})(1-\gamma_{i,j,k})\Delta\boldsymbol{x}_{1,j,1} + \alpha_{i,j,k}(1-\gamma_{i,j,k})\Delta\boldsymbol{x}_{i\max,j,1} \\
&\quad + (1-\alpha_{i,j,k})\gamma_{i,j,k}\Delta\boldsymbol{x}_{1,j,k\max} + \alpha_{i,j,k}\gamma_{i,j,k}\Delta\boldsymbol{x}_{i\max,j,k\max} \\
UVW &= (1-\alpha_{i,j,k})(1-\beta_{i,j,k})(1-\gamma_{i,j,k})\Delta\boldsymbol{x}_{1,1,1} + \alpha_{i,j,k}(1-\beta_{i,j,k})(1-\gamma_{i,j,k})\Delta\boldsymbol{x}_{i\max,1,1} \\
&\quad + (1-\alpha_{i,j,k})\beta_{i,j,k}(1-\gamma_{i,j,k})\Delta\boldsymbol{x}_{1,j\max,1} + (1-\alpha_{i,j,k})(1-\beta_{i,j,k})\gamma_{i,j,k}\Delta\boldsymbol{x}_{1,1,k\max} \\
&\quad + \alpha_{i,j,k}\beta_{i,j,k}(1-\gamma_{i,j,k})\Delta\boldsymbol{x}_{i\max,j\max,1} + \alpha_{i,j,k}(1-\beta_{i,j,k})\gamma_{i,j,k}\Delta\boldsymbol{x}_{i\max,1,k\max} \\
&\quad + (1-\alpha_{i,j,k})\beta_{i,j,k}\gamma_{i,j,k}\Delta\boldsymbol{x}_{1,j\max,k\max} + \alpha_{i,j,k}\beta_{i,j,k}\gamma_{i,j,k}\Delta\boldsymbol{x}_{i\max,j\max,k\max}
\end{aligned}
\tag{2.7}
$$

为了保证动态网格具有初始网格的分布规律，将式中的权重系数 α、β 和 γ 分别定义为当地网格点到相应边界网格点的无量纲弧长坐标：

$$
\alpha_{1,j,k}=0,\quad \beta_{i,1,k}=0,\quad \gamma_{i,j,1}=0 \tag{2.8}
$$

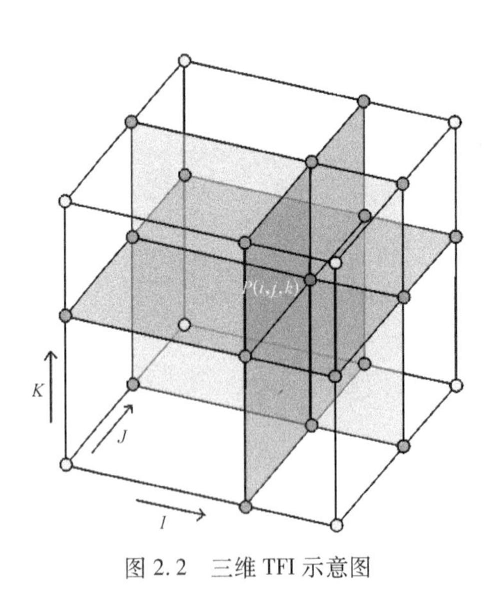

图 2.2　三维 TFI 示意图

$$
\begin{cases}
\alpha_{i,j,k} = \dfrac{\sum\limits_{m=2}^{i}\|\boldsymbol{x}_{m,j,k}-\boldsymbol{x}_{m-1,j,k}\|}{\sum\limits_{m=2}^{i\max}\|\boldsymbol{x}_{m,j,k}-\boldsymbol{x}_{m-1,j,k}\|} \\[2ex]
\beta_{i,j,k} = \dfrac{\sum\limits_{m=2}^{j}\|\boldsymbol{x}_{i,m,k}-\boldsymbol{x}_{i,m-1,k}\|}{\sum\limits_{m=2}^{j\max}\|\boldsymbol{x}_{i,m,k}-\boldsymbol{x}_{i,m-1,k}\|} \\[2ex]
\gamma_{i,j,k} = \dfrac{\sum\limits_{m=2}^{k}\|\boldsymbol{x}_{i,j,m}-\boldsymbol{x}_{i,j,m-1}\|}{\sum\limits_{m=2}^{k\max}\|\boldsymbol{x}_{i,j,m}-\boldsymbol{x}_{i,j,m-1}\|}
\end{cases}
\tag{2.9}
$$

显然，对于任意结构网格块，只要已知所有边界网格点变形，就可以通过 TFI 插值得到内部网格点变形。TFI 属于代数插值方法，计算量与网格数呈线性关系，即便网格数目庞大,也具有很高的计算效率。但是,TFI 中的一个内部网格点的变形只依赖于较少的边界网格点,如图 2.2 所示,三维 TFI 中空间网格点 P 的依赖点有 26 个。由于依赖点较少,TFI 的插值精度相对较低,此外,对于多块结构网格,TFI 要求先计算出所有网格块边界网格点的变形,因此,TFI 对于不同拓扑结构多块网格的通用性很差。

2.3　RBF 动态网格技术

2.3.1　RBF 理论

RBF 基于基函数叠加,根据空间中一些函数值已知的点构造出插值函数,再对未知点进行插值。实践表明: RBF 对于散乱数据的插值效果非常理想。

就动态网格生成而言,函数值即指网格点的变形量。变形量已知的点称为控制点。RBF 所构造的插值函数 f 是一系列基函数的叠加:

$$f(\boldsymbol{x}) = \sum_{i=1}^{N_{\mathrm{b}}} a_i \cdot \varphi(\|\boldsymbol{x} - \boldsymbol{x}_{\mathrm{b}i}\|) + \psi(\boldsymbol{x}) \tag{2.10}$$

式中, $\boldsymbol{x}_{\mathrm{b}i} = (x_{\mathrm{b}i}, y_{\mathrm{b}i}, z_{\mathrm{b}i})$ 为控制点坐标; N_{b} 为控制点个数; φ 为基于欧式范数 $\|\cdot\|$ 的基函数。

常用基函数大致分为两类: 紧支(compact)函数和全局(global)函数。紧支函数具有紧支半径,仅在待插值点周围一定范围内的已知点才可能是 RBF 插值的控制点。全局函数中待插值点的控制点则可以是全局范围内的已知点。表 2.1 列举了一些常用的基函数: 1~7 号为全局函数,其中,MQB 和 IMQB 函数中的控制参数 a 通常取为 $10^{-5} \sim 10^{-3}$;8 号为紧支函数,其中, $\xi = \|\boldsymbol{x}\|/r$, r 为紧支半径。

表 2.1　常用径向基函数

编号	名称	简写	函数形式
1	spline type	R_n	$\|\boldsymbol{x}\|^3$
2	thin plate spline	TPS	$\|\boldsymbol{x}\|^2 \log \|\boldsymbol{x}\|$
3	multiquadric biharmonics	MQB	$\sqrt{a^2 + \|\boldsymbol{x}\|^2}$
4	inverse multiquadric	IMQB	$\sqrt{1/(a^2 + \|\boldsymbol{x}\|^2)}$
5	quadric biharmonic	QB	$1 + \|\boldsymbol{x}\|^2$
6	inverse quadric	IQB	$1/(1 + \|\boldsymbol{x}\|^2)$
7	Gaussian	Gauss	$e^{-\|\boldsymbol{x}\|^2}$
8	Wendland C2	CP C^2	$\begin{cases}(1-\xi)^4(4\xi+1), & 0 \leqslant \xi \leqslant 1 \\ 0, & \xi > 1\end{cases}$

插值函数(2.10)中,$\psi(\boldsymbol{x}) = b_0 + b_1 x + b_2 y + b_3 z$ 为线性多项式。系数 a_i 和 b_0、b_1、b_2、b_3 通过控制点变形及附加条件获得:

$$f(\boldsymbol{x}_{\mathrm{b}i}) = d_{\mathrm{b}i} \tag{2.11}$$

$$\sum_{i=1}^{N_{\mathrm{b}}} a_i = \sum_{i=1}^{N_{\mathrm{b}}} a_i x_{\mathrm{b}i} = \sum_{i=1}^{N_{\mathrm{b}}} a_i y_{\mathrm{b}i} = \sum_{i=1}^{N_{\mathrm{b}}} a_i z_{\mathrm{b}i} = 0 \tag{2.12}$$

式中,$d_{\mathrm{b}i}$ 为控制点的变形量。将方程(2.11)、(2.12)写成矩阵形式:

$$\begin{bmatrix} \boldsymbol{M} & \boldsymbol{P} \\ \boldsymbol{P}^{\mathrm{T}} & \boldsymbol{0} \end{bmatrix} \begin{bmatrix} \boldsymbol{a} \\ \boldsymbol{b} \end{bmatrix} = \begin{bmatrix} \boldsymbol{d}_{\mathrm{b}} \\ \boldsymbol{0} \end{bmatrix} \tag{2.13}$$

其中,

$$\boldsymbol{M} = \begin{bmatrix} \varphi_{11} & \varphi_{12} & \cdots & \varphi_{1n} \\ \varphi_{21} & \varphi_{22} & \cdots & \varphi_{2n} \\ \vdots & \vdots & & \vdots \\ \varphi_{n1} & \varphi_{n2} & \cdots & \varphi_{nn} \end{bmatrix} \tag{2.14}$$

$$\boldsymbol{P} = \begin{bmatrix} 1 & x_{\mathrm{b}1} & y_{\mathrm{b}1} & z_{\mathrm{b}1} \\ 1 & x_{\mathrm{b}2} & y_{\mathrm{b}2} & z_{\mathrm{b}2} \\ \vdots & \vdots & \vdots & \vdots \\ 1 & x_{\mathrm{b}n} & y_{\mathrm{b}n} & z_{\mathrm{b}n} \end{bmatrix} \tag{2.15}$$

$$\boldsymbol{a} = \begin{bmatrix} a_1 \\ a_2 \\ \vdots \\ a_n \end{bmatrix},\ \boldsymbol{b} = \begin{bmatrix} b_0 \\ b_1 \\ b_2 \\ b_3 \end{bmatrix},\ \boldsymbol{d}_{\mathrm{b}} = \begin{bmatrix} d_{\mathrm{b}1} \\ d_{\mathrm{b}2} \\ \vdots \\ d_{\mathrm{b}n} \end{bmatrix} \tag{2.16}$$

$$\varphi_{ij} = \varphi(\| \boldsymbol{x}_{\mathrm{b}i} - \boldsymbol{x}_{\mathrm{b}j} \|) \tag{2.17}$$

在求解方程组(2.13)确定插值函数 f 后,计算得到任意网格点的变形:

$$d = f(\boldsymbol{x}) \tag{2.18}$$

RBF 通用于结构和非结构网格,易于实现复杂多块结构动态网格的自动化生成;相比于其他插值方法,RBF 插值精度高,相应的动态网格变形能力强。但是,RBF 方法需要求解权重系数方程组(2.13),该方程组的维数由控制点数目决定。因此,对于百万甚至千万量级计算网格,控制点数目巨大,导致 RBF 计算效率极低。

2.3.2　基函数对动态网格质量的影响

给定 NACA0012 翼型的混合网格，图 2.3 给出了初始网格质量云图，共有 3 026 个四边形单元和 2 228 个三角形单元。翼型固定不动，将远场边界绕翼型 1/4 弦点顺时针旋转 30°，分别采用 CP C^2、TPS 和 R_n 三种基函数，通过 RBF 计算获得变形网格，分析基函数对变形网格质量的影响。

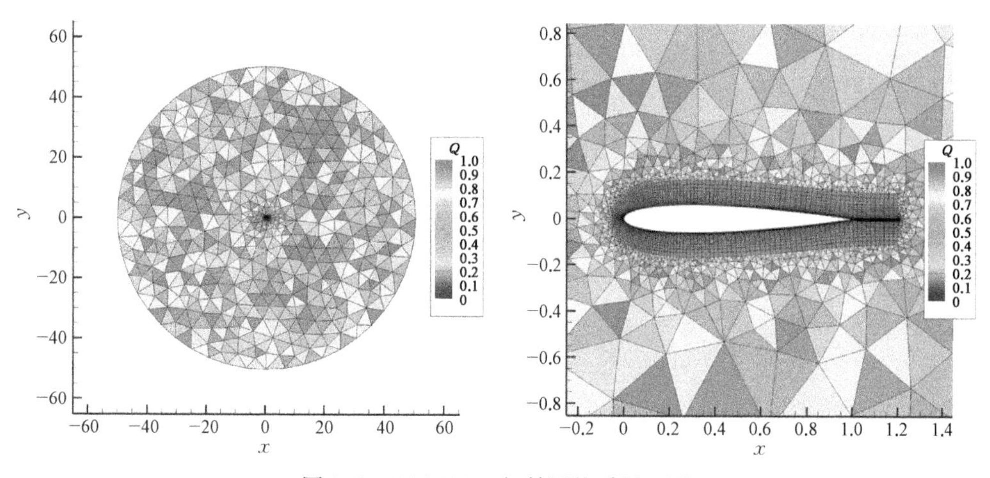

图 2.3　NACA0012 初始网格质量云图

图 2.4、图 2.5 分别对比了 4 组网格的加权平均网格质量和最差网格质量。需要注意的是，为了方便比较，图中将横坐标取为紧支半径，但实际上只有紧支函数 CP C^2 与此相关，其他基函数则与紧支半径无关。可以看出，采用 R_n 所生成的变形网格无论是加权平均网格质量还是最差网格质量都最为接近初始网格，因此选取 R_n 作为基函数。

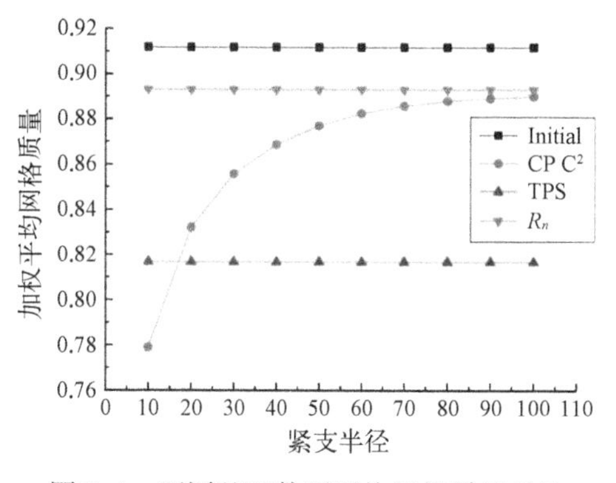

图 2.4　不同基函数下平均网格质量对比

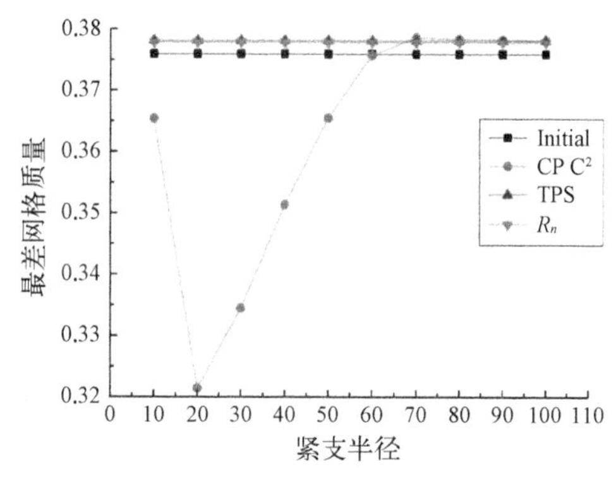

图 2.5　不同基函数下最差网格质量对比

2.4　IDW 动态网格技术

和 TFI 一样,IDW 也属于代数插值,其基本原理是:两个物体距离越近,它们的值就越相似;反之,则相似性越小。IDW 以待插值点与控制点间的距离为权重,插值公式如下:

$$\boldsymbol{d}(\boldsymbol{x})=\frac{\sum_{i=1}^{N_b}\boldsymbol{d}(\boldsymbol{x}_i)\phi(r_i)}{\sum_{i=1}^{N_b}\phi(r_i)} \tag{2.19}$$

式中,$\boldsymbol{d}(\boldsymbol{x})$为待插值网格点 $\boldsymbol{x}=(x, y, z)$ 变形量的估计值;$\boldsymbol{d}(\boldsymbol{x}_i)$为已知的第 i 个控制点$\boldsymbol{x}_i$ 的变形量;N_b 为控制点数量;r_i 为待插值点 $\boldsymbol{x}$ 与控制点$\boldsymbol{x}_i$ 之间的欧式距离,即 $r_i=\|\boldsymbol{x}-\boldsymbol{x}_i\|$;权重函数 $\phi(r)=r^{-c}$, c 为幂指数。

对于 IDW,一个空间网格点的变形量依赖于所有控制点,插值精度通常高于 TFI;IDW 适用于任意网格类型,易于实现不同拓扑结构动态网格的自动化生成。但是,IDW 会受到幂指数 c 的影响。同时,大规模网格数目下,权重函数的计算也会导致计算效率降低。

2.5　RBF - TFI 动态网格技术

2.5.1　RBF - TFI 混合方法

RBF 插值精度高且通用于不同拓扑结构的多块网格,但需要求解关于权重系数的线性方程组,导致大规模网格数下的计算效率极低。代数法 TFI 在大规模网格数下的计算效率很高,但是插值精度较低且通用性很差。

对于复杂多块结构网格中的任意网格块,其内部网格点变形主要依赖于该网格块的边界网格点。如果把所有网格块的顶点视为一个新的网格系统,那么控制点就只包括变形量已知的所有网格块顶点,其数目相对于初始网格系统而言可以忽略不计,于是可以采用 RBF 准确插值出所有网格块棱边的变形量,而各网格块边界面和内部网格点的变形量则由 TFI 快速计算,由此形成多块结构动态网格生成的 RBF - TFI 混合方法,其主要步骤如下:

(1) 选取所有变形量已知的网格块顶点作为 RBF 插值的控制点;

(2) 根据控制点的变形量,采用 RBF 准确求解各网格块棱边的网格变形量;

(3) 根据网格块棱边的变形量,采用基于弧长坐标的二维 TFI 快速求解各网格块边界面网格的变形量;

（4）对于三维问题，根据网格块边界面的变形量，采用基于弧长坐标的三维 TFI 快速求解各网格块内部网格点的变形量。

显然，RBF－TFI 结合了 RBF 插值精度高和 TFI 计算效率高的优点，且通用于不同拓扑结构多块网格。在计算效率方面，RBF－TFI 只选取变形量已知的网格块顶点作为控制点，数目通常很少，因此 RBF 插值部分所需计算时间可以忽略不计，具有很高的计算效率；在变形能力方面，网格块棱边的变形量通过 RBF 准确插值计算，因此 RBF－TFI 的变形能力相比于 TFI 有很大提高。后续算例分析表明：对于百万量级复杂多块结构网格，RBF－TFI 只需秒量级时间就能自动生成与初始网格质量相当的动态网格。

2.5.2　控制点选取的改进措施

如果在飞行器结构变形形式复杂位置的控制点过少，那么有可能导致 RBF－TFI 方法失败。如图 2.6 所示，机翼弯曲变形，RBF－TFI 生成的变形网格发生交错。这是由于机翼附近网格块的长宽比非常大，而控制点（网格块顶点）数又过于少，控制点之间的间距过于大，导致控制点变形已经无法很好地反映机翼的真实变形。

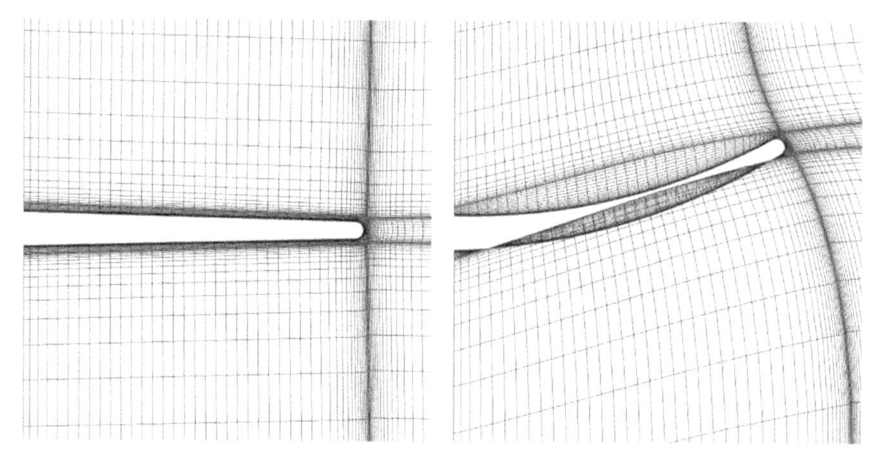

图 2.6　机翼弯曲变形网格交错：左图为变形前，右图为变形后

为了消除上述网格交错现象，可以在网格交错的地方对网格块进行局部剖分，通过增加网格块的方式增加 RBF 的控制点数目，使得控制点能够很好地反映机翼的真实变形。另一种更为便捷、通用的措施是直接基于初始网格增加控制点，将初始网格每个网格块的边界网格按一定比例进行稀疏，然后基于稀疏后的边界面网格选取 RBF 的控制点。对于图 2.6 中的网格，将机翼表面网格稀疏至初始网格数的 1/10，取翼面稀疏网格点为 RBF 的控制点。图 2.7 给出了增加控制点后 RBF－TFI 生成的变形网格，消除了网格交错现象，网格质量也得到显著提高。相比于初

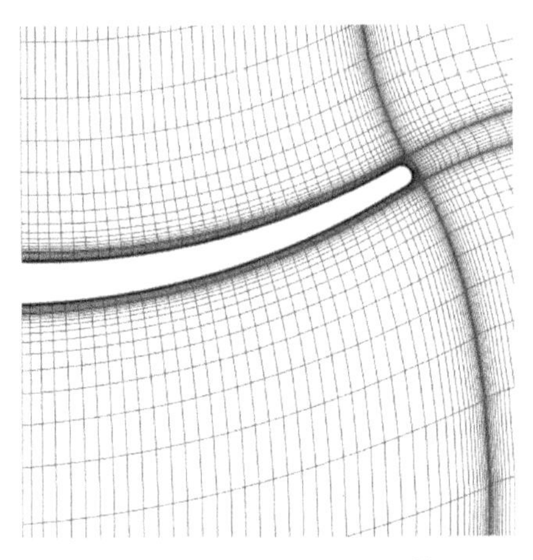

图 2.7 增加控制点后机翼弯曲变形网格

始网格系统,稀疏网格的控制点数依旧很少,RBF - TFI 仍保持了很高的计算效率。

2.5.3 RBF - TFI 动态网格生成二维算例

GA(W)-1 两段翼型:襟翼绕其前缘点顺时针旋转 15°。图 2.8 为 GA(W)-1 两段翼型的初始网格,共 45 个网格块,网格单元数为 51 216。分别采用 RBF 和 RBF - TFI 生成襟翼偏转的变形网格,图 2.9 和图 2.10 给出了相应的变形网格及其质量分布。RBF - TFI 变形网格质量与 RBF 变形网格质量及初始网格质量相当。RBF 耗时 4 056 ms,RBF - TFI 耗时 25 ms,约为前者的 0.62%。

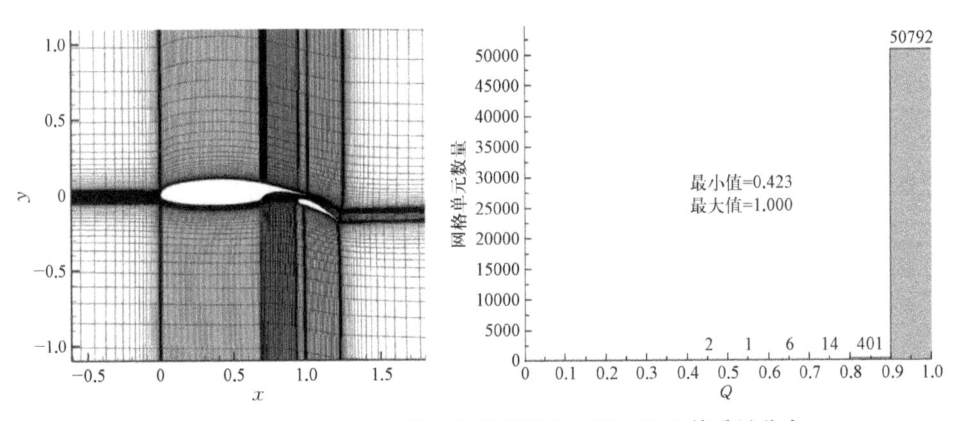

图 2.8 GA(W)-1 两段翼型襟翼偏转前初始网格及其质量分布

2.5.4 RBF - TFI 动态网格生成三维算例

带副油箱机翼:如图 2.11 所示,机翼弯扭变形,翼梢处最大弯曲变形约为 5%半展长,最大扭角为 5°,挂架及副油箱跟随机翼做刚体运动。初始网格共分为 694 块,网格单元数约为 186 万。对于百万量级网格,RBF 方法的计算时间将无法忍受,因此仅采用 RBF - TFI 混合方法。图 2.12 给出了 RBF - TFI 生成的变形网格,所消耗时间为 2 387 ms。图 2.13 比较了变形前后的网格质量,两者相当。

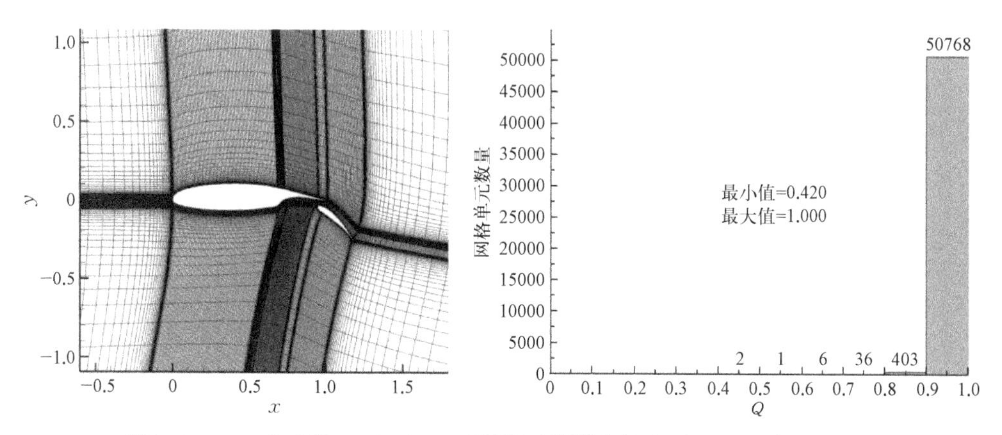

图 2.9　RBF 生成的 GA(W)-1 两段翼型襟翼偏转变形网格及其质量分布

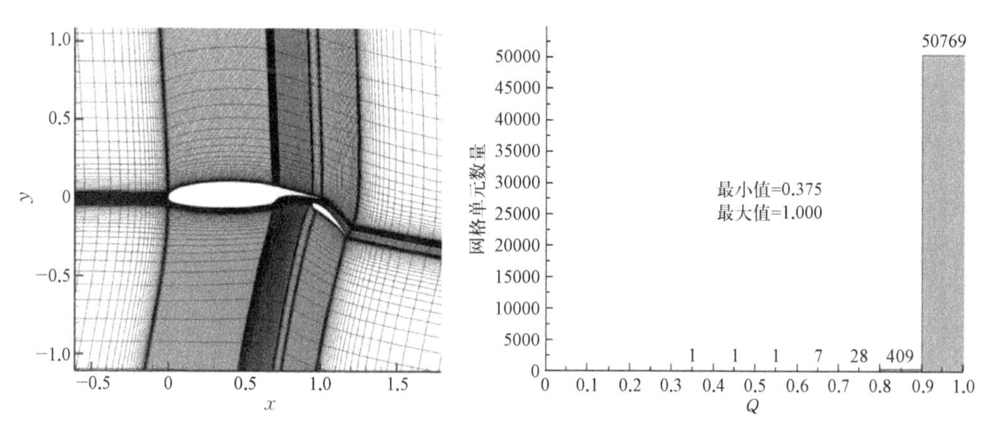

图 2.10　RBF-TFI 生成的 GA(W)-1 两段翼型襟翼偏转变形网格及其质量分布

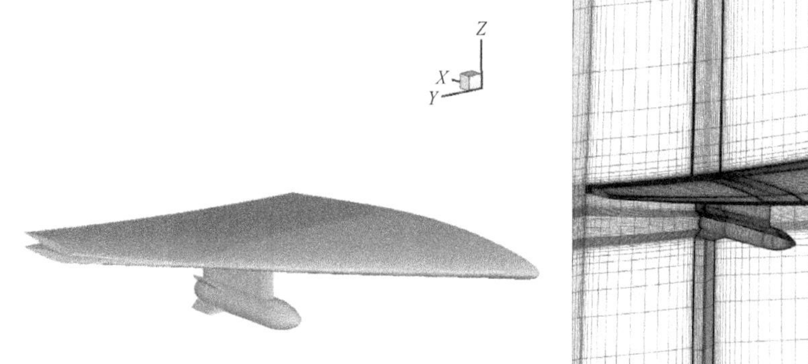

图 2.11　带副油箱机翼弯扭组合变形

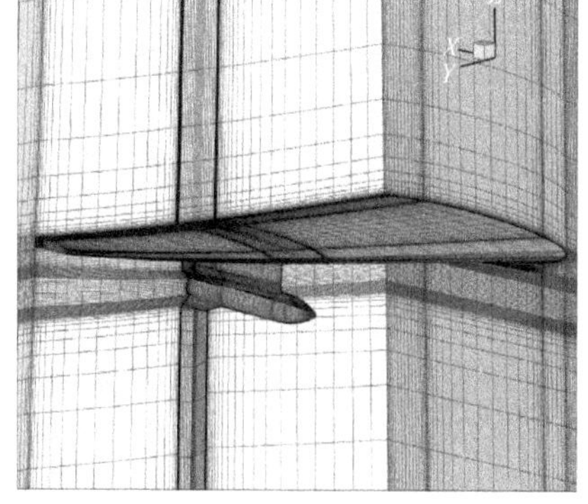

图 2.12　RBF-TFI 生成的机翼弯扭变形网格

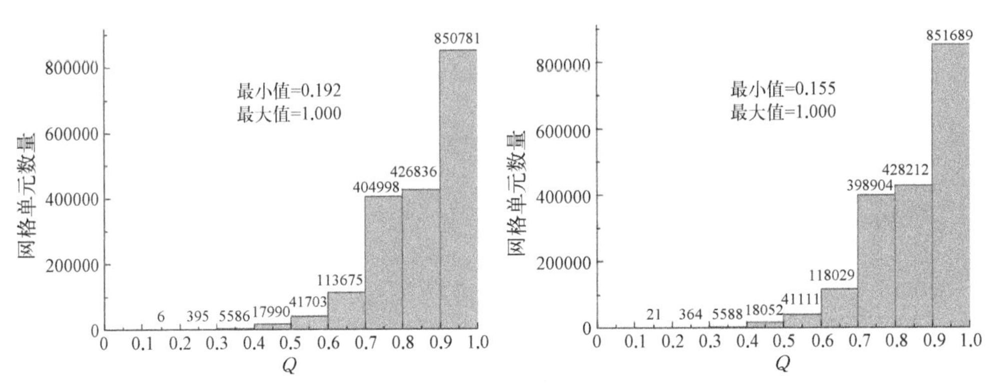

图 2.13　带副油箱机翼变形前后网格质量分布：左图为变形前，右图为变形后

2.6　IDW－TFI 动态网格技术

2.6.1　IDW－TFI 混合方法

与 RBF－TFI 类似，IDW－TFI 动态网格生成混合方法综合利用 IDW 插值精度高和 TFI 计算效率高的优点。对于多块结构网格，采用 IDW 插值计算各网格块棱边的变形量，其余任务交由 TFI 快速完成。IDW－TFI 混合方法主要包含以下几个步骤：

（1）选取变形量已知的网格块顶点作为 IDW 插值的控制点；

（2）根据控制点的变形量，采用 IDW 求解所有网格块棱边的变形量；

（3）根据网格块棱边的变形量，采用二维 TFI 求解所有网格块边界面网格点的变形量；

（4）三维问题则根据网格块边界面网格点的变形量，采用三维 TFI 求解各网格块内部网格点的变形量。

后续算例分析表明：与单一 IDW 方法相比，IDW－TFI 混合方法提高了计算效率，并且减小了方程(2.19)中幂指数对动网格质量的影响；对于百万量级网格，IDW－TFI 只需要秒量级时间便能够自动生成与初始网格质量相当的动态网格。

2.6.2　IDW－TFI 动态网格生成二维算例

动态网格技术也经常用于气动外形优化 CFD 计算，以提高网格生成效率。如图 2.14 所示，初始外形为 NACA0012 翼型，新外形为 NACA0020 翼型。图 2.15 给出了 NACA0012 翼型网格，共分 8 块，网格单元数为 26 215。基于 NACA0012 翼型网格，分别采用 IDW、IDW－TFI 生成 NACA0020 翼型网格。

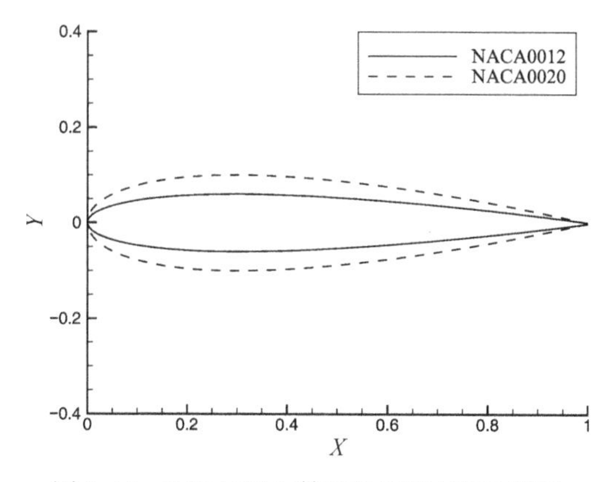

图 2.14　NACA0012 翼型和 NACA0020 翼型

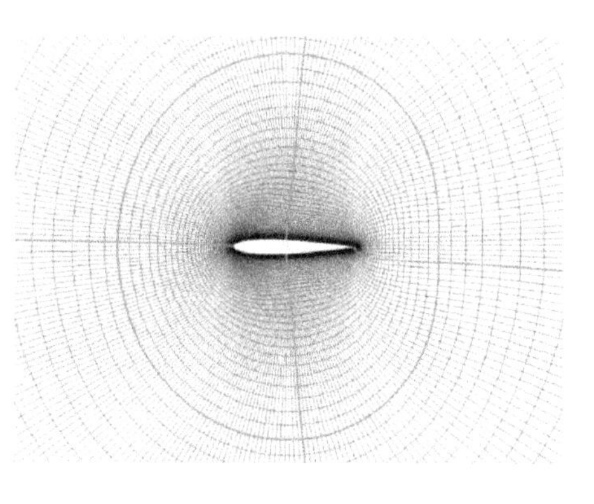

图 2.15　初始的 NACA0012 翼型网格

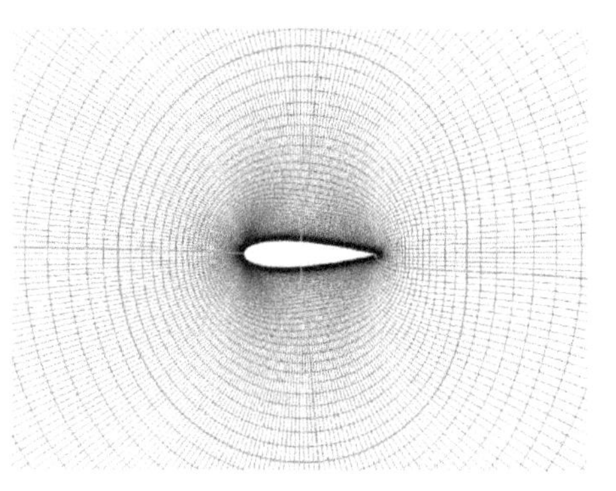

图 2.16　IDW－TFI 生成的 NACA0020 翼型网格

IDW 选取所有变形量已知的物面和远场边界点为控制点，而 IDW－TFI 仅选取变形量已知的网格块顶点为控制点。图 2.16 给出了 IDW－TFI 生成的 NACA0020 网格。对于该算例，IDW 耗时 0.234 s，IDW－TFI 耗时 0.078 s。表 2.2 比较了 IDW、IDW－TFI 在不同幂指数 c 下生成的 NACA0020 翼型的平均网格质量。比较表明：IDW－TFI 变形网格质量和 IDW 相当，且受幂指数的影响很小。由于 IDW－TFI 混合方法中 IDW 的控制点数目大幅度减少，且只有网格块棱边的变形量由 IDW 计算，因此降低了幂指数对变形网格质量的影响。

表 2.2　IDW 和 IDW－TFI 生成的 NACA0020 翼型网格质量对比

幂指数 c	平均网格质量	
	IDW	IDW－TFI
2.0	0.856	0.917
3.0	0.913	0.915
5.0	0.919	0.914

2.6.3　IDW－TFI 动态网格生成三维算例

飞翼布局，如图 2.17 所示，变形形式为机翼弯曲变形，翼梢处最大变形为 30% 半展长。初始网格共分为 4 块，网格单元数共为 899 542。

图 2.17　飞翼布局弯曲变形

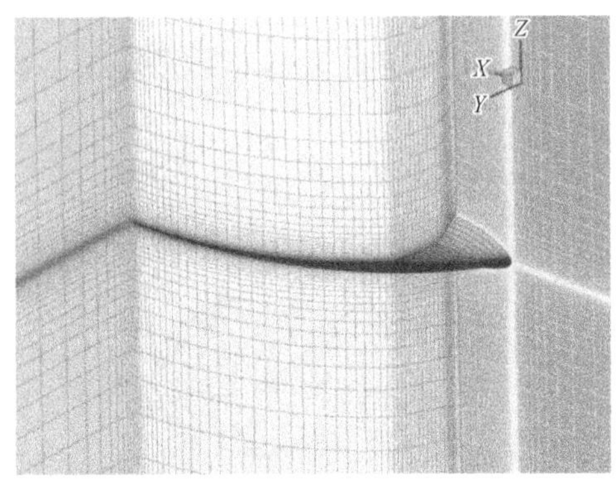

图 2.18　IDW - TFI 生成的飞翼布局变形网格

分别采用 IDW 和 IDW - TFI 混合方法生成变形网格。IDW 耗时约 0.5 h, IDW - TFI 耗时 1.264 s,仅为前者的 0.07%。图 2.18 给出了 IDW - TFI 生成的变形网格。表 2.3 比较了不同幂指数下两种方法的平均网格质量,其中,初始网格质量为 0.778。IDW - TFI 变形网格质量和 IDW 及初始网格质量相当,且幂指数 c 对 IDW - TFI 变形网格质量的影响可以忽略不计。

表 2.3　IDW 和 IDW - TFI 生成的飞翼布局弯曲变形网格质量对比

幂指数 c	平均网格质量	
	IDW	IDW - TFI
2.0	0.747	0.759
3.0	0.756	0.759
5.0	0.759	0.759

2.7　预估-校正特大变形动态网格技术

2.7.1　预估-校正动态网格生成方法

实践表明: RBF、IDW、TFI、RBF - TFI、IDW - TFI 等方法还不能实现倾转旋翼机倾转过程等特大变形动态网格生成。区别于传统动态网格技术都基于单套初始网格,预估-校正技术的核心思想是通过多个典型位置处拓扑结构相同的多套多块结构网格插值出任意位置(或时刻)的动态网格。由于插值得到的运动边界通常与实际动态位置存在偏差,因而还需要对此偏差进行校正。预估-校正方法主要包括 3 个步骤: 多个典型位置的多块网格生成、不同时刻动态网格的插值预估和校正。接下来以 NACA0012 翼型绕 1/4 弦点做-90°~90°俯仰运动为例,详细阐述预估-校正动态网格生成方法的实施过程。

2.7.1.1　多套初始网格生成

综合考虑给定非定常运动的始末位置,选取多个典型动态位置,合理设计多块网格的拓扑结构,分别在选定位置生成拓扑结构完全相同的多套多块结构网格。

如图 2.19 所示,选取旋转角 $\theta=-90°$、$0°$ 和 $90°$,生成拓扑结构相同的三套初始网格,为了显示清晰,远场边界只取到 3 倍弦长。

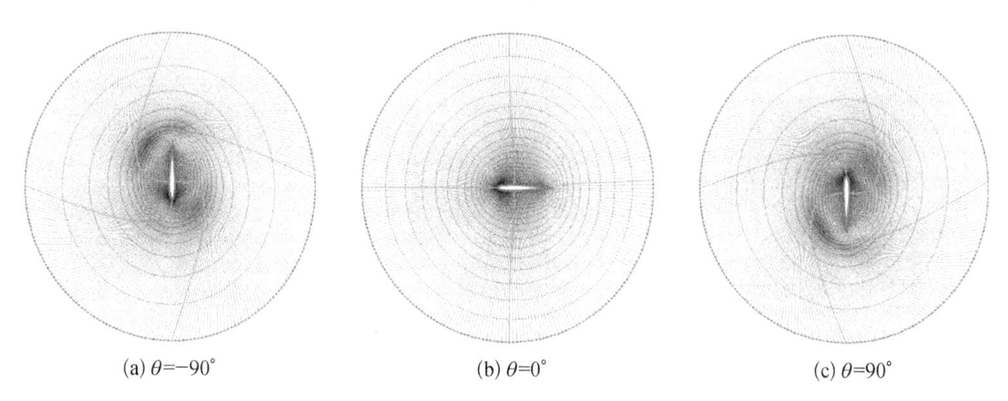

(a) $\theta=-90°$　(b) $\theta=0°$　(c) $\theta=90°$

图 2.19　NACA0012 三个旋转角下的初始网格

2.7.1.2　动态网格预估

基于已经生成的 n 套初始网格,采用拉格朗日插值法预估出任意动态位置的动态网格。预估网格点坐标记为 $(\overline{x}_{i,j,k},\ \overline{y}_{i,j,k},\ \overline{z}_{i,j,k})$,插值公式如下:

$$
\begin{aligned}
\overline{x}_{i,j,k} &= a_1 x^1_{i,j,k} + a_2 x^2_{i,j,k} + \cdots + a_n x^n_{i,j,k} \\
\overline{y}_{i,j,k} &= a_1 y^1_{i,j,k} + a_2 y^2_{i,j,k} + \cdots + a_n y^n_{i,j,k} \\
\overline{z}_{i,j,k} &= a_1 z^1_{i,j,k} + a_2 z^2_{i,j,k} + \cdots + a_n z^n_{i,j,k}
\end{aligned}
\tag{2.20}
$$

式中,$(x^p_{i,j,k},\ y^p_{i,j,k},\ z^p_{i,j,k})$ 为第 p 套初始网格点坐标;a_i 为拉格朗日插值系数,满足 $\sum a_i = 1$。对于本算例,a_i 根据旋转角 θ 进行计算:

$$
a_1 = \frac{(\theta - 0°)(\theta - 90°)}{(-90° - 0°)(-90° - 90°)},\ a_2 = \frac{(\theta + 90°)(\theta - 90°)}{(0° + 90°)(0° - 90°)},
$$

$$
a_3 = \frac{(\theta + 90°)(\theta - 0°)}{(90° + 90°)(90° - 0°)} \tag{2.21}
$$

图 2.20 给出了旋转角 $\theta=-60°$ 的预估网格。多套初始网格在远场边界的网格点分布相同,因而插值后仍然相同。但是,上述插值无法保证插值得到的运动边

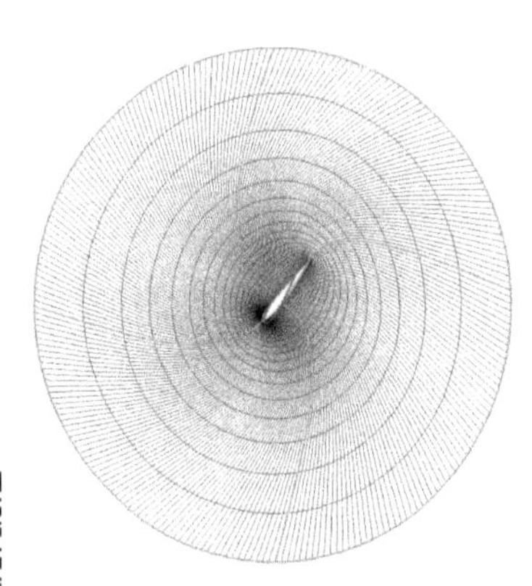

图 2.20　NACA0012 翼型 $\theta=-60°$ 的预估网格

界处于真实的动态位置，如图 2.20 中插值得到的运动边界（绿色）与实际位置（红色）不重合，因此需要对此偏差进行校正。

2.7.1.3　动态网格校正

校正步对预估动态网格进行校正，以保证动边界与实际动态位置重合。将校正网格点坐标记为 $(x_{i,j,k},\ y_{i,j,k},\ z_{i,j,k})$，于是动边界网格点的校正量等于：

$$
\begin{cases}
\Delta x = x_{i,j,k} - \overline{x}_{i,j,k} \\
\Delta y = y_{i,j,k} - \overline{y}_{i,j,k} \\
\Delta z = z_{i,j,k} - \overline{z}_{i,j,k}
\end{cases}
\tag{2.22}
$$

考虑到校正量是小量，可以采用常规动态网格方法进行校正，这里采用基于扰动衰减规律的快速弹性变形技术：

$$
\begin{cases}
x_{i,j,k} = \overline{x}_{i,j,k} + \Delta x \cdot g \\
y_{i,j,k} = \overline{y}_{i,j,k} + \Delta y \cdot g \\
z_{i,j,k} = \overline{z}_{i,j,k} + \Delta z \cdot g
\end{cases}
\tag{2.23}
$$

其中，衰减因子 g 定义为结构网格点序号的函数：

$$
g = \max\left(\left(\frac{i_{\mathrm{f}} - i}{i_{\mathrm{f}} - i_{\mathrm{w}}}\right)^2,\ \left(\frac{j_{\mathrm{f}} - j}{j_{\mathrm{f}} - j_{\mathrm{w}}}\right)^2,\ \left(\frac{k_{\mathrm{f}} - k}{k_{\mathrm{f}} - k_{\mathrm{w}}}\right)^2\right)
\tag{2.24}
$$

式中，$(i_{\mathrm{w}},\ j_{\mathrm{w}},\ k_{\mathrm{w}})$ 表示物面边界网格点序号；$(i_{\mathrm{f}},\ j_{\mathrm{f}},\ k_{\mathrm{f}})$ 表示相应的远场边界网格点序号。在物面边界，$g=1$；在远场边界，$g=0$。类似于基于弧长坐标的 TFI 方法，为了保证动态网格与初始网格具有相同的分布规律，更有效的措施是将 g 定义为当地网格点到对应物面边界网格点的无量纲弧长坐标的函数。

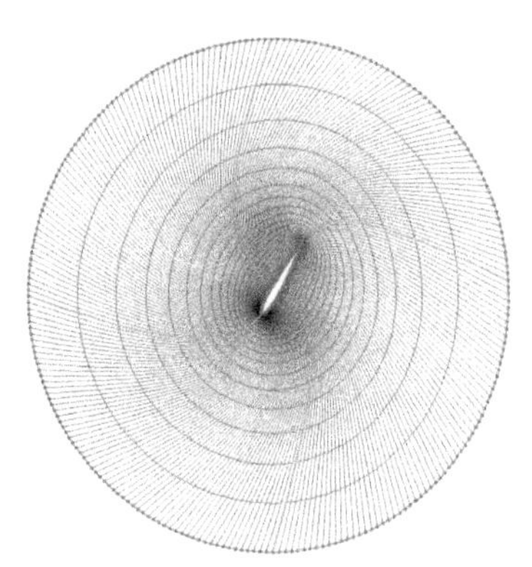

图 2.21　NACA0012 翼型 $\theta=-60°$ 的校正网格

图 2.21 给出了 $\theta=-60°$ 处的校正网格，校正后的动边界与真实动态构型重合。

2.7.2　预估-校正动态网格生成二维算例

倾转旋翼机倾转过程二维模型，如图 2.22 所示，在静止翼型上方 1.1c 处（c 为翼型弦长）有一长 3c 的运动边界，该运动边界绕翼型 1/2 弦点逆时针旋转 90°，竖线为最终变形位置。

该模型的多块网格拓扑结构设计为：环绕运动边界生成一个扁圆，沿扁圆进行内外分块；扁圆与翼型之间、扁圆与远场边界之间均生成 O 型网格。网格单元数共为 23 859。如图 2.23 所示，选取倾转角 $\theta = 0°$、45° 和 90°，生成三套拓扑结构相同的初始网格。采用预估-校正法实现了整个倾转过程的动态网格生成，图 2.24 给出了 $\theta = 30°$ 和 60° 的动态网格。

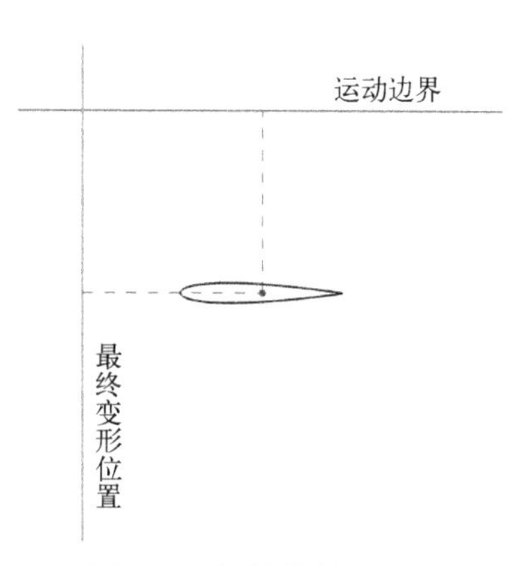

图 2.22　倾转旋翼机倾转过程二维模型

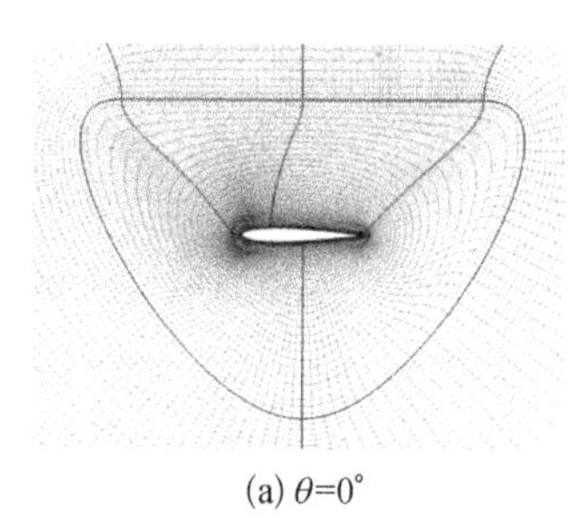

(a) θ=0°

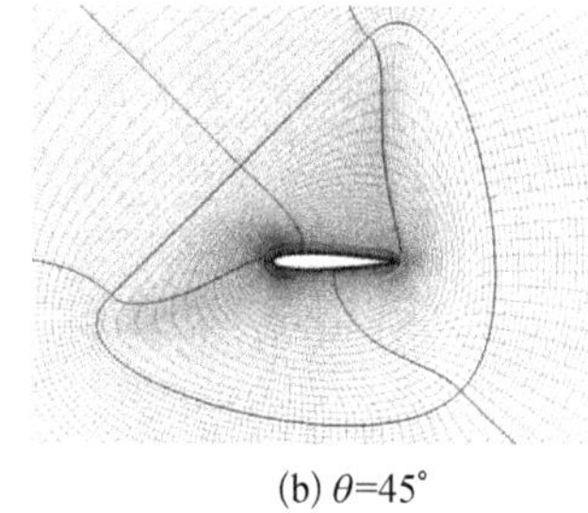

(b) θ=45°

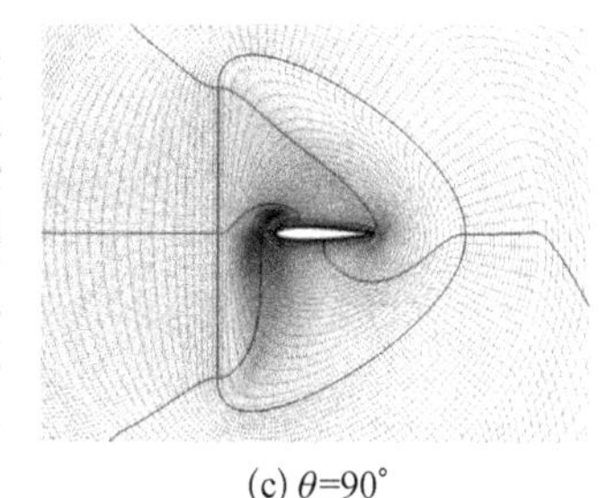

(c) θ=90°

图 2.23　倾转过程三套初始网格

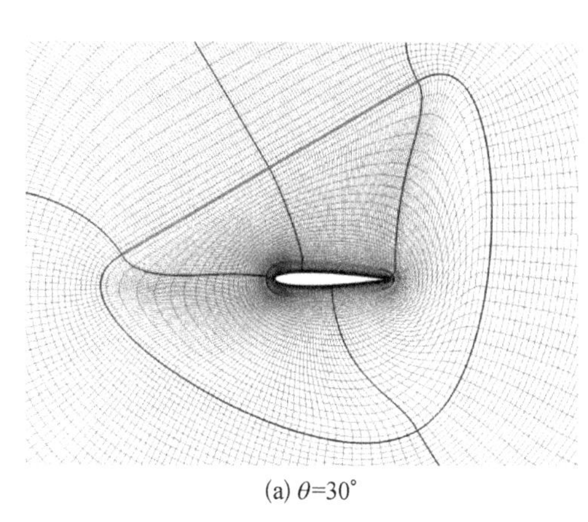

(a) θ=30°

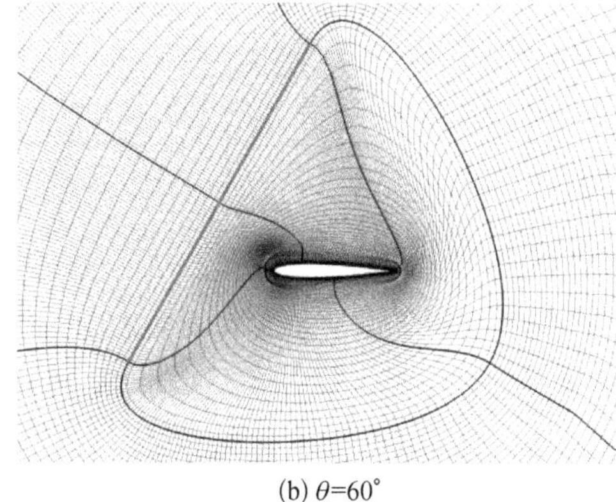

(b) θ=60°

图 2.24　倾转过程动态网格

该模型倾转角大,运动边界细长且距离翼型较近,因此 RBF、IDW 动态网格技术在倾转角增大到一定程度时均出现网格交错。以 $\theta = 0°$ 作为初始网格,逐渐增加倾转角,表 2.4 比较了几种方法出现网格交错时的最大倾转角:预估-校正法、RBF、IDW 依次降低。图 2.25 给出了 IDW 和 RBF 最大倾转角下的计算网格,图中方框标记了网格交错的地方。与传统动态网格技术相比,预估-校正法能够利用多套初始网格将特大变形转换为相邻位置间的中小变形,显著提高了变形能力。为提高动态网格质量,可适当增加初始网格套数。

表 2.4 几种方法最大变形能力比较

	IDW	RBF	预估-校正法
最大倾转角/(°)	48	81	>90

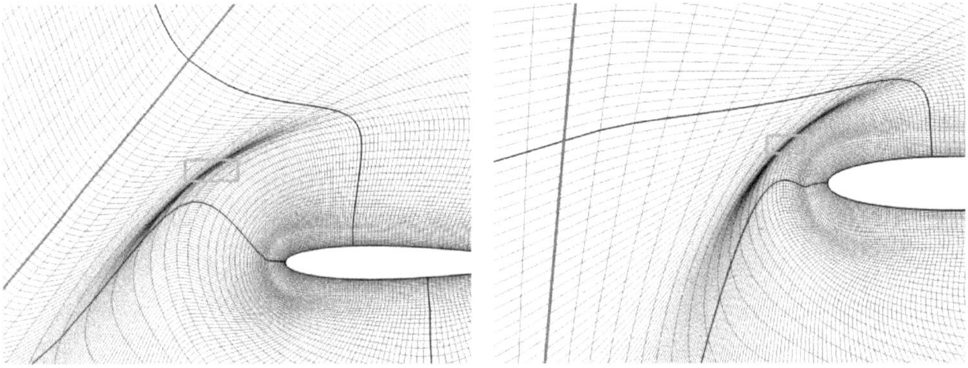

(a) IDW: θ=48°　　(b) RBF: θ=81°

图 2.25 IDW 和 RBF 动态网格交错

表 2.5 比较了几种方法不同倾转角下的平均网格质量。随着倾转角的增加,三种方法的平均网格质量均下降。相同倾转角下(0°除外),预估-校正法、RBF、IDW 的平均网格质量依次降低。表 2.6 比较了三种动态网格技术的计算效率,RBF、IDW、预估-校正法依次减小。

表 2.5 几种方法不同倾转角下平均网格质量比较

倾转角/(°)	IDW	RBF	预估-校正法
0	0.883	0.883	0.883
10	0.874	0.875	0.880
20	0.855	0.858	0.871
30	0.832	0.839	0.861
40	0.807	0.818	0.853
50	—	0.796	0.836
60	—	0.773	0.804
70	—	0.750	0.771
80	—	0.727	0.739
90	—	—	0.705

表 2.6　几种方法计算效率比较

	IDW	RBF	预估-校正法
CPU 时间/ms	1 045	3 728	<1

2.7.3　预估-校正动态网格生成三维算例

76°后掠角、尖前缘平板三角翼上仰 90°,转轴为 2/3 根弦长处。多块网格拓扑结构设计为:沿三角翼上下分块,均采用 H－H 型网格。如图 2.26 所示,选取上仰角 $\theta=0°$ 和 90° 生成两套初始网格,网格单元数共为 395 万。采用预估-校正法实现了 0°~90°的动态网格生成,图 2.27 给出了 $\theta=30°$ 和 60° 的动态网格,预估-校正法计算耗时 0.530 s。

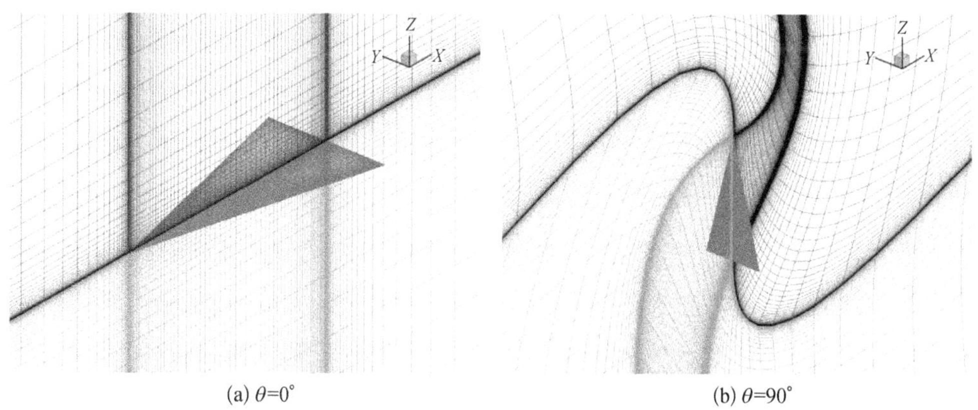

(a) $\theta=0°$　(b) $\theta=90°$

图 2.26　三角翼上仰初始网格

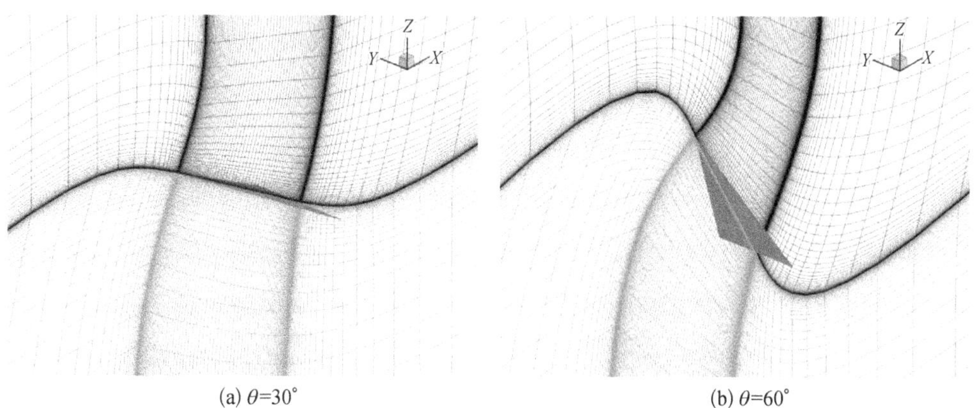

(a) $\theta=30°$　(b) $\theta=60°$

图 2.27　三角翼不同上仰角处的动态网格

第 3 章　Euler/N－S 方程数值解法

Euler、N－S 方程分别是理想流体和黏性流体运动的控制方程。目前,数值求解 Euler/N－S 方程是飞行器定常、非定常流动及气动力 CFD 计算的主流方法。本章主要讨论飞行器定常、非定常外流的 Euler/N－S 方程数值模拟方法,计算获得气动弹性分析所需的气动力。

3.1　流体运动 Euler/N－S 控制方程

拉格朗日法和欧拉法是描述流体运动的两种基本方法。拉格朗日法着眼于流体质点,控制体跟随流体一起运动,其运动速度等于当地流体速度。欧拉法着眼于流场空间点,控制体空间位置固定,流体从中穿过。任意拉格朗日-欧拉描述法则将两种基本方法统一起来,允许控制体以任意速度运动。

在连续介质假设下,将质量守恒、动量守恒和能量守恒定律应用于流体运动,建立真实流体运动的 N－S 控制方程。采用欧拉描述法,笛卡儿坐标系下三维守恒型 N－S 方程的微分形式如下:

$$\frac{\partial \boldsymbol{W}}{\partial t}+\frac{\partial \boldsymbol{f}}{\partial x}+\frac{\partial \boldsymbol{g}}{\partial y}+\frac{\partial \boldsymbol{q}}{\partial z}=\frac{\partial \boldsymbol{R}}{\partial x}+\frac{\partial \boldsymbol{S}}{\partial y}+\frac{\partial \boldsymbol{T}}{\partial z} \tag{3.1}$$

式中,$\boldsymbol{W}$ 为守恒变量矢量,即

$$\boldsymbol{W}=\begin{bmatrix}\rho \\ \rho u \\ \rho v \\ \rho w \\ \rho E\end{bmatrix} \tag{3.2}$$

$\boldsymbol{f}$、$\boldsymbol{g}$ 和 $\boldsymbol{q}$ 为对流通量矢量,即

$$\boldsymbol{f}=\begin{bmatrix}\rho u \\ \rho u^2+p \\ \rho uv \\ \rho uw \\ \rho uE+up\end{bmatrix},\ \boldsymbol{g}=\begin{bmatrix}\rho v \\ \rho vu \\ \rho v^2+p \\ \rho vw \\ \rho vE+vp\end{bmatrix},\ \boldsymbol{q}=\begin{bmatrix}\rho w \\ \rho wu \\ \rho wv \\ \rho w^2+p \\ \rho wE+wp\end{bmatrix} \tag{3.3}$$

其中,p 为流体压强;ρ 为流体密度;E 为单位质量流体总能;u、v 和 w 为流体速度 $\boldsymbol{v}$ 在直角坐标系下的三个速度分量。

为了使得 N－S 方程封闭,需要引入状态方程。令 γ 代表比热比,根据完全气体状态方程,压强 p 可用守恒变量表示为

$$p=(\gamma-1)\rho\left[E-\frac{1}{2}(u^2+v^2+w^2)\right] \tag{3.4}$$

方程(3.1)中,$\boldsymbol{R}$、$\boldsymbol{S}$ 和 $\boldsymbol{T}$ 为黏性通量矢量。理想流体不考虑黏性,黏性通量项为 0,其控制方程称为 Euler 方程。对于黏性流动,黏性通量矢量定义如下:

$$\boldsymbol{R}=\begin{bmatrix}0\\ \tau_{xx}\\ \tau_{yx}\\ \tau_{zx}\\ \boldsymbol{\Theta}_x\end{bmatrix},\ \boldsymbol{S}=\begin{bmatrix}0\\ \tau_{xy}\\ \tau_{yy}\\ \tau_{zy}\\ \boldsymbol{\Theta}_y\end{bmatrix},\ \boldsymbol{T}=\begin{bmatrix}0\\ \tau_{xz}\\ \tau_{yz}\\ \tau_{zz}\\ \boldsymbol{\Theta}_z\end{bmatrix} \tag{3.5}$$

式中,τ_{ij} 为黏性应力张量 $\bar{\bar{\boldsymbol{\tau}}}$ 的各分量;$\boldsymbol{\Theta}_x$、$\boldsymbol{\Theta}_y$、$\boldsymbol{\Theta}_z$ 的表达式为

$$\begin{cases}\boldsymbol{\Theta}_x=u\tau_{xx}+v\tau_{xy}+w\tau_{xz}+k\dfrac{\partial T}{\partial x}\\ \boldsymbol{\Theta}_y=u\tau_{yx}+v\tau_{yy}+w\tau_{yz}+k\dfrac{\partial T}{\partial y}\\ \boldsymbol{\Theta}_z=u\tau_{zx}+v\tau_{zy}+w\tau_{zz}+k\dfrac{\partial T}{\partial z}\end{cases} \tag{3.6}$$

式中,T 为流体温度;k 为流体热传导系数。

对于牛顿流体,黏性应力 τ_{ij} 的计算公式如下:

$$\begin{cases}\tau_{xx}=2\mu u_x-\dfrac{2}{3}\mu(u_x+v_y+w_z),\ \tau_{xy}=\tau_{yx}=\mu(u_y+v_x)\\ \tau_{yy}=2\mu v_y-\dfrac{2}{3}\mu(u_x+v_y+w_z),\ \tau_{xz}=\tau_{zx}=\mu(u_z+w_x)\\ \tau_{zz}=2\mu w_z-\dfrac{2}{3}\mu(u_x+v_y+w_z),\ \tau_{yz}=\tau_{zy}=\mu(v_z+w_y)\end{cases} \tag{3.7}$$

式中,μ 为流体黏性系数。对于完全气体,μ 随温度升高而增大,与压强基本无关。空气的黏性系数通常由 Sutherland 公式计算:

$$\frac{\mu}{\mu_0} = \frac{T_0 + C}{T + C}\left(\frac{T}{T_0}\right)^{1.5} \tag{3.8}$$

式中,T_0、μ_0 分别为海平面标准大气的温度和黏性系数, $T_0 = 288.15\ \mathrm{K}$, $\mu_0 = 1.7894 \times 10^{-5}\ \mathrm{N \cdot s/m^2}$; 常数 $C = 110.4\ \mathrm{K}$。

完全气体的热传导系数与黏性系数之间的关系为

$$k = c_p \frac{\mu}{Pr} \tag{3.9}$$

式中,c_p 为等压比热容;Pr 为 Prandtl 数,层流空气 $Pr = 0.72$。

实际应用中,通常求解无量纲形式的控制方程。令 p_∞、ρ_∞、Ma_∞、μ_∞ 分别表示自由来流的压强、密度、马赫数和黏性系数,l 为参考长度,Re 为雷诺数,R 为气体常数。无量纲变量(右上角加星号)定义如下:

$$(x^*, y^*, z^*, t^*) = \left(\frac{x}{l}, \frac{y}{l}, \frac{z}{l}, \frac{t}{l}\sqrt{\frac{p_\infty}{\rho_\infty}}\right) \tag{3.10a}$$

$$(p^*, \rho^*, E^*) = \left(\frac{p}{p_\infty}, \frac{\rho}{\rho_\infty}, \frac{E}{\dfrac{p_\infty}{\rho_\infty}}\right) \tag{3.10b}$$

$$(u^*, v^*, w^*) = \left(\frac{u}{\sqrt{\dfrac{p_\infty}{\rho_\infty}}}, \frac{v}{\sqrt{\dfrac{p_\infty}{\rho_\infty}}}, \frac{w}{\sqrt{\dfrac{p_\infty}{\rho_\infty}}}\right) \tag{3.10c}$$

$$\mu^* = \frac{\mu}{\mu_\infty}\frac{\sqrt{\gamma}Ma_\infty}{Re} \tag{3.10d}$$

$$k^* = \frac{\gamma R}{\gamma - 1}\frac{\mu^*}{Pr} \tag{3.10e}$$

采用上述无量纲参数,推导出的无量纲 N－S 方程和有量纲方程在形式上完全一样,只是将方程(3.1)中的有量纲变量用无量纲变量表示即可。为了书写方便,后续表述中都将略去无量纲变量右上角的星号。

以 α 表示迎角,β 表示侧滑角,则无量纲自由流值为

$$(p_\infty^*, \rho_\infty^*, E^*) = \left(1, 1, \frac{1}{\gamma - 1} + \frac{1}{2}Ma_\infty^2\gamma\right)$$

$$(u_\infty^*, v_\infty^*, w_\infty^*) = (\sqrt{\gamma}Ma_\infty \cos\alpha \cdot \cos\beta, \sqrt{\gamma}Ma_\infty \sin\beta, \sqrt{\gamma}Ma_\infty \sin\alpha \cdot \cos\beta) \tag{3.11}$$

3.2 有限体积法

Euler/N－S 方程的主要数值离散方法有：有限差分法、有限体积法和有限元法。相比于另外两者，有限体积法具有良好的守恒性，能够准确捕捉弱解。同时，有限体积法简单灵活，对计算网格的光滑度要求不高，在处理复杂气动构型上具有优势。目前，CFD 工程应用中也普遍采用有限体积法。

有限体积法利用流动控制方程的积分形式，在每个控制体上对方程进行空间离散。定义 Ω 是流场中任意一个空间位置固定的控制体，$\partial\Omega$ 是 Ω 的边界，$\mathrm{d}S$ 是 $\partial\Omega$ 的面元，$\boldsymbol{n}=(n_x,\ n_y,\ n_z)$ 是 $\mathrm{d}S$ 的单位法向量，指向 Ω 外部。于是，积分形式 N－S 方程描述为

$$\frac{\partial}{\partial t}\int_{\Omega}\boldsymbol{W}\mathrm{d}\Omega+\oint_{\partial\Omega}(\boldsymbol{F}_{\mathrm{c}}-\boldsymbol{F}_{\mathrm{v}})\mathrm{d}S=0 \tag{3.12}$$

式中，$\boldsymbol{F}_{\mathrm{c}}$、$\boldsymbol{F}_{\mathrm{v}}$ 分别为积分形式的对流通量和黏性通量矢量，形式如下：

$$\boldsymbol{F}_{\mathrm{c}}=\begin{bmatrix}\rho V\\ \rho uV+n_xp\\ \rho vV+n_yp\\ \rho wV+n_zp\\ (\rho E+p)V\end{bmatrix} \tag{3.13}$$

$$\boldsymbol{F}_{\mathrm{v}}=\begin{bmatrix}0\\ n_x\tau_{xx}+n_y\tau_{xy}+n_z\tau_{xz}\\ n_x\tau_{yx}+n_y\tau_{yy}+n_z\tau_{yz}\\ n_x\tau_{zx}+n_y\tau_{zy}+n_z\tau_{zz}\\ n_x\Theta_x+n_y\Theta_y+n_z\Theta_z\end{bmatrix} \tag{3.14}$$

式中，V 为面元 $\mathrm{d}S$ 处的逆变速度，即

$$V=\boldsymbol{v}\cdot\boldsymbol{n}=u\cdot n_x+v\cdot n_y+w\cdot n_z \tag{3.15}$$

采用格心格式定义结构网格的控制体和流动变量存储位置：一个网格单元就是一个控制体，而流动变量则定义在网格单元质心。假定结构网格中的任意控制体 $\Omega_{i,j,k}$（简记为 Ω_i）不随时间变化（随时间变化的情形将在非定常算法中加以考虑），则积分方程(3.12)中的时间导数项可以表示为

$$\frac{\partial}{\partial t}\int_{\Omega_i}\boldsymbol{W}\mathrm{d}\Omega=\Omega_i\frac{\partial\boldsymbol{W}_i}{\partial t} \tag{3.16}$$

于是方程(3.12)转换为

$$\frac{\partial \boldsymbol{W}_i}{\partial t} = -\frac{1}{\Omega_i}\oint_{\partial \Omega_i} (\boldsymbol{F}_c - \boldsymbol{F}_v)\,\mathrm{d}S \tag{3.17}$$

利用控制体的微小性,将上式右端项的面积分近似为控制面上流出通量的和:

$$\frac{\mathrm{d}\boldsymbol{W}_i}{\mathrm{d}t} = -\frac{1}{\Omega_i}\left[\sum_{m=1}^{N_F} (\boldsymbol{F}_c - \boldsymbol{F}_v)_m \cdot (\Delta S)_m\right] \tag{3.18}$$

式中,N_F 为组成控制体 Ω_i 的控制面的数目;ΔS 为控制面的面积。上式右端中括号内的项称为残值,记为$\boldsymbol{R}_i$,于是有

$$\frac{\mathrm{d}\boldsymbol{W}_i}{\mathrm{d}t} = -\frac{1}{\Omega_i}\boldsymbol{R}_i \tag{3.19}$$

对于流场中的每个控制体,都可以建立起一个形如(3.19)的方程,最终形成一个一阶常微分方程组。该方程组对时间来讲具有双曲型特征,其数值求解要求给定合理的边界条件和初始条件,然后在初场基础上进行时间推进。

3.3　空间离散格式

空间离散格式用于计算方程(3.19)中的残值项$\boldsymbol{R}_i$。计算对流通量$\boldsymbol{F}_c$ 的主流方法包括中心格式、Roe 格式和 AUSM 格式等。中心格式具有格式简单、易于实施、计算效率高和鲁棒性强等优点。Roe 格式在附面层及间断处均具有较高精度。AUSM 格式则比较适合超/高超声速流动计算。

3.3.1　中心格式

控制面的通量计算需要网格面上的流动变量,而格心格式的流动变量定义在网格单元中心。中心格式将网格面上的守恒量定义为相邻控制体守恒量的算术平均:

$$\boldsymbol{W}_{i+1/2} = \frac{1}{2}(\boldsymbol{W}_i + \boldsymbol{W}_{i+1}) \tag{3.20}$$

式中,下标 $(i+1/2)$ 为网格面 $(i+1/2, j, k)$ 的简记。

于是,面 $(i+1/2)$ 上的对流通量计算公式为

$$(\boldsymbol{F}_c \Delta S)_{i+1/2} = \boldsymbol{F}_c(\boldsymbol{W}_{i+1/2})\Delta S_{i+1/2} \tag{3.21}$$

中心格式对于矩形或长方体网格而言相当于二阶中心差分,具有奇偶不关联性,这使得数值格式不稳定。因此需要引入人工耗散项,以克服中差近似所固有的奇偶不关联性和抑制激波附近解的振荡,确保无黏区域内格式仍稳定并能更有效地捕捉到激波间断区。引入人工耗散项 $\boldsymbol{D}$ 后,面 $(i+1/2)$ 上总的通量为

$$(\boldsymbol{F}_{\mathrm{c}}\Delta S)_{i+1/2}=\boldsymbol{F}_{\mathrm{c}}(\boldsymbol{W}_{i+1/2})\Delta S_{i+1/2}-\boldsymbol{D}_{i+1/2} \tag{3.22}$$

Jameson 等针对中心格式设计了如下的二阶与四阶差分相融合的自适应人工耗散项模型(JST 模型):

$$\boldsymbol{D}_{i+1/2}=\hat{\Lambda}^{S}_{i+1/2}[\varepsilon^{(2)}_{i+1/2}(\boldsymbol{W}_{i+1}-\boldsymbol{W}_{i})-\varepsilon^{(4)}_{i+1/2}(\boldsymbol{W}_{i+2}-3\boldsymbol{W}_{i+1}+3\boldsymbol{W}_{i}-\boldsymbol{W}_{i-1})] \tag{3.23}$$

式中,尺度因子 $\hat{\Lambda}^{S}_{i+1/2}$ 定义为对流通量 Jacobian 在三个坐标方向上谱半径的和:

$$\hat{\Lambda}^{S}_{i+1/2}=(\hat{\Lambda}^{I}_{\mathrm{c}})_{i+1/2}+(\hat{\Lambda}^{J}_{\mathrm{c}})_{i+1/2}+(\hat{\Lambda}^{K}_{\mathrm{c}})_{i+1/2} \tag{3.24}$$

在面 $(i+1/2)$ 上,I 向谱半径取为相邻单元值的算术平均:

$$(\hat{\Lambda}^{I}_{\mathrm{c}})_{i+1/2}=\frac{1}{2}[(\hat{\Lambda}^{I}_{\mathrm{c}})_{i}+(\hat{\Lambda}^{I}_{\mathrm{c}})_{i+1}] \tag{3.25}$$

$$\hat{\Lambda}_{\mathrm{c}}=(|V|+c)\Delta S \tag{3.26}$$

式中,V 为逆变速度;c 为当地声速;$(\hat{\Lambda}^{J}_{\mathrm{c}})_{i+1/2}$、$(\hat{\Lambda}^{K}_{\mathrm{c}})_{i+1/2}$ 的定义类似 $(\hat{\Lambda}^{I}_{\mathrm{c}})_{i+1/2}$。

自适应人工耗散项要求在激波附近自动关闭四阶耗散,而在流动光滑区域自动关闭二阶耗散。为此,JST 模型引入压强梯度探测器 $\boldsymbol{Y}_i$,即

$$\boldsymbol{Y}_i=\left|\frac{p_{i+1}-2p_i+p_{i-1}}{p_{i+1}+2p_i+p_{i-1}}\right| \tag{3.27}$$

并将式(3.23)中的系数 $\varepsilon^{(2)}$、$\varepsilon^{(4)}$ 定义为

$$\begin{aligned}\varepsilon^{(2)}_{i+1/2}&=k^{(2)}\max(\boldsymbol{Y}_{i+1},\ \boldsymbol{Y}_{i})\\ \varepsilon^{(4)}_{i+1/2}&=\max(0,\ k^{(4)}-\varepsilon^{(2)}_{i+1/2})\end{aligned} \tag{3.28}$$

其中,参数 $k^{(2)}$ 和 $k^{(4)}$ 的典型取值为

$$\begin{aligned}k^{(2)}&=0.25\sim0.5\\ k^{(4)}&=1/128\sim1/64\end{aligned} \tag{3.29}$$

对于黏性流动 N－S 方程计算,在物面附近物理黏性应该占优。为了减小黏性剪切层内的人工黏性,各向异性人工耗散模型将尺度因子重新定义为

$$
\begin{cases}
\hat{\Lambda}_{i+1/2}^{S} = \dfrac{1}{2}[(\varphi^{I}\hat{\Lambda}_{c}^{I})_{i} + (\varphi^{I}\hat{\Lambda}_{c}^{I})_{i+1}] \\
\hat{\Lambda}_{j+1/2}^{S} = \dfrac{1}{2}[(\varphi^{J}\hat{\Lambda}_{c}^{J})_{j} + (\varphi^{J}\hat{\Lambda}_{c}^{J})_{j+1}] \\
\hat{\Lambda}_{k+1/2}^{S} = \dfrac{1}{2}[(\varphi^{K}\hat{\Lambda}_{c}^{K})_{k} + (\varphi^{K}\hat{\Lambda}_{c}^{K})_{k+1}]
\end{cases}
\tag{3.30}
$$

式中,系数 φ 与方向相关,定义如下:

$$
\begin{cases}
\varphi^{I} = 1 + \max\left[\left(\dfrac{\hat{\Lambda}_{c}^{J}}{\hat{\Lambda}_{c}^{I}}\right)^{\sigma} + \left(\dfrac{\hat{\Lambda}_{c}^{K}}{\hat{\Lambda}_{c}^{I}}\right)^{\sigma}\right] \\
\varphi^{J} = 1 + \max\left[\left(\dfrac{\hat{\Lambda}_{c}^{I}}{\hat{\Lambda}_{c}^{J}}\right)^{\sigma} + \left(\dfrac{\hat{\Lambda}_{c}^{K}}{\hat{\Lambda}_{c}^{J}}\right)^{\sigma}\right] \\
\varphi^{K} = 1 + \max\left[\left(\dfrac{\hat{\Lambda}_{c}^{I}}{\hat{\Lambda}_{c}^{K}}\right)^{\sigma} + \left(\dfrac{\hat{\Lambda}_{c}^{J}}{\hat{\Lambda}_{c}^{K}}\right)^{\sigma}\right]
\end{cases}
\tag{3.31}
$$

其中,参数 σ 通常取为 1/2 或 1/3。

3.3.2 Roe 格式

Roe 格式的构造来源于求解单元界面上 Euler 方程的一维 Riemann 问题。以 i 方向单元界面 $(i+1/2)$ 为例,构造以界面中心为原点的局部坐标系,令 x 方向为法向,其余两个为切向,则在界面上有如下初值问题:

$$
\begin{cases}
\dfrac{\partial \boldsymbol{W}}{\partial t} + \dfrac{\partial \boldsymbol{F}_{c}}{\partial x} = 0 \\
\boldsymbol{W}(x,\ 0) = \begin{cases} \boldsymbol{W}_{i+1/2}^{L},\ x < x_{i+1/2} \\ \boldsymbol{W}_{i+1/2}^{R},\ x > x_{i+1/2} \end{cases}
\end{cases}
\tag{3.32}
$$

式中,上标 L 和 R 分别表示界面两侧构造的左状态和右状态。

方程(3.32)存在精确解 $\boldsymbol{W}(x_{i+1/2},\ t)$,可以通过精确解来计算界面通量 $(\boldsymbol{F}_{c})_{i+1/2}$,即 Godunov 格式。由于精确解较为复杂且需要迭代求解,计算量较大,因此后续发展出多种近似 Riemann 求解器,Roe 格式正是其中应用最为广泛的一种。Roe 格式为了简化 Riemann 问题求解,首先将 Euler 方程进行常系数线化,为此引入常数矩阵 $\tilde{\boldsymbol{A}}_{c}$ 来取代真实对流通量 Jacobian 矩阵 $\boldsymbol{A}_{c} = \partial \boldsymbol{F}_{c}/\partial \boldsymbol{W}$,从而有

$$(\boldsymbol{F}_{\mathrm{c}})_{i+1/2}=\tilde{\boldsymbol{A}}_{\mathrm{c}}\boldsymbol{W}_{i+1/2} \tag{3.33}$$

式中，$\tilde{\boldsymbol{A}}_{\mathrm{c}}$与$\boldsymbol{A}_{\mathrm{c}}$具有完全相同的形式，只是将原始流动变量替换为所谓的 Roe 平均量。将 $\tilde{\boldsymbol{A}}_{\mathrm{c}}$ 进行如下特征分解：

$$\tilde{\boldsymbol{A}}_{\mathrm{c}}=\tilde{\boldsymbol{T}}\tilde{\boldsymbol{\Lambda}}_{\mathrm{c}}\tilde{\boldsymbol{T}}^{-1} \tag{3.34}$$

其中，$\tilde{\boldsymbol{T}}$ 为$\tilde{\boldsymbol{A}}_{\mathrm{c}}$的右特征向量组成的矩阵；$\tilde{\boldsymbol{T}}^{-1}$ 为左特征向量组成的矩阵；$\tilde{\boldsymbol{\Lambda}}_{\mathrm{c}}$为$\tilde{\boldsymbol{A}}_{\mathrm{c}}$的特征值对角矩阵。将式(3.33)和式(3.34)代入方程(3.32)，并引入特征向量$\boldsymbol{C}=\tilde{\boldsymbol{T}}^{-1}\boldsymbol{W}$，则可得

$$\begin{cases}\dfrac{\partial \boldsymbol{C}}{\partial t}+\tilde{\boldsymbol{\Lambda}}_{\mathrm{c}}\dfrac{\partial \boldsymbol{C}}{\partial x}=0\\ \boldsymbol{C}(x,0)=\begin{cases}\boldsymbol{C}^{\mathrm{L}}_{i+1/2}=\tilde{\boldsymbol{T}}^{-1}\boldsymbol{W}^{\mathrm{L}}_{i+1/2},\ \text{if } x<x_{i+1/2}\\ \boldsymbol{C}^{\mathrm{R}}_{i+1/2}=\tilde{\boldsymbol{T}}^{-1}\boldsymbol{W}^{\mathrm{R}}_{i+1/2},\ \text{if } x>x_{i+1/2}\end{cases}\end{cases} \tag{3.35}$$

式(3.35)将非线性方程组(3.32)的 Riemann 问题转化为求解基于特征变量的解耦的线性单波方程的 Riemann 问题。方程(3.35)的精确解为

$$\boldsymbol{C}_{i+1/2}=\frac{\boldsymbol{I}+\mathrm{sgn}(\tilde{\boldsymbol{\Lambda}}_{\mathrm{c}})}{2}\tilde{\boldsymbol{T}}^{-1}\boldsymbol{W}^{\mathrm{L}}_{i+1/2}+\frac{\boldsymbol{I}-\mathrm{sgn}(\tilde{\boldsymbol{\Lambda}}_{\mathrm{c}})}{2}\tilde{\boldsymbol{T}}^{-1}\boldsymbol{W}^{\mathrm{R}}_{i+1/2} \tag{3.36}$$

进而得到 $\boldsymbol{W}_{i+1/2}=\tilde{\boldsymbol{T}}\boldsymbol{C}$。根据式(3.33)，得到界面上对流通量 $(\boldsymbol{F}_{\mathrm{c}})_{i+1/2}$ 的显式表达式如下：

$$(\boldsymbol{F}_{\mathrm{c}})_{i+1/2}=\frac{1}{2}[\boldsymbol{F}_{\mathrm{c}}(\boldsymbol{W}^{\mathrm{L}}_{i+1/2})+\boldsymbol{F}_{\mathrm{c}}(\boldsymbol{W}^{\mathrm{R}}_{i+1/2})]-\frac{1}{2}\tilde{\boldsymbol{T}}\,|\tilde{\boldsymbol{\Lambda}}_{\mathrm{c}}|\,\tilde{\boldsymbol{T}}^{-1}(\boldsymbol{W}^{\mathrm{R}}_{i+1/2}-\boldsymbol{W}^{\mathrm{L}}_{i+1/2}) \tag{3.37}$$

关于 $\tilde{\boldsymbol{A}}_{\mathrm{c}}$ 的构造，Roe 提出要满足双曲性、相容性和守恒性三个条件，基于此得到各个物理量的 Roe 平均方式：

$$\begin{aligned}&\tilde{\rho}=\sqrt{\rho_{\mathrm{L}}\rho_{\mathrm{R}}}\\ &\tilde{u}=\frac{u_{\mathrm{L}}\sqrt{\rho_{\mathrm{L}}}+u_{\mathrm{R}}\sqrt{\rho_{\mathrm{R}}}}{\sqrt{\rho_{\mathrm{L}}}+\sqrt{\rho_{\mathrm{R}}}},\quad \tilde{v}=\frac{v_{\mathrm{L}}\sqrt{\rho_{\mathrm{L}}}+v_{\mathrm{R}}\sqrt{\rho_{\mathrm{R}}}}{\sqrt{\rho_{\mathrm{L}}}+\sqrt{\rho_{\mathrm{R}}}},\quad \tilde{w}=\frac{w_{\mathrm{L}}\sqrt{\rho_{\mathrm{L}}}+w_{\mathrm{R}}\sqrt{\rho_{\mathrm{R}}}}{\sqrt{\rho_{\mathrm{L}}}+\sqrt{\rho_{\mathrm{R}}}}\\ &\tilde{H}=\frac{H_{\mathrm{L}}\sqrt{\rho_{\mathrm{L}}}+H_{\mathrm{R}}\sqrt{\rho_{\mathrm{R}}}}{\sqrt{\rho_{\mathrm{L}}}+\sqrt{\rho_{\mathrm{R}}}},\quad \tilde{c}=\sqrt{(\gamma-1)[\tilde{H}-(\tilde{u}^2+\tilde{v}^2+\tilde{w}^2)/2]}\end{aligned} \tag{3.38}$$

式中,带波浪线上标的物理量表示 Roe 平均值, $H = E + p/\rho$ 为总焓,其余 Roe 平均量可由上式导出。

原 Roe 格式在声速点附近,由于此时的 Jacobian 矩阵特征值中的部分项趋于零,数值黏性过小,因而会违反熵条件,产生非物理解。此外,在较高马赫数时,流场计算还会出现“红玉”现象,因而必须引入“熵修正”。经典的 Harten 熵修正方法正是对特征值矩阵 $|\tilde{\boldsymbol{\Lambda}}_c|$ 的元素 $|\tilde{\boldsymbol{\Lambda}}_{c,j}|$ 进行如下限制:

$$|\tilde{\boldsymbol{\Lambda}}_{c,j}| = \begin{cases} |\tilde{\boldsymbol{\Lambda}}_{c,j}|, & |\tilde{\boldsymbol{\Lambda}}_{c,j}| > \delta \\ \dfrac{\tilde{\boldsymbol{\Lambda}}_{c,j}^2 + \delta^2}{2\delta}, & |\tilde{\boldsymbol{\Lambda}}_{c,j}| \leqslant \delta \end{cases} \tag{3.39}$$

式中,δ 是个小量,一般可取为 0.1。

为了构造具有二阶精度的格式,通常采用 MUSCL(monotone upperstream-centred scheme for conservation law)类方法对基本量进行重构,从而得到具有较高精度的数值通量。重构可以基于原始变量、守恒变量或者特征变量等基本量。这里采用基于特征变量的重构方式,能够尽量避免各物理量之间的相互干扰,减少数值振荡。理论上严格证明,二阶及以上精度的常系数线性格式不具有单调性,因而在激波附近会存在非物理振荡。为此发展出了 TVD(total vanation diminishing)型的高分辨率格式,该方法通常在已有格式基础上通过引入限制器函数来使得新格式同时满足二阶精度和 TVD 性质,从而既保证了在流场光滑区域的计算精度,又消除了激波附近的振荡。采用一种含 Van albada 限制器的三阶 MUSCL 格式来重构单元界面左右两侧的特征变量,对于 $\boldsymbol{C}_{i+1/2}^{\mathrm{L}}$ 和 $\boldsymbol{C}_{i+1/2}^{\mathrm{R}}$ 的每一个分量,有

$$\begin{cases} C_{\mathrm{L}} = C_i + \dfrac{s_{\mathrm{L}}}{4}\left[\left(1 - \dfrac{s_{\mathrm{L}}}{3}\right)(C_i - C_{i-1}) + \left(1 + \dfrac{s_{\mathrm{L}}}{3}\right)(C_{i+1} - C_i)\right] \\ C_{\mathrm{R}} = C_{i+1} - \dfrac{s_{\mathrm{R}}}{4}\left[\left(1 - \dfrac{s_{\mathrm{R}}}{3}\right)(C_{i+2} - C_{i-1}) + \left(1 + \dfrac{s_{\mathrm{R}}}{3}\right)(C_{i+1} - C_i)\right] \end{cases} \tag{3.40}$$

其中,s_{L} 和 s_{R} 分别定义如下:

$$\begin{cases} s_{\mathrm{L}} = \dfrac{2(C_i - C_{i-1})(C_{i+1} - C_i) + \varepsilon}{(C_i - C_{i+1})^2 + (C_{i+1} - C_i)^2 + \varepsilon} \\ s_{\mathrm{R}} = \dfrac{2(C_{i+1} - C_i)(C_{i+2} - C_{i+1}) + \varepsilon}{(C_{i+1} - C_i)^2 + (C_{i+2} - C_{i+1})^2 + \varepsilon} \end{cases} \tag{3.41}$$

式中,ε 为一小量,一般取为 10^{-6}。

3.3.3 黏性通量计算

方程(3.18)中的黏性通量项$\boldsymbol{F}_v$具有椭圆形特性，采用中心格式计算。

单元面上的物理量(如速度、温度等)导数由Green公式计算，以速度导数$\partial u/\partial x$为例：

$$\frac{\partial u}{\partial x}=\frac{1}{\Omega'}\int_{\Omega'}\frac{\partial u}{\partial x}\mathrm{d}\Omega'=\frac{1}{\Omega'}\oint_{\partial\Omega'}u\mathrm{d}S'_x=\frac{1}{\Omega'}\sum_{m=1}^{N_F}(u\Delta S'_x)_m \tag{3.42}$$

式中，Ω'和S'_x分别为以边界面中心点为中心构造出的虚拟单元的体积和该虚拟单元边界面在x方向的投影面积。

3.4 时间离散格式

常微分方程(3.19)的时间离散方法有显式和隐式两大类。隐式格式不受稳定性条件的限制，时间步长可以取得较大，因而在计算效率上更有优势。

3.4.1 五步Runge－Kutta显式时间推进

加入人工耗散项后，将空间离散方程(3.19)中的残值$\boldsymbol{R}_i$表示成如下两部分：

$$\boldsymbol{R}_i=(\boldsymbol{R}_c-\boldsymbol{R}_d)_i \tag{3.43}$$

式中，$\boldsymbol{R}_c$为对流通量；$\boldsymbol{R}_d$由黏性通量和人工黏性项组成。

以n、$n+1$代表相邻时间层，五步Runge-Kutta显式时间推进方法如下：

$$\begin{cases}\boldsymbol{W}_i^{(0)}=\boldsymbol{W}_i^n\\ \boldsymbol{W}_i^{(1)}=\boldsymbol{W}_i^{(0)}-\alpha_1\dfrac{\Delta t_i}{\Omega_i}[\boldsymbol{R}_c^{(0)}-\boldsymbol{R}_d^{(0)}]_i\\ \boldsymbol{W}_i^{(2)}=\boldsymbol{W}_i^{(0)}-\alpha_2\dfrac{\Delta t_i}{\Omega_i}[\boldsymbol{R}_c^{(1)}-\boldsymbol{R}_d^{(0)}]_i\\ \boldsymbol{W}_i^{(3)}=\boldsymbol{W}_i^{(0)}-\alpha_3\dfrac{\Delta t_i}{\Omega_i}[\boldsymbol{R}_c^{(2)}-\boldsymbol{R}_d^{(2,0)}]_i\\ \boldsymbol{W}_i^{(4)}=\boldsymbol{W}_i^{(0)}-\alpha_4\dfrac{\Delta t_i}{\Omega_i}[\boldsymbol{R}_c^{(3)}-\boldsymbol{R}_d^{(2,0)}]_i\end{cases}$$

$$\begin{cases} \boldsymbol{W}_i^{(5)} = \boldsymbol{W}_i^{(0)} - \alpha_5 \dfrac{\Delta t_i}{\Omega_i} \left[\boldsymbol{R}_c^{(4)} - R_d^{(4,2)} \right]_i \\ \boldsymbol{W}_i^{n+1} = \boldsymbol{W}_i^{(5)} \end{cases} \tag{3.44}$$

其中,

$$\begin{aligned} &\boldsymbol{R}_d^{(2,0)} = \beta_3 \boldsymbol{R}_d^{(2)} + (1 - \beta_3) \boldsymbol{R}_d^{(0)} \\ &\boldsymbol{R}_d^{(4,2)} = \beta_5 \boldsymbol{R}_d^{(4)} + (1 - \beta_5) \boldsymbol{R}_d^{(2,0)} \\ &\beta_3 = 0.56,\ \beta_5 = 0.44 \end{aligned} \tag{3.45}$$

$$\alpha_1 = 1/4,\ \alpha_2 = 1/6,\ \alpha_3 = 3/8,\ \alpha_4 = 1/2,\ \alpha_5 = 1 \tag{3.46}$$

3.4.2 LU-SGS 隐式时间离散方法

空间离散方程(3.19)的一阶 Euler 隐式形式如下:

$$\frac{\Omega}{\Delta t} \Delta \boldsymbol{W}_i^n = -\boldsymbol{R}_i^{n+1} \tag{3.47}$$

式中,守恒量增量 $\Delta \boldsymbol{W}_i^n = \boldsymbol{W}_i^{n+1} - \boldsymbol{W}_i^n$。将 $n+1$ 时间层的残值关于 n 时间层进行线化,有

$$\left(\frac{\Omega}{\Delta t} \boldsymbol{I} + \frac{\partial \boldsymbol{R}}{\partial \boldsymbol{W}} \right) \Delta \boldsymbol{W}_i^n = \boldsymbol{A} \Delta \boldsymbol{W}_i^n = -\boldsymbol{R}_i^n \tag{3.48}$$

式中,左端括号内的所有项称作隐式算子或者系统矩阵,用 $\boldsymbol{A}$ 表示;右端项残值称为显式算子,决定了解的空间精度。$\boldsymbol{A}$ 中包含了残值关于守恒量的偏导项(通量 Jacobian 矩阵),考虑到左端项的离散不影响空间精度,因而对 $\boldsymbol{A}$ 中对流通量离散采取简单的一阶迎风格式。基于此,对系统矩阵 $\boldsymbol{A}$ 作如下近似 LU(lower-upper)分解:

$$\boldsymbol{A} = \boldsymbol{L} + \boldsymbol{D} + \boldsymbol{U} \approx (\boldsymbol{L} + \boldsymbol{D}) \boldsymbol{D}^{-1} (\boldsymbol{D} + \boldsymbol{U}) \tag{3.49}$$

从而将方程(3.48)改写为

$$(\boldsymbol{L} + \boldsymbol{D}) \boldsymbol{D}^{-1} (\boldsymbol{D} + \boldsymbol{U}) \Delta \boldsymbol{W}_i^n = -\boldsymbol{R}_i^n \tag{3.50}$$

其中,对角算子 $\boldsymbol{D}$、严格下三角矩阵 $\boldsymbol{L}$ 和严格上三角矩阵 $\boldsymbol{U}$ 形式如下:

$$\begin{aligned} \boldsymbol{D} = \frac{\Omega}{\Delta t} \boldsymbol{I} &+ (\boldsymbol{A}_c^- - \boldsymbol{A}_v) \Delta S_{i-1/2} + (\boldsymbol{A}_c^- - \boldsymbol{A}_v) \Delta S_{j-1/2} + (\boldsymbol{A}_c^- - \boldsymbol{A}_v) \Delta S_{k-1/2} \\ &+ (\boldsymbol{A}_c^+ + \boldsymbol{A}_v) \Delta S_{i+1/2} + (\boldsymbol{A}_c^+ + \boldsymbol{A}_v) \Delta S_{j+1/2} + (\boldsymbol{A}_c^+ + \boldsymbol{A}_v) \Delta S_{k+1/2} \end{aligned}$$

$$
\begin{aligned}
\boldsymbol{L} &= (\boldsymbol{A}_{c}^{+} + \boldsymbol{A}_{v})_{i-1}\Delta S_{i-1/2} + (\boldsymbol{A}_{c}^{+} + \boldsymbol{A}_{v})_{j-1}\Delta S_{j-1/2} + (\boldsymbol{A}_{c}^{+} + \boldsymbol{A}_{v})_{k-1}\Delta S_{k-1/2} \\
\boldsymbol{U} &= (\boldsymbol{A}_{c}^{-} - \boldsymbol{A}_{v})_{i+1}\Delta S_{i+1/2} + (\boldsymbol{A}_{c}^{-} - \boldsymbol{A}_{v})_{j+1}\Delta S_{j+1/2} + (\boldsymbol{A}_{c}^{-} - \boldsymbol{A}_{v})_{k+1}\Delta S_{k+1/2}
\end{aligned}
\tag{3.51}
$$

式中，$\boldsymbol{A}_{c}^{\pm}$ 为对流通量 Jacobian 矩阵$\boldsymbol{A}_{c}$ 的分裂形式；$\boldsymbol{A}_{v}$ 为黏性通量 Jacobian 矩阵。为了减少计算量和内存需求，通常对它们采用如下近似：

$$
\begin{cases}
\boldsymbol{A}_{c}^{\pm}\Delta S \approx \dfrac{1}{2}(\boldsymbol{A}_{c}\Delta S \pm r_{A}\boldsymbol{I}),\ r_{A} = \alpha\hat{\Lambda}_{c} \\
\boldsymbol{A}_{v}\Delta S \approx \hat{\Lambda}_{v}\boldsymbol{I}
\end{cases}
\tag{3.52}
$$

式中，$\hat{\Lambda}_{c}$ 和 $\hat{\Lambda}_{v}$ 分别为对流和黏性通量 Jacobian 矩阵（沿不同方向）的谱半径；$\alpha \in [1, 2]$ 为松弛因子。利用式(3.52)对式(3.51)进行简化，其中，$\boldsymbol{D}$ 算子由下式计算得到：

$$
\boldsymbol{D} = \left[\frac{\Omega}{\Delta t} + \alpha(\hat{\Lambda}_{c}^{I} + \hat{\Lambda}_{c}^{J} + \hat{\Lambda}_{c}^{K}) + 2(\hat{\Lambda}_{v}^{I} + \hat{\Lambda}_{v}^{J} + \hat{\Lambda}_{v}^{K})\right]\boldsymbol{I}
\tag{3.53}
$$

其逆矩阵$\boldsymbol{D}^{-1}$ 很容易求得。

采用 LU－SGS(lower-upper symmetric Gauss-Seidel)方法求解方程组(3.50)，分为如下“向前扫”和“向后扫”两个过程。

向前扫：

$$
\begin{aligned}
\boldsymbol{D}\Delta\boldsymbol{W}^{*} = -\boldsymbol{R}_{i}^{n} &+ (\boldsymbol{A}_{c}^{+} + \boldsymbol{A}_{v})_{i-1}\Delta\boldsymbol{W}_{i-1}\Delta S_{i-1/2} + (\boldsymbol{A}_{c}^{+} + \boldsymbol{A}_{v})_{j-1}\Delta\boldsymbol{W}_{j-1}\Delta S_{j-1/2} \\
&+ (\boldsymbol{A}_{c}^{+} + \boldsymbol{A}_{v})_{k-1}\Delta\boldsymbol{W}_{k-1}\Delta S_{k-1/2}
\end{aligned}
\tag{3.54}
$$

向后扫：

$$
\begin{aligned}
\boldsymbol{D}\Delta\boldsymbol{W}_{i}^{n} = \boldsymbol{D}\Delta\boldsymbol{W}^{*} &- (\boldsymbol{A}_{c}^{-} - \boldsymbol{A}_{v})_{i+1}\Delta\boldsymbol{W}_{i+1}\Delta S_{i+1/2} - (\boldsymbol{A}_{c}^{-} - \boldsymbol{A}_{v})_{j+1}\Delta\boldsymbol{W}_{j+1}\Delta S_{j+1/2} \\
&- (\boldsymbol{A}_{c}^{-} - \boldsymbol{A}_{v})_{k+1}\Delta\boldsymbol{W}_{k+1}\Delta S_{k+1/2}
\end{aligned}
\tag{3.55}
$$

在得到 $\Delta\boldsymbol{W}_{i}^{n}$ 后，可以求得下一时刻的 $\boldsymbol{W}^{n+1}$。

3.5　湍 流 模 拟

黏性流体流动分为层流和湍流两种状态，3.1 节中给出了层流状态下完全气体的黏性系数和热传导系数的计算公式，因此层流 N－S 方程数值模拟较为简单。

然而,绕飞行器的流动现象大多是湍流。湍流的最大特征是流体质点沿着复杂的无规则路径做无序运动,流体的各种物理量随时间做不规则连续脉动。湍流运动极其复杂,其数值模拟一直是 CFD 的难点。

3.5.1 雷诺平均 N-S 方程

现阶段湍流模拟方法主要包括:直接数值模拟(direct numerical simulation, DNS)、大涡模拟(large eddy simulation, LES)和雷诺平均 N-S 方程(Reynolds-averaged Navier-Stokes, RANS)。DNS 和 LES 所需网格数目特多、计算机时特长,还远不能满足工程实际的需要。RANS 是对 N-S 方程的一种简化,是关于流动变量平均量的方程。结合湍流模型,特别是基于 Boussinesq 线性黏涡假设的一阶封闭模型,RANS 能用较为稀疏的网格合理地模拟湍流平均流场,是目前解决工程实际问题普遍采用的方法。

基于线性涡黏性假设,RANS 将总的黏性系数和热传导系数表示为层流分量和湍流分量的和:

$$\begin{cases} \mu = \mu_{\mathrm{L}} + \mu_{\mathrm{T}} \\ \kappa = \kappa_{\mathrm{L}} + \kappa_{\mathrm{T}} = c_{\mathrm{p}}\left(\dfrac{\mu_{\mathrm{L}}}{Pr_{\mathrm{L}}} + \dfrac{\mu_{\mathrm{T}}}{Pr_{\mathrm{T}}}\right) \end{cases} \tag{3.56}$$

式中,下标 L 和 T 分别代表层流和湍流分量。对于空气,$Pr_{\mathrm{T}} = 0.9$。

当通过湍流模型求解出湍流黏性系数 μ_{T} 后,就能够基于 RANS 方程对湍流平均流动进行模拟。

3.5.2 SA 一方程湍流模型

SA(Spalart-Allmaras)一方程模型在航空航天领域应用广泛,具有易于实现、收敛快和计算量小等优点。标准 SA 模型的控制方程是一个关于涡黏性变量 $\tilde{\nu}$ 的传输方程:

$$\frac{\partial}{\partial t}\int_{\Omega} \tilde{\nu}\,\mathrm{d}\Omega + \oint_{\partial\Omega} (F_{\mathrm{c,T}} - F_{\mathrm{v,T}})\,\mathrm{d}S = \int_{\Omega} Q_{\mathrm{T}}\,\mathrm{d}\Omega \tag{3.57}$$

湍流黏性系数的计算公式如下:

$$\mu_{\mathrm{T}} = \rho\,\tilde{\nu} f_{\mathrm{v1}},\ f_{\mathrm{v1}} = \frac{\chi^3}{\chi^3 + C_{\mathrm{v1}}^3},\ \chi = \frac{\tilde{\nu}}{\nu_{\mathrm{L}}} \tag{3.58}$$

其中，$\nu_L=\mu_L/\rho$ 代表层流运动黏性系数。

控制方程(3.57)中，对流通量项 $F_{c,T}$、黏性通量项 $F_{v,T}$ 和源项 Q_T 的表达式如下：

$$\begin{cases} F_{c,T}=\tilde{\nu}V \\ F_{v,T}=n_x\tau_{xx}^T+n_y\tau_{yy}^T+n_z\tau_{zz}^T \\ Q_T=C_{b1}(1-f_{t2})\tilde{\Omega}\tilde{\nu}+\dfrac{C_{b2}}{\sigma}(\nabla\tilde{\nu})^2-\left(C_{w1}f_w-\dfrac{C_{b1}}{\kappa^2}f_{t2}\right)\left(\dfrac{\tilde{\nu}}{d}\right)^2+f_{t1}\|\Delta\boldsymbol{v}\|_2^2 \end{cases} \tag{3.59}$$

式中，d 为到物面的最近距离；τ_{xx}^T、τ_{yy}^T、τ_{zz}^T 表示法向黏性应力，分别定义为

$$\tau_{xx}^T=\frac{1}{\sigma}(\nu_L+\tilde{\nu})\frac{\partial\tilde{\nu}}{\partial x},\ \tau_{yy}^T=\frac{1}{\sigma}(\nu_L+\tilde{\nu})\frac{\partial\tilde{\nu}}{\partial y},\ \tau_{zz}^T=\frac{1}{\sigma}(\nu_L+\tilde{\nu})\frac{\partial\tilde{\nu}}{\partial z} \tag{3.60}$$

$\tilde{\Omega}$ 的定义基于涡量大小 $\bar{\Omega}$：

$$\tilde{\Omega}=\bar{\Omega}+\left(\frac{\tilde{\nu}}{\kappa^2d^2}\right)f_{v2},\ f_{v2}=1-\frac{\chi}{1+\chi f_{v1}} \tag{3.61}$$

函数 f_w 用于减小近物面附近区域的湍流黏性，定义如下：

$$f_w=g\left(\frac{1+C_{w3}^6}{g^6+C_{w3}^6}\right)^{\frac{1}{6}},\ g=r+C_{w2}(r^6-r),\ r=\frac{\tilde{\nu}}{\tilde{\Omega}\kappa^2d^2} \tag{3.62}$$

函数 f_{t1}、f_{t2} 用于模拟层流-湍流的转捩，分别定义为：

$$f_{t1}=C_{t1}g_t\exp\left[-C_{t2}\frac{\bar{\Omega}_t^2}{\|\Delta\boldsymbol{v}\|_2^2}(d^2+g_t^2d_t^2)\right]$$

$$f_{t2}=C_{t3}\exp(C_{t4}\chi^2)\quad g_t=\min[0.1,\ \|\Delta\boldsymbol{v}\|_2/(\bar{\Omega}_t\Delta x_t)] \tag{3.63}$$

式中，Ω_t 为给定转捩点处的涡量；$\|\Delta\boldsymbol{v}\|_2$ 为转捩点和网格单元的速度差的 2－范数；d_t 为到最近转捩点的距离；Δx_t 为转捩点所在网格单元沿流向的网格尺度。

SA 模型中的常数定义如下：

$$C_{b1}=0.1355,\ C_{b2}=0.622,$$

$$C_{v1}=7.1,\ C_{v2}=5,\ \sigma=\frac{2}{3},\ \kappa=0.41,$$

$$C_{w1}=\frac{C_{b1}}{\kappa^2}+\frac{1+C_{b2}}{\sigma},\ C_{w2}=0.3,\ C_{w3}=2.0,$$

$$C_{t1}=1,\ C_{t2}=2,\ C_{t3}=1.3,\ C_{t4}=0.5 \tag{3.64}$$

应用有限体积法对 SA 控制方程(3.57)进行空间离散，$F_{c,T}$、$F_{v,T}$ 分别采用迎风格式和中心格式计算。采用与 N－S 方程相同的时间离散格式对 SA 控制方程进行时间推进。初场 $\tilde{\nu}_\infty=0.1\nu_L$，物面边界 $\tilde{\nu}_w=0$；远场边界入流取初始值，出流则采用内场外插。

3.5.3 DES 模型

RANS 能够合理模拟湍流附面层的无分离及小分离流动，但不适于存在大尺度涡的湍流模拟。DES 模型把 RANS 和 LES 结合起来模拟脱体涡，使得工程上对大攻角下复杂涡系的数值模拟成为可能。DES 模型的主要思想是：在湍流附面层内采用 RANS，在其他区域采用 Smagorinski 大涡模拟。

SA 湍流模型中，当物面衰减项与湍流生成项达到平衡，即

$$C_{b1}\tilde{\Omega}\tilde{\nu}=C_{w1}f_w\left(\frac{\tilde{\nu}}{d}\right)^2 \tag{3.65}$$

此时的涡黏性与 $\tilde{\Omega}d^2$ 成比例关系：

$$\tilde{\nu}\propto\tilde{\Omega}d^2 \tag{3.66}$$

在 Smagorinski 大涡模拟中，其亚格子尺度湍流黏性随当地旋转率 $\tilde{\Omega}$ 和网格尺度 Δ 的变化关系为

$$(\tilde{\nu})_{SGS}\propto\tilde{\Omega}\Delta^2,\ \Delta=\max(\Delta x,\ \Delta y,\ \Delta z) \tag{3.67}$$

对比式(3.66)和式(3.67)可知：如果把式(3.66)中的 d 置换为 Δ，则 SA 模型就充当了 Smagorinski 大涡模拟。因此，DES 模型将 SA 模型中的 d 修改为

$$\tilde{d}=\min(d,\ C_{DES}\Delta),\ C_{DES}=0.65 \tag{3.68}$$

因此，当 $d\ll\Delta$ 时，DES 模型充当 SA 湍流模型；当 $d\gg\Delta$ 时，DES 模型充当 Smagorinski 大涡模拟。

3.6 边界条件

针对不同流动问题的 Euler/N－S 方程数值模拟，需要合理地规定边界条件。数值计算都在有限物理域内进行，物理域的截断则形成远场边界。

3.6.1　物面边界

无黏流在物面上满足无穿透条件:

$$(\boldsymbol{v}\cdot\boldsymbol{n})_{\mathrm{w}}=0 \tag{3.69}$$

黏流在物面上满足无滑移条件:

$$\boldsymbol{v}_{\mathrm{w}}=0 \tag{3.70}$$

物面温度边界条件包括:等温壁、绝热壁和非绝热壁。等温壁直接给定物面温度。对于绝热壁,物面不传热也不吸热,物面热通量为零:

$$(\boldsymbol{n}\cdot\nabla T)_{\mathrm{w}}=0 \tag{3.71}$$

格心格式的流动变量定义在网格单元质心,物面通量计算需要用到物面压强 p_{w}。无黏流黏流可以通过内场外插或法向动量关系式规定 p_{w};黏流则根据物面法向压强梯度等于零,即 $\partial p/\partial n=0$, 将 p_{w} 取为离开物面第一层网格单元的压强。

3.6.2　远场边界

远场边界通常采用无反射条件。根据对流通量 Jacobian 矩阵特征值的符号,信息沿特征线在远场边界传入或传出。Kreiss 一维理论表明:在远场边界,需要根据自由流值来确定的边界条件个数应该等于入流特征线的条数,其他的则由内场确定。根据远场边界处的法向速度 V_n 和马赫数 Ma_n,远场边界分为以下四种情形。

(1) 亚声速入流 ($Ma_n<1$, $V_n<0$),有四条入流特征线,一条出流特征线,需规定四个条件

$$\begin{cases} V_n+\dfrac{2c}{\gamma-1}=V_{ne}+\dfrac{2c_e}{\gamma-1} \\ V_n-\dfrac{2c}{\gamma-1}=V_{n\infty}-\dfrac{2c_\infty}{\gamma-1} \\ V_\tau=(V_\tau)_\infty \\ \dfrac{p}{\rho^\gamma}=\dfrac{p_\infty}{\rho_\infty^\gamma} \end{cases} \tag{3.72}$$

式中,下标 n、τ 分别表示远场边界的法向和切向;∞ 为自由来流值;e 为内场到远场边界的外向插值。

(2) 亚声速出流($Ma_n < 1$, $V_n > 0$),有一条入流特征线,四条出流特征线,需规定 1 个条件:

$$\begin{cases} V_n + \dfrac{2c}{\gamma - 1} = V_{ne} + \dfrac{2c_e}{\gamma - 1} \\ V_n - \dfrac{2c}{\gamma - 1} = V_{n\infty} - \dfrac{2c_\infty}{\gamma - 1} \\ V_\tau = (V_\tau)_e \\ \dfrac{p}{\rho^\gamma} = \dfrac{p_e}{\rho_e^\gamma} \end{cases} \tag{3.73}$$

(3) 超声速入流($Ma_n > 1$, $V_n < 0$),全为入流特征线,需规定 5 个条件:

$$\begin{cases} \rho = \rho_\infty \\ \boldsymbol{v} = \boldsymbol{v}_\infty \\ p = p_\infty \end{cases} \tag{3.74}$$

(4) 超声速出流($Ma_n > 1$, $V_n > 0$),全为出流特征线,边界值全由内场外插确定:

$$\begin{cases} \rho = \rho_e \\ \boldsymbol{v} = \boldsymbol{v}_e \\ p = p_e \end{cases} \tag{3.75}$$

3.6.3 对称边界

在流动对称面上满足如下对称边界条件:

$$\begin{cases} \boldsymbol{v} \cdot \boldsymbol{n} = 0 \\ \boldsymbol{n} \cdot \nabla U = 0 \end{cases} \tag{3.76}$$

式中,U 为任意标量。

3.7 加速收敛措施

3.7.1 当地时间步长

稳定性要求时间步长须满足CFL条件。由于定常流动问题只关注最终的稳定状态，因此，显式和隐式时间推进方法均可以采用当地时间步长来加速收敛，即每个控制体的时间步长取为当地稳定性条件所允许的最大值，这对最终定常解没有影响。

就结构网格而言，无黏流Euler方程计算的当地时间步长为

$$\Delta t_i = \sigma \frac{\Omega_i}{(\hat{\Lambda}_c^I + \hat{\Lambda}_c^J + \hat{\Lambda}_c^K)_i} \tag{3.77}$$

式中，σ是CFL数。

黏流N－S方程计算的当地时间步长为

$$\Delta t_i = \sigma \frac{\Omega_i}{(\hat{\Lambda}_c^I + \hat{\Lambda}_c^J + \hat{\Lambda}_c^K)_i + C(\hat{\Lambda}_v^I + \hat{\Lambda}_v^J + \hat{\Lambda}_v^K)_i} \tag{3.78}$$

式中，常数$C = 4$；黏性通量Jacobian矩阵的谱半径为

$$\hat{\Lambda}_v^I = \max\left(\frac{4}{3\rho}, \frac{\gamma}{\rho}\right)\left(\frac{\mu_L}{Pr_L} + \frac{\mu_T}{Pr_T}\right)\frac{(\Delta S^I)^2}{\Omega_i} \tag{3.79}$$

其中，$\hat{\Lambda}_v^J$和$\hat{\Lambda}_v^K$定义类似$\hat{\Lambda}_v^I$。

3.7.2 隐式残值光顺

残值光顺有两个作用：一是增加CFL数，从而增大当地时间步长；二是更好地消除高频误差。隐式残值光顺效果优于显式残值光顺。对于显式时间推进方法，采用如下隐式残值光顺加速收敛：

$$\begin{aligned}
-\varepsilon^I \boldsymbol{R}_{i-1,j,k}^{*} + (1 + 2\varepsilon^I)\boldsymbol{R}_{i,j,k}^{*} - \varepsilon^I \boldsymbol{R}_{i+1,j,k}^{*} &= \boldsymbol{R}_{i,j,k} \\
-\varepsilon^J \boldsymbol{R}_{i,j-1,k}^{**} + (1 + 2\varepsilon^J)\boldsymbol{R}_{i,j,k}^{**} - \varepsilon^J \boldsymbol{R}_{i,j+1,k}^{**} &= \boldsymbol{R}_{i,j,k}^{*} \\
-\varepsilon^K \boldsymbol{R}_{i,j,k-1}^{***} + (1 + 2\varepsilon^K)\boldsymbol{R}_{i,j,k}^{***} - \varepsilon^K \boldsymbol{R}_{i,j,k+1}^{***} &= \boldsymbol{R}_{i,j,k}^{**}
\end{aligned} \tag{3.80}$$

式中，$\boldsymbol{R}^{*}$、$\boldsymbol{R}^{**}$、$\boldsymbol{R}^{***}$分别为沿I、J和K三个方向光顺后的残值，求解$\boldsymbol{R}^{*}$、$\boldsymbol{R}^{**}$、$\boldsymbol{R}^{***}$相当于分别沿三个方向求解三对角方程组；系数ε^I、ε^J、ε^K定义为对流通量

Jacobian 矩阵谱半径的函数：

$$\varepsilon^I = \max\left\{\frac{1}{4}\left[\left(\frac{\sigma^*}{\sigma}\frac{1}{1+\Psi(r^{JI}+r^{KI})}\right)^2-1\right],0\right\}$$

$$\varepsilon^J = \max\left\{\frac{1}{4}\left[\left(\frac{\sigma^*}{\sigma}\frac{1}{1+\Psi(r^{IJ}+r^{KJ})}\right)^2-1\right],0\right\}$$

$$\varepsilon^K = \max\left\{\frac{1}{4}\left[\left(\frac{\sigma^*}{\sigma}\frac{1}{1+\Psi(r^{IK}+r^{JK})}\right)^2-1\right],0\right\} \tag{3.81}$$

式中，σ^*/σ 表示采用与不采用残值光顺情况下 CFL 数的比值，对于中心格式，$(\sigma^*/\sigma)_{\max} \approx 2$；参数 $\Psi = 0.0625$；r 为对流通量 Jacobian 矩阵谱半径之比：

$$r^{JI} = \hat{\Lambda}_c^J/\hat{\Lambda}_c^I, \quad r^{KI} = \hat{\Lambda}_c^K/\hat{\Lambda}_c^I \tag{3.82}$$

其中，r^{IJ}、r^{KJ} 和 r^{IK}、r^{JK} 的定义类似。

3.7.3 低速预处理

基于可压缩方程求解低马赫数流动存在的刚性问题。定义特征条件数 C_N 为对流通量 Jacobian 矩阵的最大特征值与最小特征值的比值，即：

$$C_N = \frac{|(\Lambda_c)_{\max}|}{|(\Lambda_c)_{\min}|} = \frac{|V|+c}{|V|} = 1 + \frac{1}{Ma} \tag{3.83}$$

而当地时间步长由快波所决定，在一个时间步长内慢波的传播距离为

$$(\Lambda_c)_{\min}\Delta t \approx (\Lambda_c)_{\min} \cdot \frac{h}{(\Lambda_c)_{\max}} = \frac{h}{C_N} \tag{3.84}$$

由式(3.83)和式(3.84)可以分析得到：随着 Ma 降低，C_N 增大，慢波传播效率变低，从而引起收敛效率降低。

预处理方法在可压缩 N－S 方程的时间导数项上乘以预处理矩阵，使得预处理方程的所有特征值都在同一量级，从而减小条件数 C_N，避免低速流场求解的刚性问题，提高低马赫数流动的计算精度和效率。基于原始变量 $\boldsymbol{W}_p = [p, u, v, w, T]^T$ 的预处理方程为

$$\boldsymbol{\Gamma}_p \frac{\partial}{\partial t}\int_{\Omega}\boldsymbol{W}_p d\Omega + \oint_{\partial\Omega}(\boldsymbol{F}_c - \boldsymbol{F}_v) dS = 0 \tag{3.85}$$

式中，$\boldsymbol{\Gamma}_p$ 是预处理矩阵。

为了和预处理之前的方程保持同样的形式，将方程(3.85)中的原始变量转换为守恒变量形式：

$$\boldsymbol{\Gamma}_{\mathrm{p}}\boldsymbol{M}^{-1}\frac{\partial}{\partial t}\int_{\Omega}\mathbf{W}\mathrm{d}\Omega+\oint_{\partial\Omega}(\boldsymbol{F}_{\mathrm{c}}-\boldsymbol{F}_{\mathrm{v}})\mathrm{d}S=0 \tag{3.86}$$

$$\boldsymbol{M}=\frac{\partial\boldsymbol{W}}{\partial\boldsymbol{W}_{\mathrm{p}}} \tag{3.87}$$

式中，$\boldsymbol{M}$ 为从守恒量 $\boldsymbol{W}$ 到 $\boldsymbol{W}_{\mathrm{p}}$ 的转换矩阵。

需要注意的是，预处理方法破坏了时间精度，因此求解非定常问题时，需采用双时间推进法，将预处理矩阵作用于虚拟时间导数项。

采用 Weiss-Smith 预处理矩阵：

$$\boldsymbol{\Gamma}_{\mathrm{p}}=\begin{pmatrix}\Theta & 0 & 0 & 0 & \rho_{\mathrm{T}}\\ \Theta u & \rho & 0 & 0 & \rho_{\mathrm{T}}u\\ \Theta v & 0 & \rho & 0 & \rho_{\mathrm{T}}v\\ \Theta w & 0 & 0 & \rho & \rho_{\mathrm{T}}w\\ \Theta H-1 & \rho u & \rho v & \rho w & \rho_{\mathrm{T}}H+\rho c_{\mathrm{p}}\end{pmatrix} \tag{3.88}$$

其中，

$$\Theta=\frac{1}{\varepsilon_{\mathrm{p}}a^{2}},\ \varepsilon_{\mathrm{p}}=\frac{Ma_{\mathrm{p}}^{2}}{1+(\gamma-1)Ma_{\mathrm{p}}^{2}} \tag{3.89}$$

定义 $\beta=Ma_{\mathrm{p}}^{2}$ 为预处理参数。理想的预处理参数是当地马赫数，但马赫数在流动滞止区域趋于零。为了提高稳定性，采用当地速度配合全局截断的方法：

$$Ma_{\mathrm{p}}^{2}=\mathrm{Min}[\mathrm{Max}(Ma^{2},\ KMa_{\infty}^{2}),\ 1],\ k=1\sim3 \tag{3.90}$$

预处理方程对流通量 Jacobian 矩阵的特征值为

$$\lambda_{1,2,3}=V,\ \lambda_{4,5}=\frac{1}{2}[V(\beta+1)\mp c'],\ c'=\sqrt{V^{2}(\beta-1)^{2}+4\beta c^{2}} \tag{3.91}$$

分析得到：当 $M\to0$ 时，所有特征值都在同一量级，从而减小了条件数 C_{N}，达到加速收敛目的；当 $\beta=1$ 时，特征值又回到预处理以前的形式。

由于预处理改变了原控制方程的特征值，基于黎曼不变量的远场边界条件不再适用，可以采用如下简化远场条件。

入流边界：

$$\rho=\rho_{\infty},\ \boldsymbol{v}=\boldsymbol{v}_{\infty},\ p=p_{\mathrm{e}} \tag{3.92}$$

出流边界：

$$\rho = \rho_e,\ \boldsymbol{v} = \boldsymbol{v}_e,\ p = p_\infty \tag{3.93}$$

3.7.4 并行算法

并行计算可以显著提高计算效率，而并行算法是关键。多块结构网格下，Euler/N－S 方程并行算法的主要思想是将物理域划分成若干子域，每个子域的计算任务单独交由一个 CPU 核心计算，计算过程中需要相邻子域的流场信息时，则通过各进程间的数据通信获得，数据通信由 MPI 提供统一的接口函数来实现。因此，Euler/N－S 方程并行算法的核心问题可以归纳为：物理区域的划分与各子域间的数据通信。

物理区域的划分应尽量满足负载平衡和通讯量最少化两个基本要求。对于多块结构网格，当计算网格生成好以后，对已有网格块进行剖分或合并，使每个网格块的网格数目相近，以保证负载平衡。

物理区域划分完成后，基于网格块分配计算任务，即将每个子域一一映射到各 CPU 核心，每个进程负责一个子域的计算。进程间的通讯只发生在相邻子域的对接边界上，基于对接边界条件建立子域间的数据通信关系（图 3.1），即相邻子域的数据发送和接收顺序。在 Euler/N－S 方程迭代计算过程中，直接按照通信关系进行数据通信即可。

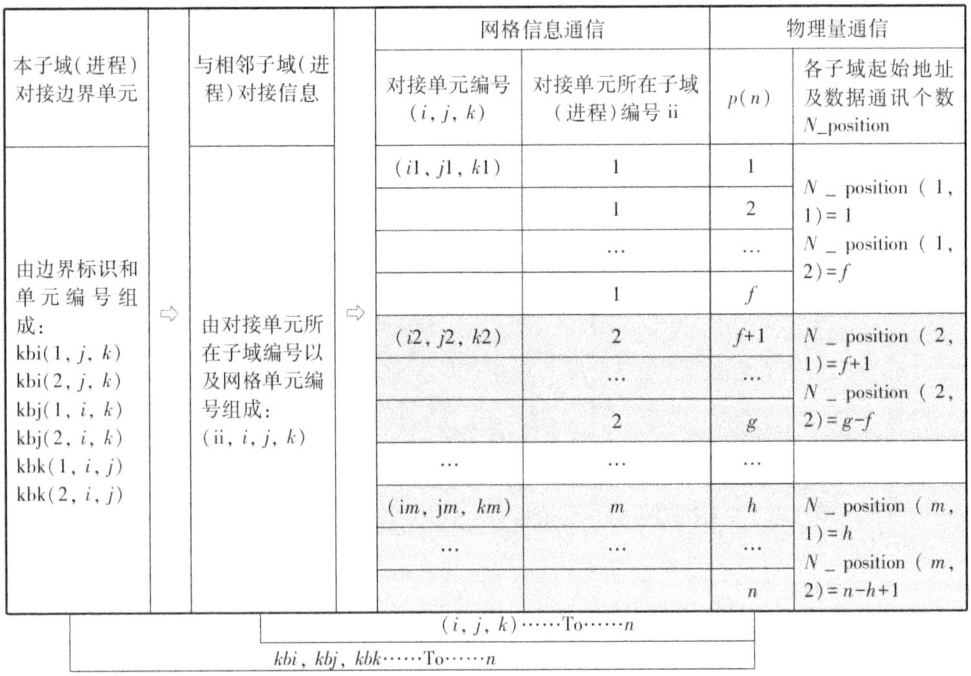

本子域（进程）对接边界单元		与相邻子域（进程）对接信息		网格信息通信		物理量通信	
				对接单元编号 (i,j,k)	对接单元所在子域（进程）编号 ii	$p(n)$	各子域起始地址及数据通讯个数 N_position
由边界标识和单元编号组成：kbi$(1,j,k)$ kbi$(2,j,k)$ kbj$(1,i,k)$ kbj$(2,i,k)$ kbk$(1,i,j)$ kbk$(2,i,j)$	⇨	由对接单元所在子域编号以及网格单元编号组成：(ii,i,j,k)	⇨	$(i1,j1,k1)$	1	1	N_position$(1,1)=1$ N_position$(1,2)=f$
					1	2	
					…	…	
					1	f	
				$(i2,j2,k2)$	2	$f+1$	N_position$(2,1)=f+1$ N_position$(2,2)=g-f$
					…	…	
					2	g	
				…	…	…	
				(im,jm,km)	m	h	N_position$(m,1)=h$ N_position$(m,2)=n-h+1$
				…	…	…	
						n	

(i,j,k)……To……n

kbi, kbj, kbk……To……n

图 3.1　基于对接边界条件的相邻子域通讯关系的建立

3.8　定常气动力计算算例

3.8.1　多段翼型黏性绕流

采用 N－S 方程对 30P30N 三段翼型黏性绕流进行计算。前缘缝翼和后缘襟翼的偏角均为 30°；前缘缝翼缝道宽度 $G_s = 2.95\%$，搭接量 $O_s = -2.5\%$；后缘襟翼缝道宽度 $G_f = 1.27\%$，搭接量 $O_f = 0.25\%$。计算网格如图 3.2 所示，网格单元数为 5.3 万。计算状态：马赫数 $Ma = 0.2$，雷诺数 $Re = 9 \times 10^6$。图 3.3 给出了不同迎角下各子翼型的升力系数、总升力系数计算值与试验值的比较，其中 C_l 为升力系数。

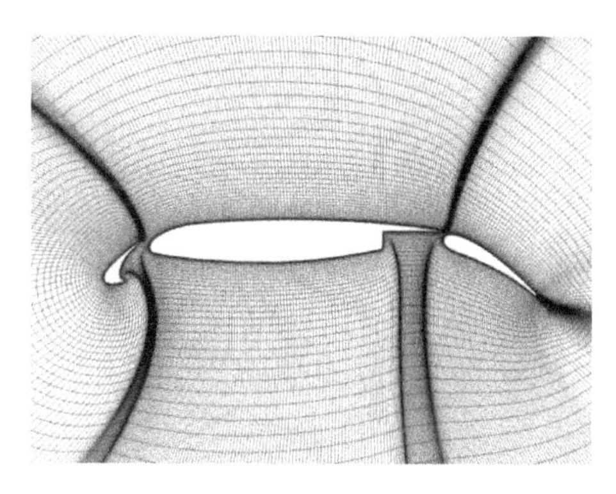

图 3.2　30P30N 三段翼型计算网格

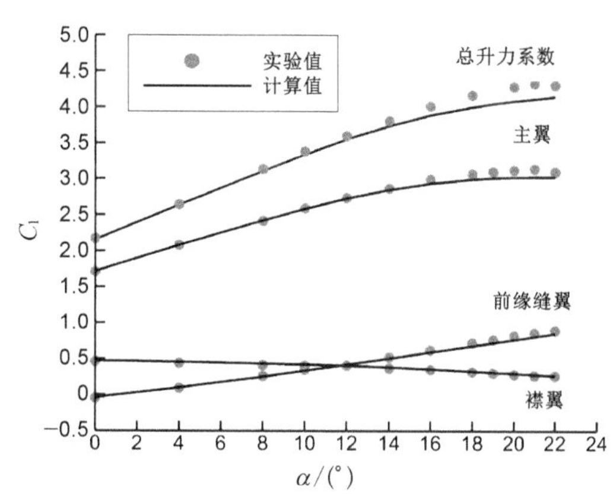

图 3.3　30P30N 三段翼型升力系数曲线

3.8.2　GIT 模型

采用低速预处理 N－S 方程对 GIT 旋翼和机身组合体(图 3.4)进行计算。旋翼半径为 0.457 m，共两片桨叶，翼型为 NACA0015，桨叶弦长为 0.086 m，桨距 10°，无负扭转，转速为 2 100 r/min，前倾角 6°，前进比为 0.1；机身为半球圆柱体，长 1.371 m，球半径为 0.067 m，旋转中心到机身的垂直距离为 0.070 1 m，到机头的水平距离为 0.457 m。

来流马赫数 $Ma = 0.029$，迎角 0°。采用基于叶素理论的等效桨盘考虑旋翼作用，数值求解低速预处理 N－S 方程。网格单元数共为 344 万。

图 3.5 给出了沿机身方向不同截面压强系数分布计算结果和试验值的比较，二者较为吻合。对称面压强系数如图 3.6 所示，在桨盘两端的气动载荷较大，存在明显的压力差。对称面流线如图 3.7 所示，由于下洗作用，气流通过桨盘后向下弯曲，冲击到机身表面。空间流线如图 3.8 所示，气流通过桨盘后呈螺旋状向下游流动。

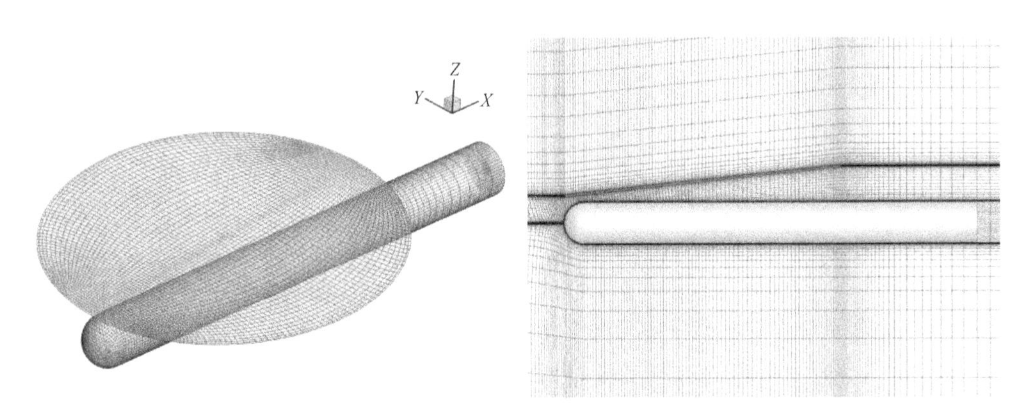

图 3.4　GIT 模型表面网格及对称面网格

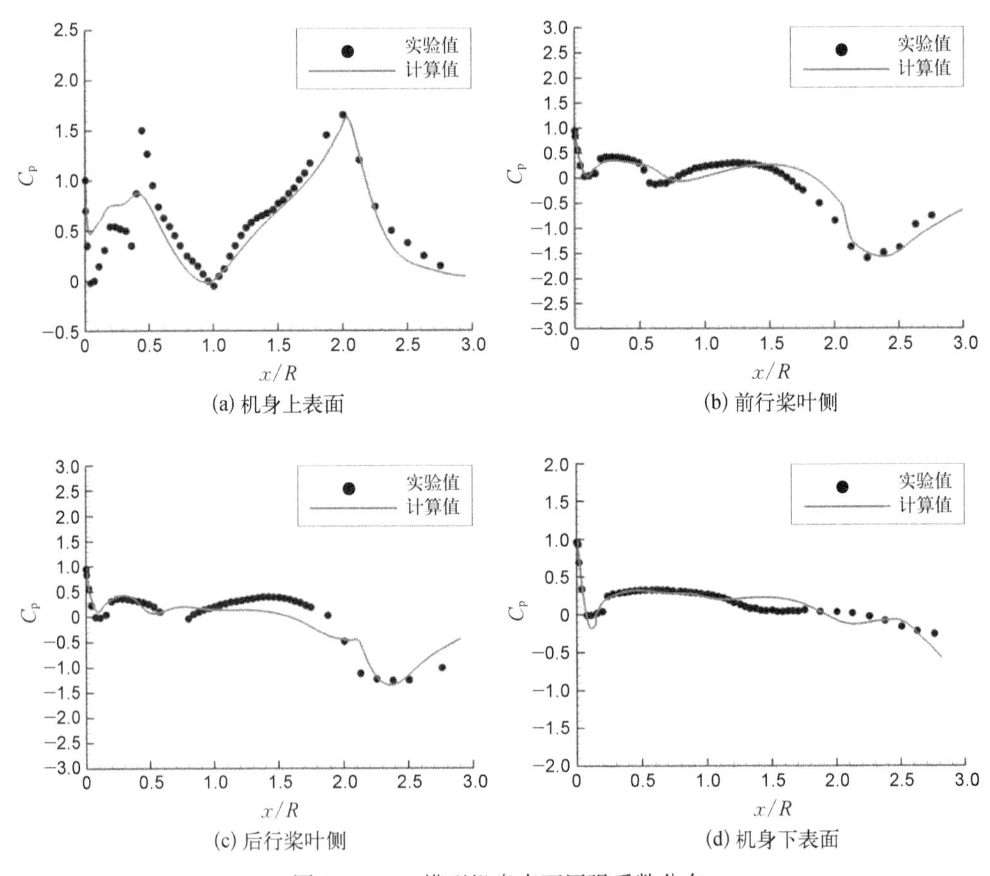

(a) 机身上表面　(b) 前行桨叶侧　(c) 后行桨叶侧　(d) 机身下表面

图 3.5　GIT 模型机身表面压强系数分布

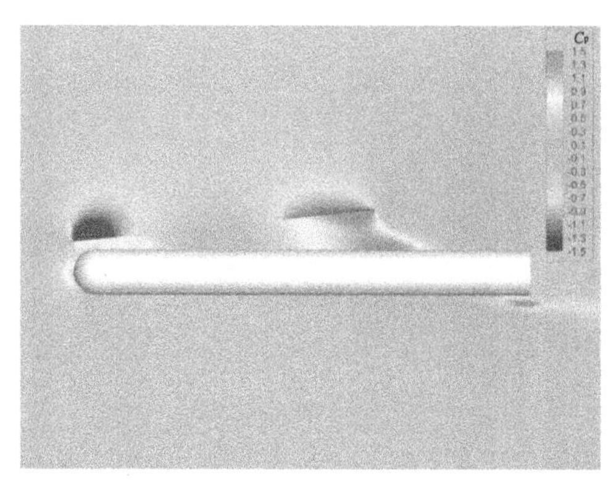

图 3.6　GIT 模型对称面压强系数云图

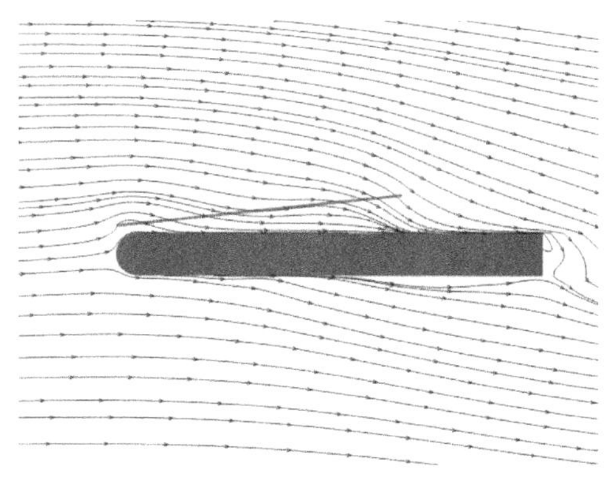

图 3.7　GIT 模型对称面流线图

图 3.8　GIT 模型空间流线图

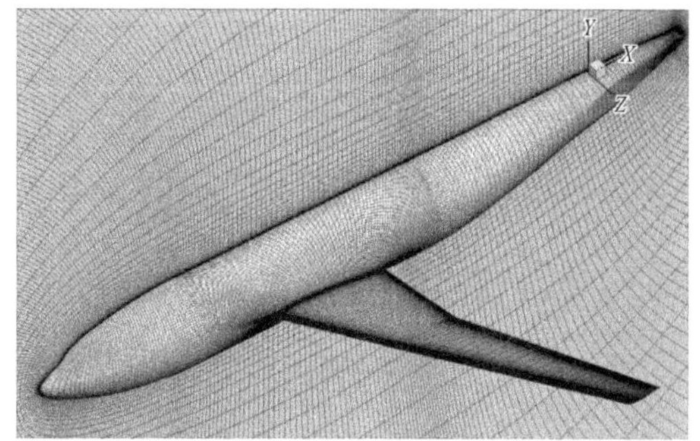

图 3.9　DLR - F4 翼身组合体表面及对称面网格

3.8.2　DLR - F4 翼身组合体

采用 N - S 方程对 DLR - F4 翼身组合体进行计算。马赫数 $Ma = 0.75$、迎角 $\alpha = 0.93°$、平均气动弦长 $b_A = 0.141\,2$ m、基于平均气动弦长的雷诺数 $Re = 3 \times 10^6$。图 3.9 给出了 DLR - F4 表面及对称面网格,图 3.10 为剖面压强系数分布计算值与实验值的对比,其中 c 为弦长。

3.8.3　跨声速机翼抖振初始迎角 N - S 方程定常计算分析

抖振是飞机结构对气流分离引起的非定常脉动压力随机激振的响应。抖振主要分为两类:机翼抖振和垂尾抖振。飞机低速大攻角飞行时翼面气流会发生分离,跨声速区激波-附面层相互干扰也会导致翼面气流分离,两种情况都有可能诱导机翼抖振。民机飞行要求限制在抖振边界以内,因此有必要对给定马赫数下飞

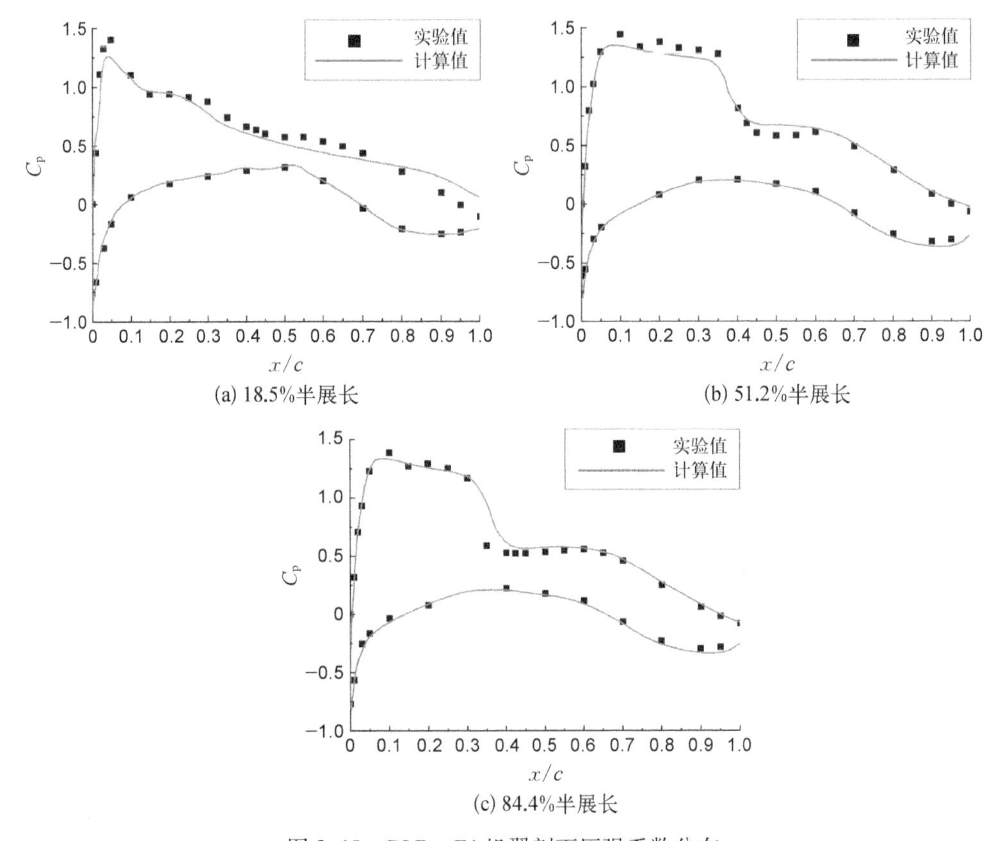

(a) 18.5%半展长

(b) 51.2%半展长

(c) 84.4%半展长

图 3.10　DLR－F4 机翼剖面压强系数分布

机的抖振初始迎角进行预测。机翼抖振的预测是一个困难而又有争议的问题，通常把机翼抖振开始发生定义为翼面出现明显分离区的时刻，这是一个定性的概念，需要较强的工程经验。

抖振风洞实验中，经常采用对定常气动力数据的分析来预测抖振初始迎角。抖振问题与气流分离密切相关，数值计算需要求解 N－S 方程。抖振激励、抖振响应和垂尾抖振分析通常求解非定常 N－S 方程。而对于抖振边界问题，通过借鉴实验方法，可以基于刚性飞机 N－S 方程定常计算，综合运用升力曲线、俯仰力矩曲线、后缘压力发散、跨声速激波位置变化和机翼表面极限流线几种判据，预测分析跨声速区的机翼抖振初始迎角。阻力发散是抖振发生的一个重要特征，但考虑到阻力的数值计算精度较低，而抖振判据对气动

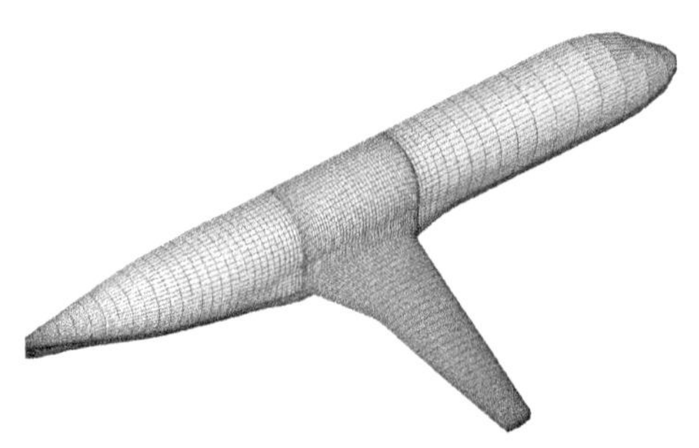
图 3.11　民机翼身组合体表面网格

参数的计算精度要求较高,因此没有采用阻力发散作为判据。

对于民机翼身组合体(图 3.11),N - S 方程计算状态:马赫数 $Ma = 0.8$,雷诺数 $Re = 2.5 \times 10^6$,迎角 $\alpha = 0° \sim 5°$。参考面积取为机翼外露翼面积;参考长度取为平均气动弦长;俯仰力矩参考点取在机头顶点,规定使飞机抬头方向为正。

3.8.3.1　升力系数曲线

给定马赫数,在小迎角范围内,升力系数 C_l 和迎角 α 呈线性关系,当 α 增大到一定值时,翼面出现一定面积的气流分离区,升力线斜率明显减小,机翼将出现轻微抖动,此刻的迎角称为抖振初始迎角 α_B。

图 3.12 给出了翼身组合体的升力系数曲线,当迎角为 3.5°时,升力线斜率明显偏离线性关系,可以预测 $\alpha_B = 3.5°$。

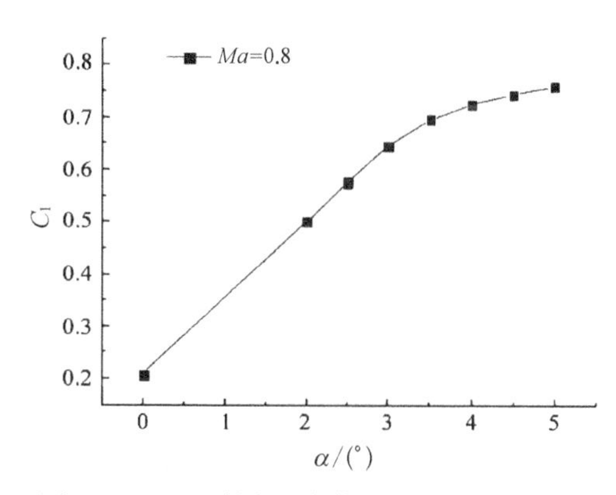

图 3.12　民机翼身组合体升力系数(C_l)曲线

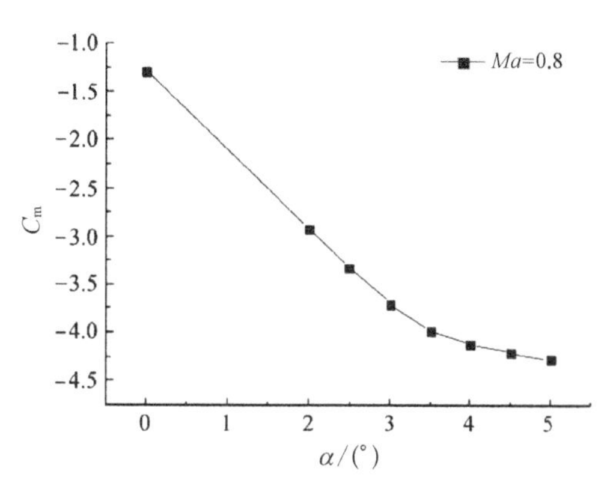

图 3.13　民机翼身组合体俯仰力矩系数(C_m)曲线

3.8.3.2　俯仰力矩系数曲线

给定马赫数,随着迎角的增大,俯仰力矩曲线呈现出一个典型的弯折,这是纵向稳定性损失的特征,此时翼面上出现一定面积的气流分离区,机翼出现轻微抖动。可以将俯仰力矩曲线出现弯折点所对应的迎角定义为抖振初始迎角 α_B。

图 3.13 是翼身组合体的俯仰力矩系数曲线,当迎角为 3.5°时,俯仰力矩系数曲线开始出现弯折,因此 $\alpha_B = 3.5°$。

3.8.3.3　后缘压力发散

在给定马赫数下,随着迎角的增大,对于分离首先出现在后缘的机翼,或者在激波处或在前缘形成一个分离气泡并能迅速扩展至后缘的机翼,只要对计算压强系数的展向位置做适当的选择,后缘压力发散同抖振开始发生就能够合理地联系起来。可以用翼面后缘压强系数开始急剧减小的点来确定抖振初始迎角。对不同

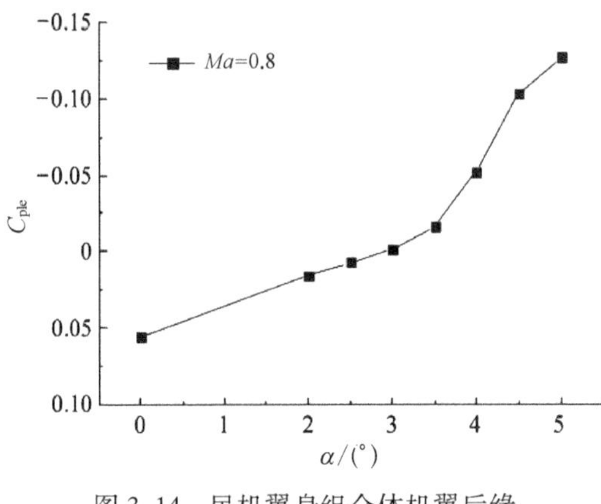

图 3.14　民机翼身组合体机翼后缘压强系数随迎角的变化

展向位置,得到的压力发散边界有很大变化。经验表明:预测高亚声速和跨声速抖振开始发生的最佳位置大约在翼面 80%半翼展、当地弦长 95%处。

图 3.14 给出了翼身组合体机翼后缘压强系数随迎角的变化情况,其中后缘压强系数的计算位置取在 80%半翼展、当地弦长 95%处。从图中可以看出,当迎角为 3.5°时,机翼后缘压强系数开始急剧减小,可以预测 α_B = 3.5°。

3.8.3.4　激波位置变化

在跨声速区给定马赫数下,随着迎角的增大,激波首先向下游移动,激波强度随之增强。由于较强激波的影响,产生了尺寸增大的分离气泡、较厚的附面层和后缘后面的尾流,并最终引起附面层分离。在许多流动中,在一定迎角范围内,分离流可以在激波下游某处再附。但对于许多厚翼型,当迎角增大到某个值时,分离会迅速地扩展到后缘,翼面后缘压力发散,与此同时,为了维持激波压力上升与分离流的相容性,激波会向上游移动一小段距离。因此,跨声速区可以用激波位置的转折点来确定抖振初始迎角。

图 3.15a 给出了翼身组合体在迎角 2.0°~3.0°时 60%半翼展处的压强系数分布,随着迎角增大,激波位置后移。图 3.15b 给出了迎角 3.5°~5.0°时的压强系数

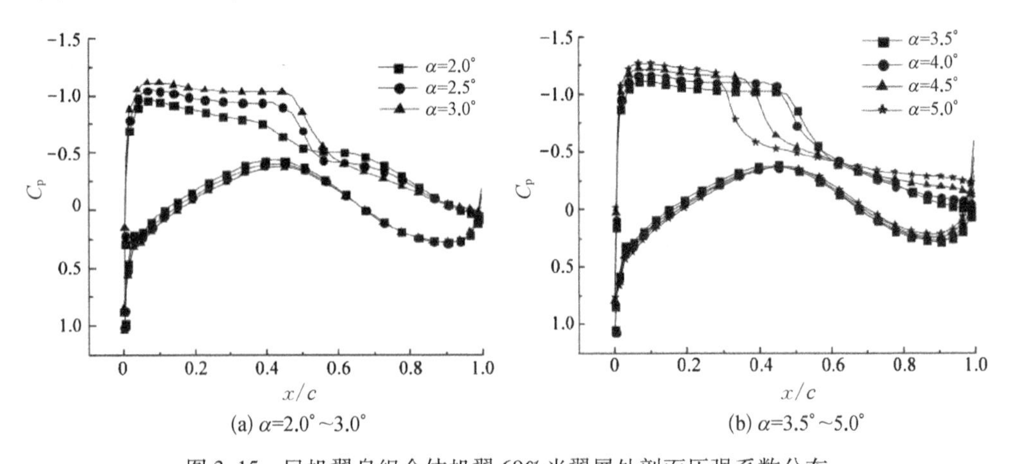

图 3.15　民机翼身组合体机翼 60%半翼展处剖面压强系数分布

分布，随着迎角的继续增大，激波位置开始向前移动。由此，根据激波位置的转折点预测 $\alpha_B = 3.5°$。

3.8.3.5　机翼表面极限流线

抖振的激振力是由气流分离引起的，机翼抖振边界对应于机翼表面出现的"一定面积"的分离区。预测机翼抖振初始迎角最为直观的方法是：根据数值计算结果绘制出不同迎角下机翼表面的极限流线图，直接观察分离区域的范围，从而确定抖振初始迎角。

图 3.16 给出了翼身组合体在迎角 $\alpha = 2.0°$、$3.0°$、$3.5°$ 时的机翼表面极限流线图。从图中可以看出：在 α 为 2.0°时，机翼后缘先出现亚声速分离区；当 α 增大到 3.0°时，随着激波强度的增加，附面层变厚并最终引起附面层分离，在最强的激波下游处，形成分离气泡，同时机翼后缘的分离区域扩大；当 α 增大到 3.5°时，分离区从激波处迅速扩展到机翼后缘，开始发生抖振，因而可以预测 $\alpha_B = 3.5°$。

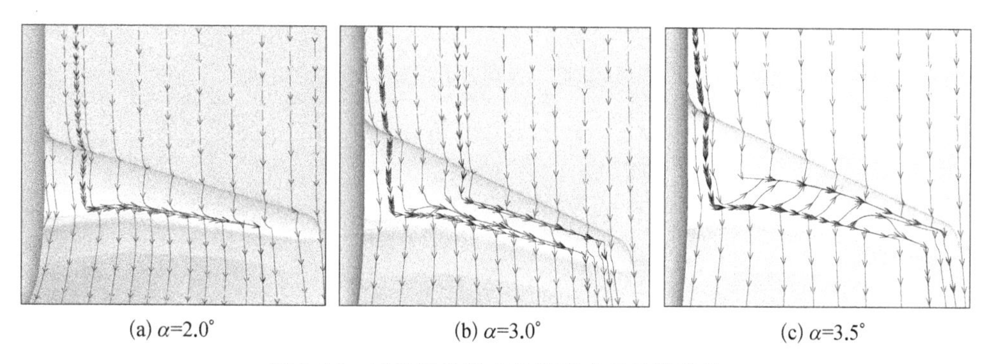

图 3.16　民机翼身组合体机翼表面极限流线

3.8.3.6　几种判据的比较分析

机翼抖振的发生与上翼面存在一定面积的分离区相对应，在跨声速区，判据曲线随着迎角的增大会迅速地显著偏离线性关系。在低亚声速区，由于分离区扩展速度慢，判据曲线变化不明显，抖振发生的判断较为困难。图 3.17 给出了翼身组合体在 $Ma = 0.5$ 时的升力系数曲线，计算分析表明：迎角 4°时机翼后缘开始分离，升力系数曲线出现轻微的转折，但直到

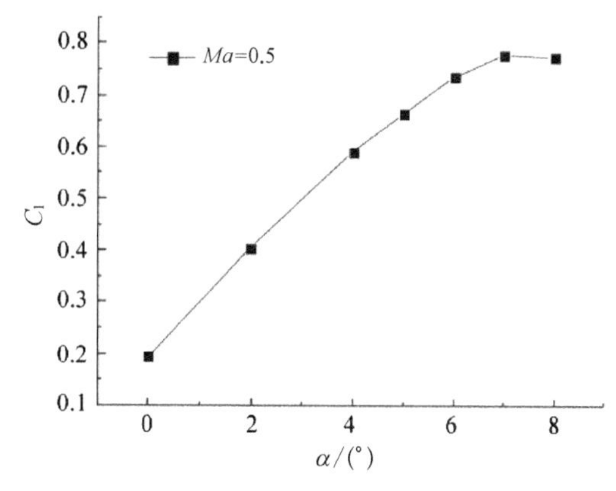

图 3.17　民机翼身组合体升力系数曲线（$Ma=0.5$）

迎角 6°时才发生抖振。

在几种判据曲线中，升力线斜率的变化相对较为不明显，主要是因为机翼上某一部分开始发生分离时的升力损失被其他部分的升力增加所弥补。因此，在实际应用中应该首选机翼表面极限流线，结合其他判据对飞机的抖振初始迎角进行分析预测，而跨声速区激波位置的变化也是激波诱导机翼抖振的一个可靠判据。

3.9　非定常气动力 Euler/N－S 方程计算

飞行器动气动弹性问题涉及非定常气动力，通常求解动网格系统 Euler/N－S 方程。

3.9.1　动网格系统 N－S 方程

基于任意拉格朗日-欧拉描述法，直角坐标系下动网格系统中积分形式 N－S 方程如下：

$$\frac{\partial}{\partial t}\int_{\Omega}\boldsymbol{W}\mathrm{d}\Omega + \oint_{\partial\Omega}(\boldsymbol{F}_{\mathrm{c}}^{\mathrm{M}} - \boldsymbol{F}_{\mathrm{v}})\mathrm{d}S = 0 \tag{3.94}$$

式中，守恒变量矢量 $\boldsymbol{W}$ 和黏性通量矢量$\boldsymbol{F}_{\mathrm{v}}$ 的定义同静态网格系统方程(3.12)；动网格下对流通量矢量$\boldsymbol{F}_{\mathrm{c}}^{\mathrm{M}}$ 定义为

$$\boldsymbol{F}_{\mathrm{c}}^{\mathrm{M}} = \boldsymbol{F}_{\mathrm{c}} - V_{\mathrm{t}}\boldsymbol{W} \tag{3.95}$$

其中，$\boldsymbol{F}_{\mathrm{c}}$ 定义同方程(3.12)；V_{t} 为控制面上与网格运动速度相对应的逆变速度：

$$V_{\mathrm{t}} = \boldsymbol{v}_{\mathrm{t}} \cdot \boldsymbol{n} = x_{\mathrm{t}} \cdot n_x + y_{\mathrm{t}} \cdot n_y + z_{\mathrm{t}} \cdot n_z \tag{3.96}$$

其中，x_{t}、y_{t} 和 z_{t} 为网格速度$\boldsymbol{v}_{\mathrm{t}}$ 在直角坐标系下的三个速度分量。

利用式(3.13)、式(3.95)和式(3.96)，得到$\boldsymbol{F}_{\mathrm{c}}^{\mathrm{M}}$ 的计算公式：

$$\boldsymbol{F}_{\mathrm{c}}^{\mathrm{M}} = \begin{bmatrix} \rho V_{\mathrm{r}} \\ \rho u V_{\mathrm{r}} + n_x p \\ \rho v V_{\mathrm{r}} + n_y p \\ \rho w V_{\mathrm{r}} + n_z p \\ (\rho E + p)V_{\mathrm{r}} + V_{\mathrm{t}} p \end{bmatrix} \tag{3.97}$$

式中，V_{r} 为流体相对于运动网格的逆变速度：

$$V_{\mathrm{r}} = (\boldsymbol{v} - \boldsymbol{v}_{\mathrm{t}}) \cdot \boldsymbol{n} = V - V_{\mathrm{t}} \tag{3.98}$$

3.9.2 双时间推进法

动网格系统N－S方程(3.94)的空间离散方程如下：

$$\frac{\mathrm{d}}{\mathrm{d}t}(\Omega_i \boldsymbol{W}_i)+\boldsymbol{R}_i(\boldsymbol{W})=0 \tag{3.99}$$

对于动气动弹性等具有较大物理时间尺度的非定常问题，通常采用双时间推进法。对方程(3.99)中的时间导数项采用三点向后差分近似，并对残值项进行隐式处理，得到具有二阶时间精度的隐式离散格式：

$$\frac{3\Omega_i^{n+1}\boldsymbol{W}_i^{n+1}-4\Omega_i^n\boldsymbol{W}_i^n+\Omega_i^{n-1}\boldsymbol{W}_i^{n-1}}{2\Delta t}+\boldsymbol{R}_i^{n+1}(\boldsymbol{W})=0 \tag{3.100}$$

式中，Δt 是全局物理时间步长。对上述方程引入虚拟时间 τ：

$$\frac{\partial(\Omega_i^{n+1}\boldsymbol{W}_i^*)}{\partial\tau}+\boldsymbol{R}_i^*(\boldsymbol{W}^*)=0 \tag{3.101}$$

其中，$\boldsymbol{W}^*$ 代表对 $\boldsymbol{W}^{n+1}$ 的近似，而非定常残值 $\boldsymbol{R}_i^*(\boldsymbol{W}^*)$ 定义如下：

$$\boldsymbol{R}_i^*(\boldsymbol{W}^*)=\boldsymbol{R}_i(\boldsymbol{W}^*)+\frac{3}{2\Delta t}\Omega_i^{n+1}\boldsymbol{W}_i^*-\boldsymbol{Q}_i^* \tag{3.102}$$

其中，源项 $\boldsymbol{Q}_i^*$ 由方程(3.101)在虚拟时间推进过程中保持为常值的项组成，即：

$$\boldsymbol{Q}_i^*=\frac{2}{\Delta t}\Omega_i^n\boldsymbol{W}_i^n-\frac{1}{2\Delta t}\Omega_i^{n-1}\boldsymbol{W}_i^{n-1} \tag{3.103}$$

将方程(3.101)在虚拟时间域 τ 内推进到定常状态，有

$$\boldsymbol{R}_i^*(\boldsymbol{W}^*)=0 \tag{3.104}$$

因此，方程(3.101)对于虚拟时间 τ 的定常解就是非定常方程(3.100)在 $n+1$ 时间层的解，即 $\boldsymbol{W}^*=\boldsymbol{W}^{n+1}$。

显然，双时间推进法在每个物理时间步内进行虚拟时间推进的过程，相当于求解定常问题。可以采用显式或隐式时间推进方法求解关于虚拟时间 τ 的方程(3.101)，且当地时间步长、残值光顺等加速收敛措施也同样适用。

3.9.2.1 显式时间推进

采用 m 步显式方法对方程(3.101)进行虚拟时间推进

$$
\begin{aligned}
\boldsymbol{W}_i^{(0)} &= (\boldsymbol{W}_i^{*})^{l} \\
\boldsymbol{W}_i^{(1)} &= \boldsymbol{W}_i^{(0)} - \frac{\alpha_1 \Delta\tau_i}{\Omega_i^{n+1}} \boldsymbol{R}_i^{*}(\boldsymbol{W}^{(0)}) \\
\boldsymbol{W}_i^{(2)} &= \boldsymbol{W}_i^{(0)} - \frac{\alpha_2 \Delta\tau_i}{\Omega_i^{n+1}} \boldsymbol{R}_i^{*}(\boldsymbol{W}^{(1)}) \\
&\vdots \\
\boldsymbol{W}_i^{*(l+1)} &= \boldsymbol{W}_i^{(0)} - \frac{\alpha_m \Delta\tau_i}{\Omega_i^{n+1}} \boldsymbol{R}_i^{*}(\boldsymbol{W}^{(m-1)})
\end{aligned}
\tag{3.105}
$$

式中，上标 l、$l+1$ 分别为虚拟时间迭代的两个相邻时间层；$\Delta\tau_i$ 为当地虚拟时间步长。在每个物理时步，守恒量初值可以取为上个物理时间步的值 $\boldsymbol{W}_i^{*(0)} = \boldsymbol{W}_i^{n}$，也可以取为前几个物理时间步守恒量的外插值：

$$
\boldsymbol{W}_i^{*(0)} = \boldsymbol{W}_i^{n} + \frac{3\boldsymbol{W}_i^{n} - 4\boldsymbol{W}_i^{n-1} + \boldsymbol{W}_i^{n-2}}{2} \tag{3.106}
$$

研究表明：当 $\Delta t \sim \Delta\tau$ 或 $\Delta t < \Delta\tau$ 时，方程(3.102)中的 $\frac{3}{2\Delta t}\Omega_i^{n+1}\boldsymbol{W}_i^{*}$ 项会引起上述多步方法不稳定。一种解决办法是对 $\Delta\tau$ 进行限制：

$$
\Delta\tau = \min\left[\Delta\tau, \frac{\Delta t}{\frac{3}{2}\frac{\sigma}{\sigma^{*}}}\right] \tag{3.107}
$$

式中，σ、σ^{*} 分别为残值光顺前后的 CFL 数。

另一种措施是对 $\frac{3}{2\Delta t}\Omega_i^{n+1}\boldsymbol{W}_i^{*}$ 项进行隐式处理，于是式(3.105)的第 k 步变为

$$
\boldsymbol{W}_i^{(k)} = \boldsymbol{W}_i^{(0)} - \frac{\alpha_k \Delta\tau_i}{\Omega_i^{n+1}} \cdot \left(1 + \frac{3}{2\Delta t}\alpha_k \Delta\tau_i\right)^{-1} \cdot \left[\boldsymbol{R}_i(\boldsymbol{W}^{(k-1)}) + \frac{3}{2\Delta t}\Omega_i^{n+1}\boldsymbol{W}_i^{(0)} - \boldsymbol{Q}_i^{*}\right] \tag{3.108}
$$

对于任意物理时间步长 Δt，上式给出的多步方法均稳定。

3.9.2.2　隐式时间推进

方程(3.101)的隐式时间推进可表示为

$$
\boldsymbol{A}^{*}\Delta\boldsymbol{W}^{*} = -(\boldsymbol{R}_i^{*})^{l} \tag{3.109}
$$

其中，新系统矩阵$\boldsymbol{A}^*$形式如下：

$$\boldsymbol{A}^* = \left(\frac{1}{\Delta\tau_i} + \frac{3}{2\Delta t}\right)\Omega_i^{n+1}\boldsymbol{I} + \left(\frac{\partial \boldsymbol{R}}{\partial \boldsymbol{W}}\right)_i \tag{3.110}$$

然后采用LU－SGS格式求解方程(3.109)。

3.9.3　几何守恒律

对于动网格系统Euler/N－S方程求解，为了避免控制体变形引入误差，控制体运动还需要满足几何守恒律(geometric conservation law, GCL)。GCL来源于这样一个要求：均匀流的解应当与网格变形无关。为此，假定一个均匀流场，流体密度和速度都为常数，由动网格系统下的连续方程可得

$$\frac{\partial}{\partial t}\iint_{\Omega} \mathrm{d}\Omega - \oint_{\partial\Omega} \boldsymbol{v}_{\mathrm{t}} \cdot \boldsymbol{n}\mathrm{d}S = 0 \tag{3.111}$$

式(3.111)即为GCL控制方程，当控制体不随时间变化时，方程自然满足。同时由上式可知，控制体体积和网格速度的计算并不是独立的，假定网格速度计算是准确的，则可以通过"修正"网格单元体积来满足GCL条件。采用相同的时间离散方法，同步求解非定常Euler/N－S方程和GCL控制方程，即

$$\frac{3\Omega_i^{n+1} - 4\Omega_i^n + \Omega_i^{n-1}}{2\Delta t} - \sum_{m=1}^{N_{\mathrm{F}}} (\boldsymbol{v}_{\mathrm{t}} \cdot \boldsymbol{n}\Delta S)_m = 0 \tag{3.112}$$

3.9.4　边界条件及湍流模拟

动网格系统下物面无穿透边界条件为$V_{\mathrm{r}} = 0$，无滑移边界条件为$\boldsymbol{v}_{\mathrm{w}} = (\boldsymbol{v}_t)_{\mathrm{w}}$。

对于SA湍流方程，动网格系统下只需将式(3.59)中的逆变速度V替换为V_{r}即可。

3.9.5　非定常气动力计算算例

3.9.5.1　矩形机翼非定常运动Euler方程计算

矩形机翼(图3.18)：剖面翼型为NACA64A010，展弦比为4，转轴位于根弦长50%处，与翼根垂直。计算状态：马赫数$Ma = 0.8$、迎角$\alpha(t) = 1°\sin(2kt)$，缩减频率$k = 0.135$。采用非定常Euler方程计算，图3.19给出了计算收敛后

50%和 76%半展长处翼剖面在一个周期内的平均压强系数分布计算结果与实验值的对比。

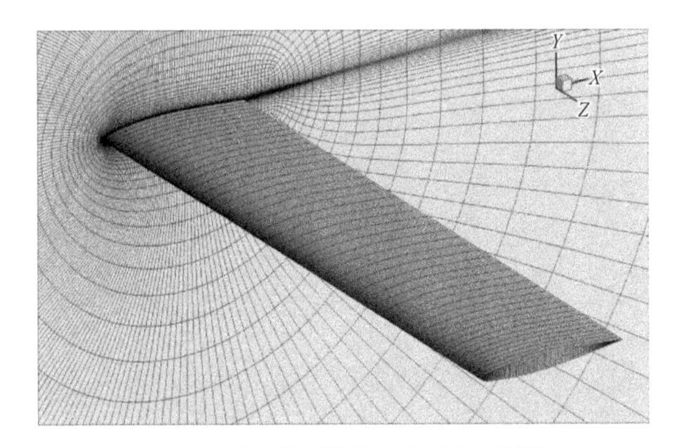

图 3.18　矩形机翼表面及对称面网格

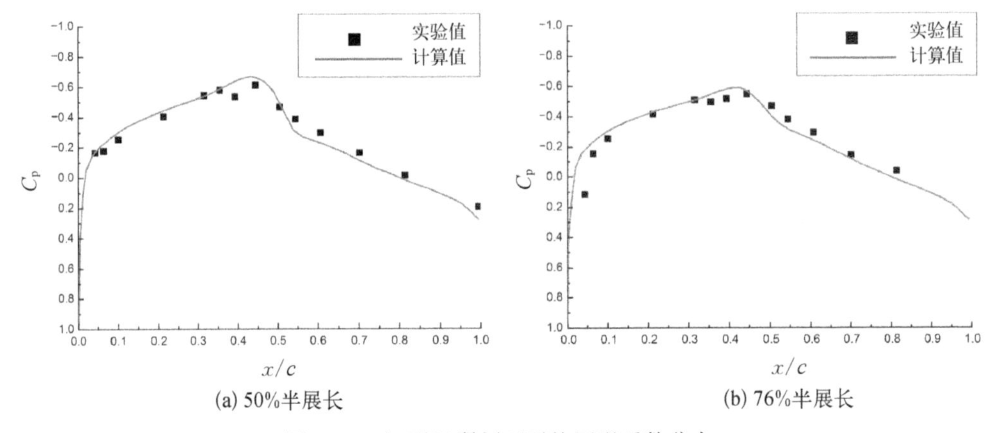

(a) 50%半展长　　(b) 76%半展长

图 3.19　矩形机翼剖面平均压强系数分布

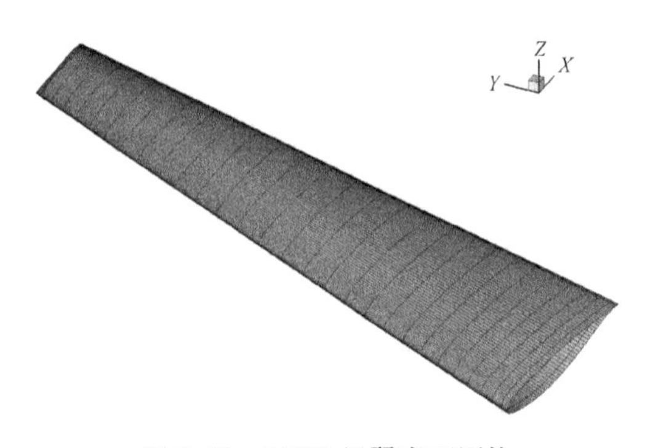

图 3.20　LANN 机翼表面网格

3.9.5.2　LANN 机翼非定常运动 N－S 方程计算

LANN 机翼如图 3.20 所示。计算状态：马赫数 0.82，静态迎角 0.6°，雷诺数 7.3×10^6；非定常运动时转轴位于根弦长的 62%处，迎角振幅 0.25°，减缩频率 0.204。采用 N－S 方程计算，图 3.21 给出了翼剖面非定常压强系数分布计算值与实验值的比较。

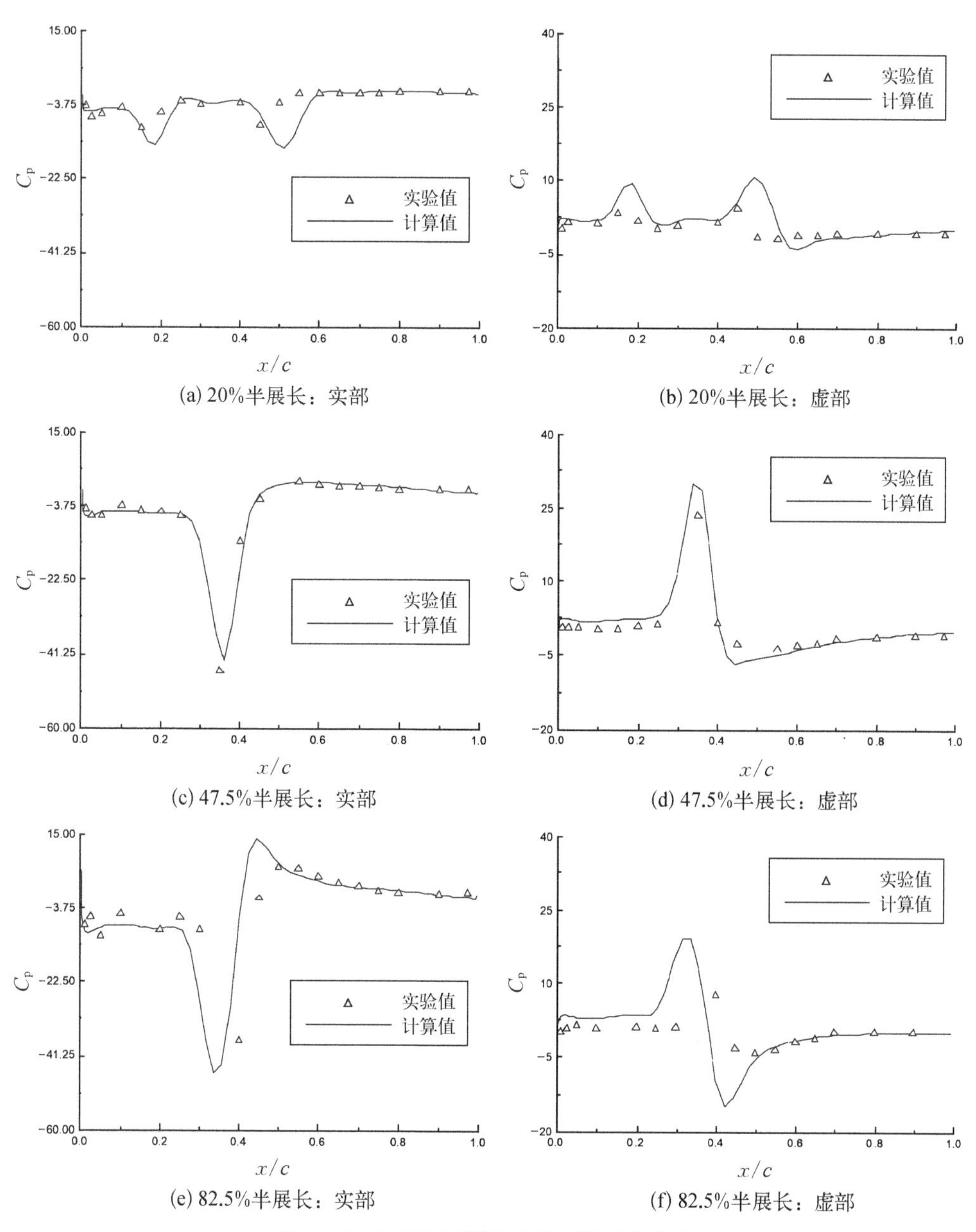

(a) 20%半展长：实部 (b) 20%半展长：虚部

(c) 47.5%半展长：实部 (d) 47.5%半展长：虚部

(e) 82.5%半展长：实部 (f) 82.5%半展长：虚部

图3.21 LANN机翼非定常压强系数分布

3.9.5.3 三角翼非定常运动DES模拟

参见图2.26,76°大后掠角、尖前缘平板三角翼,展弦比为1。以2/3根弦长处为转轴,三角翼从0°上仰至90°,迎角随时间线性变化：$\alpha = 0.024t$。自由来流条件：$Ma = 0.3$，$Re = 0.45 \times 10^6$。

在 2.7.3 节利用预估-校正动态网格技术实现了该三角翼从 0°上仰至 90°的大动态运动，进而采用基于 SA 湍流模型的 DES 方法模拟上仰过程非定常大分离流动。图 3.22 给出了计算得到的上仰过程升阻力系数随迎角的变化情况及和实验值的比较。

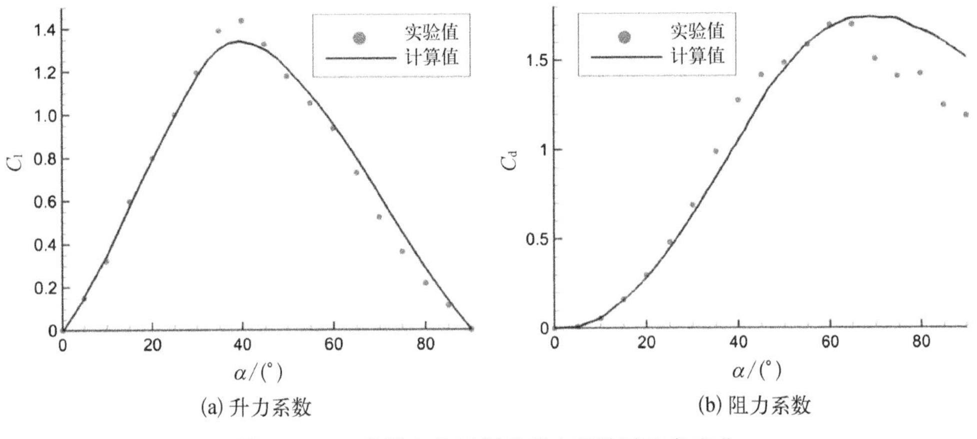

(a) 升力系数　　(b) 阻力系数

图 3.22　三角翼上仰过程升阻力系数随迎角变化

第 4 章　气动-结构数据传递

对于气动弹性 CFD/CSD 耦合计算,流体域和结构域具有不同的物理特性,离散模型在耦合边界上通常不共享同样的离散点。因此,CFD/CSD 耦合计算存在流-固数据的双向传递: 将 CFD 气动模型的气动载荷加载到结构模型,将 CSD 结构模型的结构位移插值到气动模型。显然,流-固耦合界面数据插值精度是影响 CFD/CSD 耦合计算精度的关键因素之一。

本章首先给出气动-结构数据传递的基本理论,然后阐述两种常用的插值方法: 无限板样条(infinite plate spline, IPS)、薄板样条(thin plate spline, TPS)。为了提高结构计算精度并分析结构几何非线性等问题,在 CSD 方面有必要直接利用 Nastran 软件进行有限元计算。为此,本章还将针对 CFD/Nastran 耦合计算,讨论气动-结构双向数据传递的多点约束(multipoint constraint, MPC)插值方法。

4.1　气动-结构数据传递基本理论

假设存在插值矩阵$\boldsymbol{G}_{sa}$ 将结构点位移$\boldsymbol{W}_s$ 插值到气动点位移$\boldsymbol{W}_a$,即

$$\boldsymbol{W}_a = \boldsymbol{G}_{sa}\boldsymbol{W}_s \tag{4.1}$$

根据虚功原理,气动载荷$\boldsymbol{f}_a$ 和作用在结构点上的等效载荷$\boldsymbol{f}_s$ 在各自虚位移上做的虚功相等:

$$\delta\boldsymbol{W}_a^{\mathrm{T}} \cdot \boldsymbol{f}_a = \delta\boldsymbol{W}_s^{\mathrm{T}} \cdot \boldsymbol{f}_s \tag{4.2}$$

式中,$\delta \boldsymbol{W}_a$、$\delta \boldsymbol{W}_s$ 分别为气动点和结构点的虚位移。

如果$\boldsymbol{G}_{sa}$ 与位移无关,则根据(4.1)可得

$$\delta\boldsymbol{W}_a = \boldsymbol{G}_{sa} \cdot \delta\boldsymbol{W}_s \tag{4.3}$$

将式(4.3)带入式(4.2),得到结构等效载荷与气动载荷间的关系如下:

$$\boldsymbol{f}_s = \boldsymbol{G}_{sa}^{\mathrm{T}} \cdot \boldsymbol{f}_a \tag{4.4}$$

上式表明: 只要存在能够进行位移变换的插值矩阵$\boldsymbol{G}_{sa}$,那么就可以使用其转置矩阵来插值得到结构点上的等效载荷。由于结构点通常只选取为结构模型中的部分点,因此当结构模型采用全有限元模型时,为了避免所选取的结构点分布过少

及不均匀性,需要另外构建插值关系将气动载荷加载到结构模型上。

根据上述分析不难看出,2.3 节中的动态网格技术 RBF 也能用于气动-结构数据传递。接下来还将给出气弹计算中常用的其他两种插值方法: IPS 和 TPS。

4.2 IPS 插值

4.2.1 IPS 插值方法

IPS 插值方法基于无限薄板的小扰度理论。只考虑弯曲变形,薄板的基本微分方程为

$$\nabla^4 W = q/D \tag{4.5}$$

式中,W 为板的弯曲变形;D 为板的弯曲刚度;q 为作用在板上的分布载荷。引入极坐标 $x = r\cos\theta$, $y = r\sin\theta$, 有

$$\nabla^4 W = \frac{1}{r}\frac{\mathrm{d}}{\mathrm{d}r}\left\{r\frac{\mathrm{d}}{\mathrm{d}r}\left[\frac{1}{r}\frac{\mathrm{d}}{\mathrm{d}r}\left(r\frac{\mathrm{d}W}{\mathrm{d}r}\right)\right]\right\} \tag{4.6}$$

给定 N 个结构点(x_i, y_i)的结构变形,需要确定作用于 N 个结构点的点载荷 P_i,以产生相应的结构变形。引入极坐标系($x = r\cos\theta$, $y = r\sin\theta$)。首先考虑作用在坐标原点的单个载荷 P,对方程(4.5)进行积分,得到变形的基本解为

$$W = A + Br^2 + \left(\frac{P}{16\pi D}\right) r^2 \ln r^2 \tag{4.7}$$

式中,A、B 为待定系数。

在结构点处 N 个集中载荷 P_i 的作用下,整个板的变形通过基本解(4.7)的叠加计算:

$$W(x, y) = \sum_{i=1}^{N} (A_i + B_i r_i^2 + F_i r_i^2 \ln r_i^2) \tag{4.8}$$

式中,A_i、B_i 和 $F_i = P_i/(16\pi D)$ 是待定系数,$r_i^2 = (x - x_i)^2 + (y - y_i)^2$。

结合如下附加条件:

$$\sum_{i=1}^{N} B_i = 0 \tag{4.9}$$

得到无限板变形解的一般形式为

$$W(x, y) = a_0 + a_1 x + a_2 y + \sum_{i=1}^{N} F_i r_i^2 \ln r_i^2 \tag{4.10}$$

式中，$a_0 = \sum_{i=1}^{N}[A_i + B_i(x_i^2 + y_i^2)]$，$a_1 = -2\sum_{i=1}^{N} B_i x_i$，$a_2 = -2\sum_{i=1}^{N} B_i y_i$。

式(4.10)有 $N+3$ 个未知量,通过3个平衡方程和 N 个已知点位移联立求解：

$$\sum_{i=1}^{N} F_i = 0,\ \sum_{i=1}^{N} F_i x_i = 0,\ \sum_{i=1}^{N} F_i y_i = 0 \tag{4.11}$$

$$W_i = a_0 + a_1 x_i + a_2 y_i + \sum_{j=1}^{N} F_j K_{ij} \tag{4.12}$$

式中，$K_{ij} = r_{ij}^2 \ln r_{ij}^2$，$r_{ij}^2 = (x_i - x_j)^2 + (y_i - y_j)^2$。

将式(4.11)和式(4.12)写成如下矩阵形式：

$$\boldsymbol{W}^{\mathrm{E}} = \boldsymbol{K}\boldsymbol{F}^{\mathrm{E}} \tag{4.13}$$

式中,扩展向量$\boldsymbol{W}^{\mathrm{E}}$、$\boldsymbol{F}^{\mathrm{E}}$ 和转换矩阵 $\boldsymbol{K}$ 形式如下：

$$\boldsymbol{W}^{\mathrm{E}} = [W_1,\ W_2,\ \cdots,\ W_N,\ 0,\ 0,\ 0]^{\mathrm{T}} \tag{4.14}$$

$$\boldsymbol{F}^{\mathrm{E}} = [F_1,\ F_2,\ \cdots,\ F_N,\ a_0,\ a_1,\ a_2]^{\mathrm{T}} \tag{4.15}$$

$$\boldsymbol{K} = \begin{bmatrix} K_{11} & K_{12} & \cdots & K_{1N} & 1 & x_1 & y_1 \\ K_{21} & K_{22} & \cdots & K_{2N} & 1 & x_2 & y_2 \\ \vdots & \vdots & \ddots & \vdots & \vdots & \vdots & \vdots \\ K_{N1} & K_{N2} & \cdots & K_{NN} & 1 & x_N & y_N \\ 1 & 1 & \cdots & 1 & 0 & 0 & 0 \\ x_1 & x_2 & \cdots & x_N & 0 & 0 & 0 \\ y_1 & y_2 & \cdots & y_N & 0 & 0 & 0 \end{bmatrix} \tag{4.16}$$

式(4.13)建立了 N 个集中载荷及其作用点处结构变形之间的关系,可以解出载荷向量为

$$\boldsymbol{F}^{\mathrm{E}} = \boldsymbol{K}^{-1}\boldsymbol{W}^{\mathrm{E}} \tag{4.17}$$

设 M 个气动网格点(待插值点)的坐标为 $(x_{\mathrm{a}i},\ y_{\mathrm{a}i})$。根据公式(4.10),气动网格点处的结构变形为

$$W_{\mathrm{a}i} = a_0 + a_1 x_{\mathrm{a}i} + a_2 y_{\mathrm{a}i} + \sum_{j=1}^{N} F_j \overline{K}_{ij} \quad (i = 1,\ 2,\ \cdots,\ M) \tag{4.18}$$

式中，$\overline{K}_{ij} = \overline{r}_{ij}^2 \ln \overline{r}_{ij}^2$，$\overline{r}_{ij}^2 = (x_{\mathrm{a}i} - x_j)^2 + (y_{\mathrm{a}i} - y_j)^2$。

式(4.18)的矩阵形式为

$$\boldsymbol{W}_{\mathrm{a}} = \overline{\boldsymbol{K}}\boldsymbol{F}^{\mathrm{E}} \tag{4.19}$$

其中,

$$\boldsymbol{W}_{\mathrm{a}} = [W_{\mathrm{a}1},\ W_{\mathrm{a}2},\ \cdots,\ W_{\mathrm{a}M}]^{\mathrm{T}} \tag{4.20}$$

$$\bar{\boldsymbol{K}} = \begin{bmatrix} \bar{K}_{11} & \bar{K}_{12} & \cdots & \bar{K}_{1N} & 1 & x_{\mathrm{a}1} & y_{\mathrm{a}1} \\ \bar{K}_{21} & \bar{K}_{22} & \cdots & \bar{K}_{2N} & 1 & x_{\mathrm{a}2} & y_{\mathrm{a}2} \\ \vdots & \vdots & \ddots & \vdots & \vdots & \vdots & \vdots \\ \bar{K}_{M1} & \bar{K}_{M2} & \cdots & \bar{K}_{MN} & 1 & x_{\mathrm{a}M} & y_{\mathrm{a}M} \end{bmatrix} \tag{4.21}$$

将方程(4.17)代入(4.19),有

$$\boldsymbol{W}_{\mathrm{a}} = \bar{\boldsymbol{K}}\boldsymbol{K}^{-1}\boldsymbol{W}^{\mathrm{E}} = \boldsymbol{G}_{\mathrm{sa}}\boldsymbol{W}^{\mathrm{E}} \tag{4.22}$$

式中,$\boldsymbol{G}_{\mathrm{sa}}$ 为 IPS 插值中结构点到气动点的位移变换矩阵。当所有结构节点共线或有节点重叠时,IPS 插值公式(4.22)中的转换矩阵 $\boldsymbol{K}$ 奇异,实际应用中应当避免。根据公式(4.4)可知,转置阵$\boldsymbol{G}_{\mathrm{sa}}^{\mathrm{T}}$ 则代表了气动点到结构点的气动载荷转换矩阵。IPS 仅使用了节点的(x, y)坐标,属于二维插值,适合于可以简化为平板形式的机翼、垂平尾等部件。

4.2.2 IPS 柔度插值算例

针对一机翼模型,采用 IPS 把柔度阵从结构点插值到气动网格点。图 4.1 给出了一翼梢点处的柔度阵,图中绿色四边形代表已知结构点处的柔度阵,黑色三角形代表 IPS 插值得到的相应点处的柔度阵,插值前后的柔度阵相吻合。

图 4.1 机翼模型一翼梢点处的柔度阵

4.2.3 IPS 模态插值算例

采用 IPS 将一全机模型的结构模态从结构点插值到气动网格点。图 4.2 给出了全机模型前三阶振型示意图,其中红色四边形代表已知的结构点处振型,绿色三角形代表 IPS 插值得到的气动表面网格点处振型,两者一致。

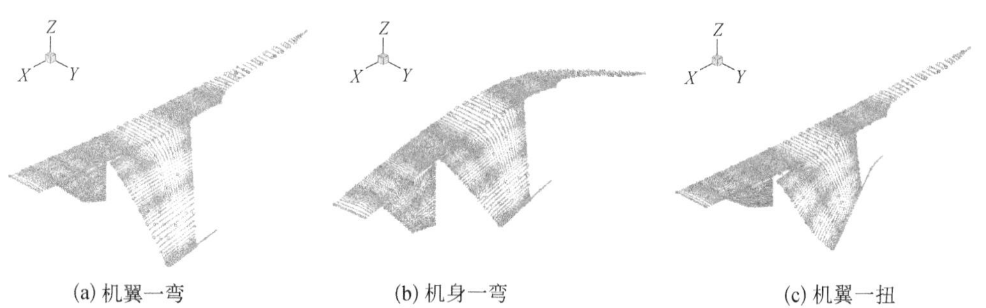

(a) 机翼一弯　(b) 机身一弯　(c) 机翼一扭

图 4.2　全机模型前三阶振型示意图

4.3　TPS 插值方法

TPS 是 IPS 的三维推广。已知 N 个结构点坐标 (x_i, y_i, z_i) 和结构变形 $\boldsymbol{W}$,则 M 个待插值气动网格点 (x_{ai}, y_{ai}, z_{ai}) 的位移 $\boldsymbol{W}_a$ 为

$$\boldsymbol{W}_a = \bar{\boldsymbol{K}}\boldsymbol{K}^{-1}\boldsymbol{W}^E = \boldsymbol{G}_{sa}\boldsymbol{W}^E \tag{4.23}$$

式中,$\boldsymbol{W}_a$、$\boldsymbol{W}^E$ 定义同 IPS;三维情形下矩阵 $\bar{\boldsymbol{K}}$、$\boldsymbol{K}$ 具有如下形式:

$$\bar{\boldsymbol{K}} = \begin{bmatrix} \bar{K}_{11} & \bar{K}_{12} & \cdots & \bar{K}_{1N} & 1 & x_{a1} & y_{a1} & z_{a1} \\ \bar{K}_{21} & \bar{K}_{22} & \cdots & \bar{K}_{2N} & 1 & x_{a2} & y_{a2} & z_{a2} \\ \vdots & \vdots & \ddots & \vdots & \vdots & \vdots & \vdots & \vdots \\ \bar{K}_{M1} & \bar{K}_{M2} & \cdots & \bar{K}_{MN} & 1 & x_{aM} & y_{aM} & z_{aM} \end{bmatrix} \tag{4.24}$$

$$\boldsymbol{K} = \begin{bmatrix} K_{11} & K_{12} & \cdots & K_{1N} & 1 & x_1 & y_1 & z_1 \\ K_{21} & K_{22} & \cdots & K_{2N} & 1 & x_2 & y_2 & z_2 \\ \vdots & \vdots & \ddots & \vdots & \vdots & \vdots & \vdots & \vdots \\ K_{N1} & K_{N2} & \cdots & K_{NN} & 1 & x_N & y_N & z_N \\ 1 & 1 & \cdots & 1 & 0 & 0 & 0 & 0 \\ x_1 & x_2 & \cdots & x_N & 0 & 0 & 0 & 0 \\ y_1 & y_2 & \cdots & y_N & 0 & 0 & 0 & 0 \\ z_1 & z_2 & \cdots & z_N & 0 & 0 & 0 & 0 \end{bmatrix} \tag{4.25}$$

其中,

$$\bar{K}_{ij} = \bar{r}_{ij}^2 \ln \bar{r}_{ij}^2,\ \bar{r}_{ij}^2 = (x_{ai} - x_j)^2 + (y_{ai} - y_j)^2 + (z_{ai} - z_j)^2$$

$$K_{ij} = r_{ij}^2 \ln r_{ij}^2,\ r_{ij}^2 = (x_i - x_j)^2 + (y_i - y_j)^2 + (z_i - z_j)^2$$

当所有结构点共面或有重节点时，TPS 插值公式(4.23)中的矩阵 $\boldsymbol{K}$ 奇异，应当避免。TPS 属于三维插值，适用范围比 IPS 更为广泛。本书第 8 章航空发动机叶片的模态插值采用了 TPS 方法。

4.4　MPC 插值方法

为了提高结构计算精度，尤其是为了分析结构非线性等问题，有必要直接利用 Nastran 软件进行结构有限元计算。针对 CFD/Nastran 耦合计算，基于 MPC 插值方法，建立气动-结构双向数据传递。构建结构单元到气动点的 MPC，实现结构模型到气动点的映射关系：通过 MPC，从结构变形插值出气动点变形，采用虚功原理将气动节点力传递到结构有限元模型。而 MPC 的结构变形插值和节点力传递具体由 Nastran 软件计算，因此可以快捷地实现 CFD 求解器与 Nastran 软件的耦合计算。

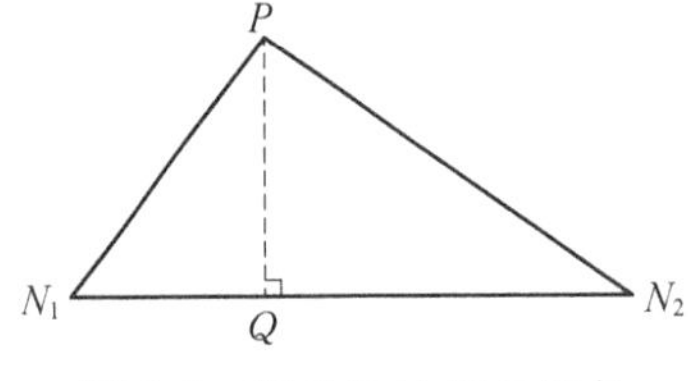

图 4.3　梁单元的多点约束

以梁单元为例，如图 4.3 所示，针对每一个气动表面点搜寻距离其最近的机翼主梁单元，构建气动点 P 到结构梁单元 N_1N_2 的 MPC。

假设结构点 N_i 的平动、转动位移向量分别为 $\boldsymbol{T}_i$、$\boldsymbol{R}_i$，气动点 P 相对于 N_1、N_2 点的初始位置向量为 $\boldsymbol{r}_1$、$\boldsymbol{r}_2$。关联气动点 P 的位移到 N_1、N_2 的三个平动和三个转动自由度上。则当 N_1 点产生位移时，由 N_1 点变形引起的气动点位移为

$$\boldsymbol{T}_{a1} = \boldsymbol{T}_1 + \boldsymbol{R}_1 \times \boldsymbol{r}_1 \tag{4.26}$$

采用相同的方法计算出由结构点 N_2 变形引起的气动点位移 $\boldsymbol{T}_{a2}$。在与主梁垂直的翼剖面内，过气动点 P 做到主梁的垂线交于 Q 点。假设机翼在发生扭转弯曲变形的过程中，翼型形状没有发生变化且 Q 点在该结构梁单元中相对于 N_1、N_2 点的位置不变，即参数坐标不变。则当 N_1、N_2 点同时产生位移时，气动点 P 的位移为

$$\boldsymbol{T}_a = \frac{|N_2Q|}{|N_1N_2|}\boldsymbol{T}_{a1} + \frac{|N_1Q|}{|N_1N_2|}\boldsymbol{T}_{a2} \tag{4.27}$$

式中，$|N_1Q|$、$|N_2Q|$ 和 $|N_1N_2|$ 为两点之间的距离。

飞行器一般都具有蒙皮结构。蒙皮可以简化为二维壳单元，因而需要构建 MPC 建立气动点到二维壳单元之间的联系。以四边形单元为例，如图 4.4 所示，针对每一个气动点搜寻距离其最近的蒙皮单元，构建气动点 P 到蒙皮单元

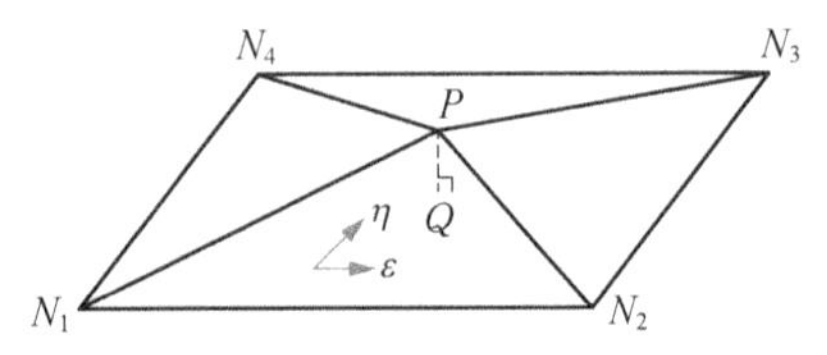

图 4.4　四边形单元的多点约束

$N_1N_2N_3N_4$ 的 MPC。

投影气动点 P 到结构单元内于 Q 点，Q 点在结构单元内的二维参数坐标为 (ε, η)。通过如下四边形等参单元的形函数，计算出 Q 点在四边形单元内的插值系数 $c_1 \sim c_4$：

$$\begin{cases} c_1 = \dfrac{1}{4}(1-\varepsilon)(1-\eta) \\ c_2 = \dfrac{1}{4}(1+\varepsilon)(1-\eta) \\ c_3 = \dfrac{1}{4}(1+\varepsilon)(1+\eta) \\ c_4 = \dfrac{1}{4}(1-\varepsilon)(1+\eta) \end{cases} \tag{4.28}$$

假设 Q 点在机翼扭转弯曲变形过程中相对于结构单元的位置保持不变，即参数坐标不变。为了构建气动点到每个结构点的映射关系，可以将插值系数作为映射关系的权系数。结合式(4.26)和式(4.28)，采用插值系数加权平均的方法，由结构单元变形引起的气动点变形就可以通过以下公式计算得到：

$$\boldsymbol{T}_{\mathrm{a}} = \sum_{i=1}^{4} c_i \boldsymbol{T}_{\mathrm{a}i} \tag{4.29}$$

总结起来，基于所建立的 MPC，可以从结构点位移插值出气动网格点位移，即存在相应的位移转换矩阵。因此，反过来通过虚功原理也能够将气动节点力插值到结构模型上。而 MPC 的变形量插值和节点力传递具体由 Nastran 软件计算。

第5章　静气动弹性 CFD/CSD 耦合计算

大展弦比飞行器在飞行过程中,结构弹性通常会引起较大的结构静变形,从而引起气动特性的改变。此类静气动弹性问题不但要求定量给出静变形和气动参数修正值,更是要求将结构弹性的影响考虑到飞行器优化设计过程中,以保证飞行器在弹性变形下具有预期的气动性能。目前,工程上飞行器静气弹 CFD 计算还主要采用 CFD 商用软件和结构有限元商用软件交替迭代计算的松耦合方法,计算效率低且难以处理复杂构型。

本章在阐述基于柔度法或模态法的静气动弹性 CFD/CSD 耦合算法的基础上,将对考虑结构几何非线性的 CFD/有限元法(finite element method, FEM)耦合、大型客机机翼型架外形设计计算方法和增压风洞大展弦比机翼模型静气动弹性计算方法进行详细讨论。

5.1　柔度法、模态法结构变形计算

对于线性结构,通常采用柔度法或模态法计算结构弹性变形。

通过结构分析获得结构点处的柔度阵或模态,利用气动-结构数据传递方法,将柔度或模态从结构点插值到气动表面网格点。于是,CFD 和 CSD 计算均在气动网格上进行,避免了反复的流-固耦合界面数据传递,有效提高了计算效率。

5.1.1　柔度法

以机翼为例,柔度法描述的机翼表面点的纵向(z 向)结构变形为

$$\Delta \boldsymbol{Z} = \boldsymbol{C}_{\mathrm{A}} \boldsymbol{F} \tag{5.1}$$

式中,$\Delta \boldsymbol{Z}$ 为由气动点纵向结构变形组成的变形矢量;$\boldsymbol{C}_{\mathrm{A}}$ 为插值得到的气动点处的柔度阵;$\boldsymbol{F}$ 为由机翼上、下表面对应网格单元的纵向气动合力组成的单元气动载荷矢量。

上述简化方法只考虑了机翼的纵向变形,会导致真实展向长度有所变化,但在

小变形情况下的误差不大，工程上也通常采用该简化方法。

式(5.1)要求机翼上下表面对应气动网格单元在 xoy 平面的投影单元重合，实际应用中难以满足。对于任意翼面网格分布，以机翼前缘和后缘作为分界面将机翼分为上下翼面，根据柔度法的线性本质，可以将翼面结构变形分解为上下翼面气动力单独作用下所产生的结构变形的叠加。利用流-固耦合界面信息传递技术，例如 IPS 插值，提出上下物面变形叠加技术计算翼面结构变形：

$$\Delta\boldsymbol{Z}_{\mathrm{L}}=\boldsymbol{C}_{\mathrm{AL}}\boldsymbol{F}_{\mathrm{L}}+\boldsymbol{T}_{\mathrm{UL}}(\boldsymbol{C}_{\mathrm{AU}}\boldsymbol{F}_{\mathrm{U}}) \tag{5.2a}$$

$$\Delta\boldsymbol{Z}_{\mathrm{U}}=\boldsymbol{T}_{\mathrm{LU}}(\boldsymbol{C}_{\mathrm{AL}}\boldsymbol{F}_{\mathrm{L}})+\boldsymbol{C}_{\mathrm{AU}}\boldsymbol{F}_{\mathrm{U}} \tag{5.2b}$$

式中，下标 L、U 分别代表下翼面、上翼面；$\boldsymbol{T}_{\mathrm{UL}}$、$\boldsymbol{T}_{\mathrm{LU}}$ 分别代表上翼面到下翼面、下翼面到上翼面的 IPS 插值转换矩阵。显然，式(5.2)所描述的上下物面变形叠加技术适用于任意翼面网格分布情况。

结构分析只给出了翼面柔度阵，对于发动机短舱等部件的影响，则通过部件分布载荷的等效集中力来考虑。对于如图 5.1 所示发动机短舱，经 CFD 计算得到气动表面分布载荷，经积分得到发动机短舱气动载荷的合力(作用于发动机主挂点即前缘挂点)及绕主挂点的力矩。若只考虑纵向气动力和俯仰力矩作用，则进一步把俯仰力矩等效为作用于前、后缘挂点的两个集中力，最终得到作用于前缘挂点和后缘挂点的两个集中力 $\boldsymbol{F}_{\mathrm{LE}}$、$\boldsymbol{F}_{\mathrm{TE}}$。

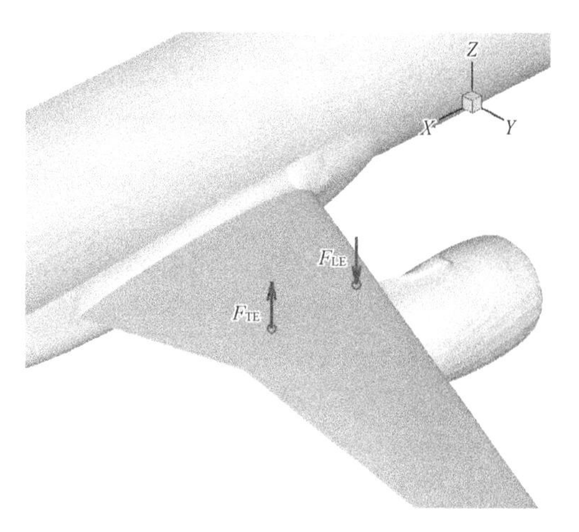

图 5.1　发动机短舱等效集中力示意图

5.1.2　模态法

模态法描述的飞行器表面点的结构变形为

$$\Delta\boldsymbol{r}(x,\ y,\ z)=\sum_{i=1}^{n}\boldsymbol{h}_i(x,\ y,\ z)q_i \tag{5.3}$$

式中，$\Delta\boldsymbol{r}$ 为气动表面网格点的结构变形矢量；n 为所选取的振型数；$\boldsymbol{h}_i$ 为第 i 阶振型的模态矢量；q_i 为第 i 阶模态的广义坐标。

基于模态理论的结构静弹性方程如下：

$$\boldsymbol{K}\boldsymbol{q} = \boldsymbol{A} \tag{5.4}$$

式中,$\boldsymbol{K}$ 为广义刚度矩阵;$\boldsymbol{A}$ 为广义气动力矢量,与气动表面压强和黏性应力分布相关:

$$\boldsymbol{A}_i = \oint\!\!\oint [\boldsymbol{p}(x, y, z) + \boldsymbol{\tau}(x, y, z)]\boldsymbol{h}_i(x, y, z)\mathrm{d}S \tag{5.5}$$

对于模态法,根据式(5.3)的线性叠加关系,可以进一步采用动态网格技术将模态从气动表面网格点插值到整个 CFD 空间网格,于是 CFD/CSD 耦合计算过程中直接利用空间网格点的模态叠加生成变形网格即可。

5.2 基于柔度法或模态法的静弹 CFD/CSD 耦合迭代算法

对于静气动弹性问题,结构变形运动被认为是缓慢的,由它引起的惯性力、气动力和作用在飞行器上的其他惯性力和气动力相比是个小量,可以忽略不计。因此,静气弹计算并不把时间作为独立变量,而是直接采用结构变形和定常气动力交替迭代计算直至收敛的方法。

5.2.1 静弹 CFD/CSD 高效耦合算法

结构柔度阵或模态从结构点插值到气动网格点后,CFD、CSD 计算均基于气动网格系统。静弹 CFD/CSD 耦合计算采用定常气动力和结构静变形交替迭代的方式。利用 Euler/N－S 方程计算定常气动力,利用柔度法或模态法计算结构变形,结合动态网格技术生成变形网格,交替迭代计算直至收敛,获得飞行器的静平衡构型及考虑弹性影响的气动特性。

给定气动外形、结构数据和飞行状态参数(迎角 α、马赫数 Ma、高度 H),静气动弹性 CFD/CSD 耦合迭代计算流程如图 5.2 所示。由于考虑了气动非线性,因此改变飞行状态参数需要重新进行迭代计算。

上述过程为松耦合迭代,通常需要 5~8 次耦合迭代才能收敛,较为耗时。结合动态网格技术,提出静气动弹性 CFD/CSD 高效耦合迭代算法: 对于每次流-固耦合迭代,CFD 气动力计算不需要严格收敛到定常状态,以保持结构与气动同步收敛。实践表明: 该算法总的计算时间约为初始气动构型相应状态下定常气动力 CFD 计算时间的 1.1~1.2 倍。同时加入松弛技术提高计算效率: 将当前迭代步与上个迭代步的结构变形量取加权平均,规定该加权平均值为当前迭代步的结构变形。

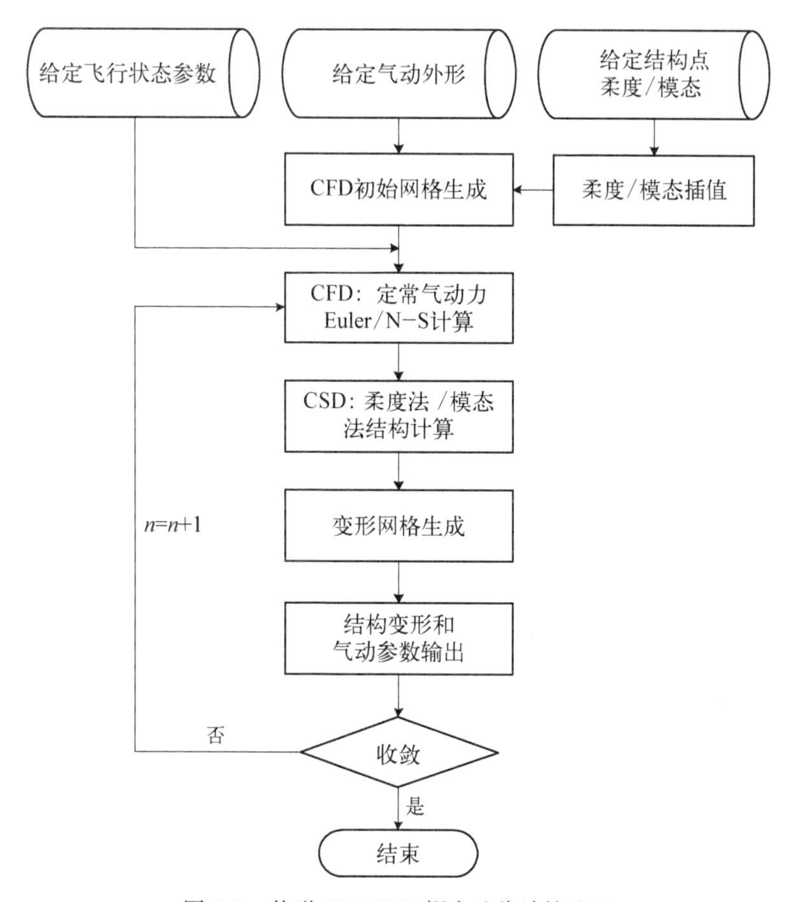

图 5.2　静弹 CFD/CSD 耦合迭代计算流程

5.2.2　飞翼布局柔度法、模态法静弹计算

简单内外段布局机翼如图 5.3 所示。结构分析得到根部固支下的柔度阵及各阶模态。模态法选取了包括翼梢附近局部模态在内的共计 17 阶模态。计算状态：来流马赫数 $Ma = 0.6$，雷诺数 $Re = 2 \times 10^6$，速压 $Q = 25\,490$ Pa。

图 5.4 和图 5.5 分别比较了模态法和柔度法计算得到的弹性飞翼布局的升力、阻力系数曲线。图 5.6 给出了迎角 $\alpha = 4°$ 时的机翼静变形，翼尖从上往下依次为模态法、柔度法和初始构型。比较分析表明：两种方法计算得到的升阻力和静变形均相当一致。需要说明的是，当不考虑翼梢附近局部模态时，两种方法计算出的翼梢附近局部扭转变形会出现不一致，导致弹性影响下气动力计算结果吻合不好。因此，为了提高计算精度，模态法需要考虑局部模态。

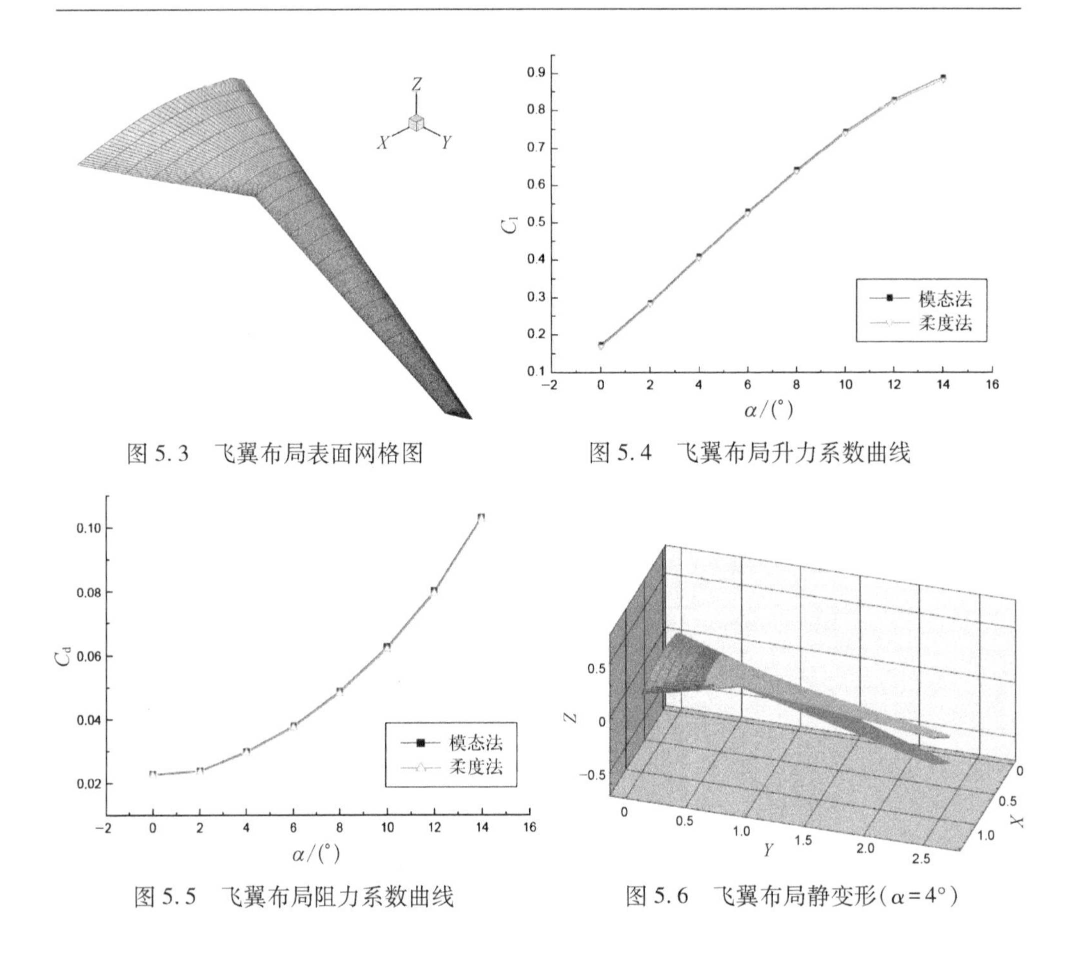

图 5.3　飞翼布局表面网格图

图 5.4　飞翼布局升力系数曲线

图 5.5　飞翼布局阻力系数曲线

图 5.6　飞翼布局静变形($\alpha=4°$)

5.2.3　大型客机柔度法静弹计算

大型客机采用超临界翼型的大展弦比机翼，巡航 Ma 数一般在跨声速区，其气动弹性问题主要围绕机翼展开。由于结构弹性，巡航飞行过程中机翼发生弯扭变形。弯曲变形等于增加了上反角，基本不改变剖面压强分布，而扭转变形则会改变机翼的展向升力分布。因此，静气动弹性修正是大型客机研制的一个重要环节。

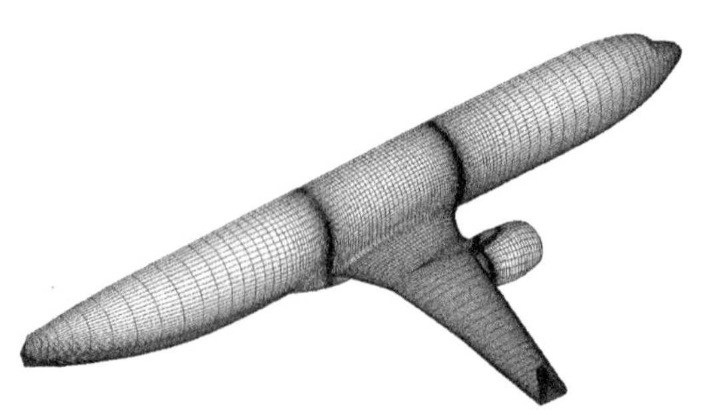

图 5.7　大型客机 A1 表面网格

大型客机翼/身/发舱/小翼组合体(以下简称大型客机 A1)如图 5.7 所示，采用柔度法对其进行静弹计算。计算状态：马赫数 Ma = 0.785，

高度 $H = 10\,668$ m，雷诺数 $Re = 5.93 \times 10^6$，迎角 $\alpha = 0°$、$1°$、$2°$、$3°$、$4°$。网格数目共约为 650 万。

图 5.8～图 5.10 分别比较了计算得到的刚模和弹性体的升力、阻力和俯仰力矩系数曲线。考虑弹性影响后，相同迎角下升力、阻力和俯仰力矩系数均降低较多；刚模的升力和俯仰力矩曲线在 4°迎角时非线性变化，而弹性体几乎还处于线性段。显然，大型客机需要考虑静气动弹性的影响。

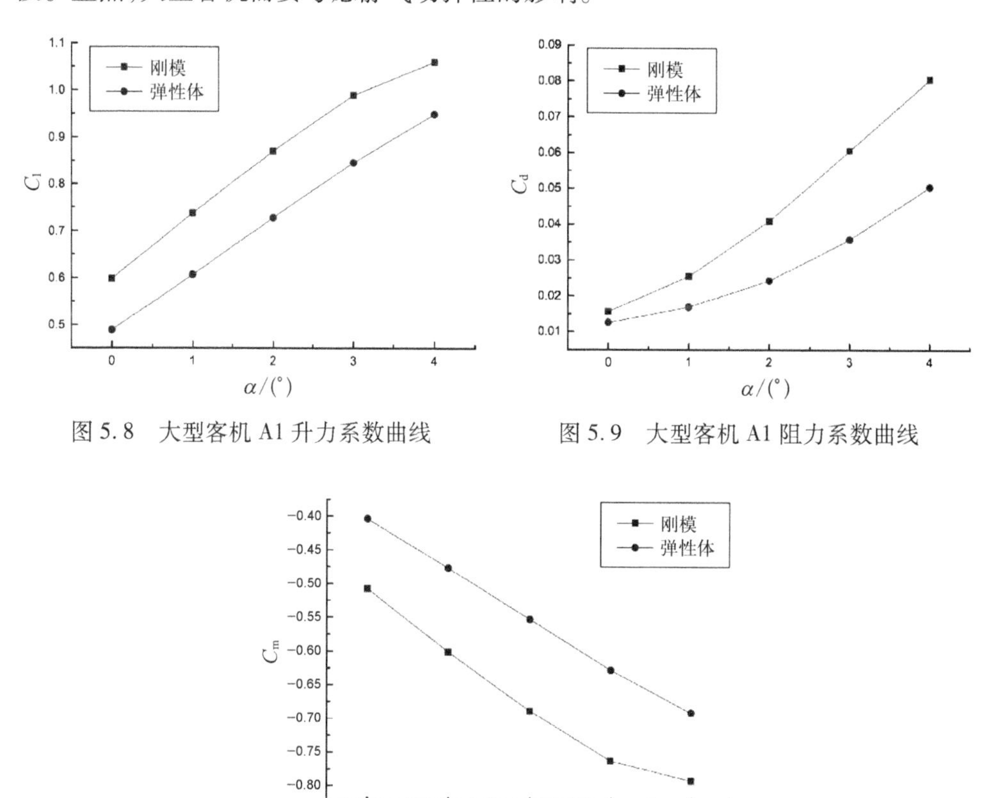

图 5.8　大型客机 A1 升力系数曲线

图 5.9　大型客机 A1 阻力系数曲线

图 5.10　大型客机 A1 俯仰力矩系数曲线

采用挠度和扭角来描述机翼静变形。挠度定义为机翼纵向（z 向）位移，当机翼产生纵向向上的变形时，挠度为正。扭角定义为翼剖面后缘点绕前缘点的角位移，当翼剖面产生前缘向上的扭转变形时，扭角为正。图 5.11 和图 5.12 分别给出了 A1 机翼沿展向的前缘点挠度和相对扭角分布。结果分析表明：气动力作用下机翼产生了前缘向下的扭转变形（扭角为负），导致考虑弹性影响后，相同迎角下升、阻力均减小；随着攻角的增加，气动载荷增大，而结构刚度保持不变，所以扭角和挠度均变大。

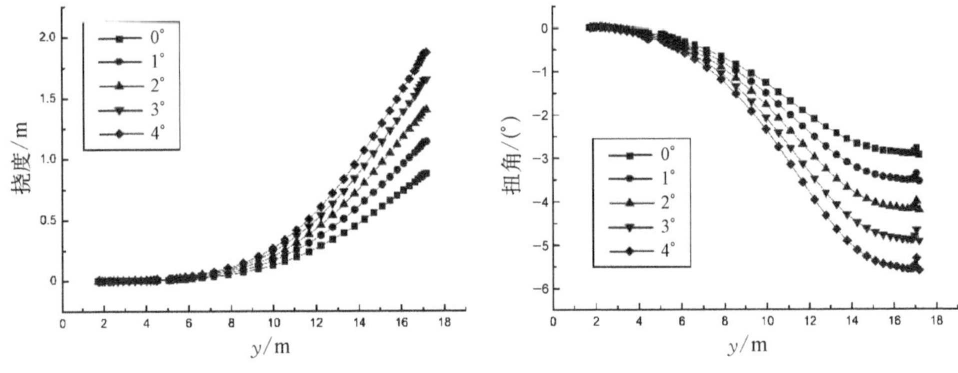

图 5.11　A1 机翼前缘点挠度展向分布　　图 5.12　A1 机翼相对扭角展向分布

5.3　静弹 CFD/FEM 耦合计算方法

传统柔度法通常只考虑机翼纵向变形,更为准确的是直接采用 FEM 计算结构变形,具体可以利用结构有限元软件 Nastran 实现,该软件同时也能有效分析几何非线性等结构非线性问题。结合流-固耦合双向数据传递的 MPC 插值方法,耦合 CFD 求解器和 Nastran 软件,实现静弹 CFD/FEM 耦合计算。

5.3.1　气动网格节点力计算

MPC 建立的是气动网格点到结构单元的映射关系,而基于格心格式的 CFD 计算得到的是气动表面网格单元格心处的气动载荷。因此,在利用 MPC 将气动载荷加载到有限元模型之前,首先要将气动表面网格单元载荷转换为气动网格节点力。

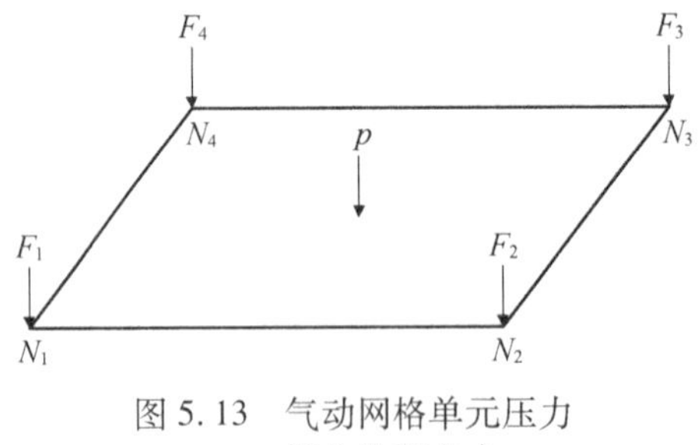

图 5.13　气动网格单元压力转化为节点力

以压强为例,如图 5.13 所示,图中,$N_i(i=1, 2, 3, \cdots, 4)$ 代表组成气动表面网格单元的 4 个节点,p 代表该气动表面网格单元的压强,F_i 表示由压强引起的气动网格节点力。

设节点 N_i 的位置矢量为 $\boldsymbol{r}_i$,则由压强 p 引起的气动表网格单元的载荷为

$$\boldsymbol{F} = -(\boldsymbol{r}_2 - \boldsymbol{r}_1) \times (\boldsymbol{r}_4 - \boldsymbol{r}_1) p \tag{5.6}$$

$\boldsymbol{F}$ 作用在气动网格单元中心,气动网格节点力则采用简单的平均法计算:

$$\boldsymbol{F}_i = \boldsymbol{F}/4 \tag{5.7}$$

式(5.7)给出了单个气动网格单元对气动网格节点力的贡献。于是,一个气动表面网格点的节点力等于相邻气动表面网格单元引起的节点力之和。

5.3.2　静弹 CFD/FEM 耦合迭代算法

仍采用定常气动力和结构变形交替迭代的方式：定常气动力采用 CFD 计算，结构变形基于 Nastran 软件采用 FEM 计算(可以考虑结构几何非线性)。通过 MPC 实现气动-结构的双向数据传递,结合变形网格技术,实现 CFD/FEM 耦合迭代计算。显然,5.2 节中结构与气动同步收敛的高效耦合算法也同样适用于 CFD/FEM 耦合计算,而基于 MPC 的结构变形插值和气动网格节点力传递均由 Nastran 计算,因此能够快捷地实现 CFD/FEM 耦合计算。

静气动弹性 CFD/FEM 耦合计算流程如下：

(1) 构建结构有限元模型,给定边界条件;

(2) 生成初始气动构型 CFD 网格,给定计算状态参数;

(3) 构建气动表面网格点到结构单元的 MPC,生成用于 Nastran 读入的线性 101(或非线性 106)求解序列的 BDF 文件;

(4) 采用 CFD 计算定常气动力,并将气动表面网格单元力转换为气动网格节点力;

(5) 通过 MPC 将气动网格节点力加载到结构有限元单元上;

(6) 利用 Nastran 线性 101(或非线性 106)求解序列,采用 FEM 计算得到结构点位移;

(7) 通过 MPC 将结构点位移插值到气动表面网格点;

(8) 利用变形网格技术生成新的 CFD 网格;

(9) 重复步骤 4~8 直至收敛,得到给定状态下的静平衡构型和考虑弹性影响的气动特性。

5.3.3　大型客机机翼静弹 CFD/FEM 耦合计算分析

大型客机机翼(以下简称 A2 机翼)如图 5.14 所示,CFD 网格数约为 200 万。结构模型为考虑弯曲刚度和扭转刚度的梁模型,质量部分考虑机翼及吊舱质量,结构模型如图 5.15 所示。计算状态：马赫数 $Ma = 0.785$、迎角 $\alpha = 2.465°$、飞行高度 $H = 11.28$ km。分别采用 CFD/柔度法、CFD/Nastran 线性求解器、CFD/Nastran 非线性求解器耦合方法进行比较计算。柔度法只考虑纵向变形,Nastran 非线性求解序列考虑几何非线性影响,分析展向变形和几何非线性对 A2 机翼静气动弹性的影响。

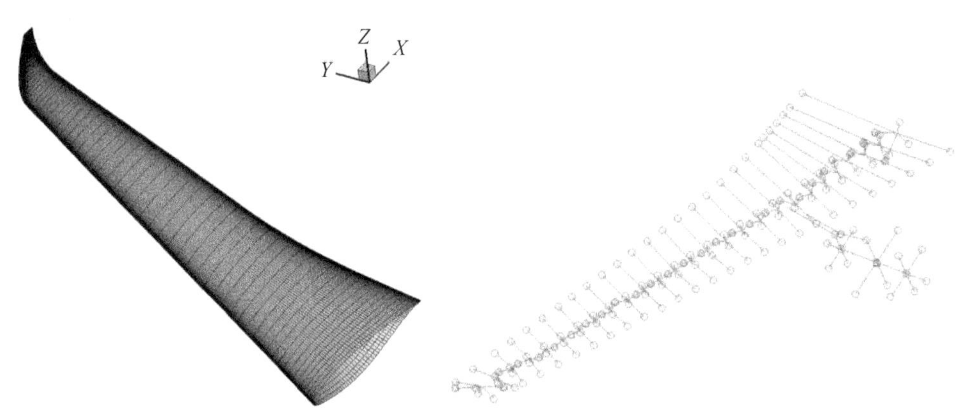

图 5.14　A2 机翼表面网格　　图 5.15　A2 机翼有限元模型

基于 A2 机翼的气动表面网格和结构有限元模型,构建气动点到结构模型的 MPC。图 5.16 给出了 A2 机翼翼型截面气动点到结构点的 MPC 和翼面气动点到结构单元的 MPC。

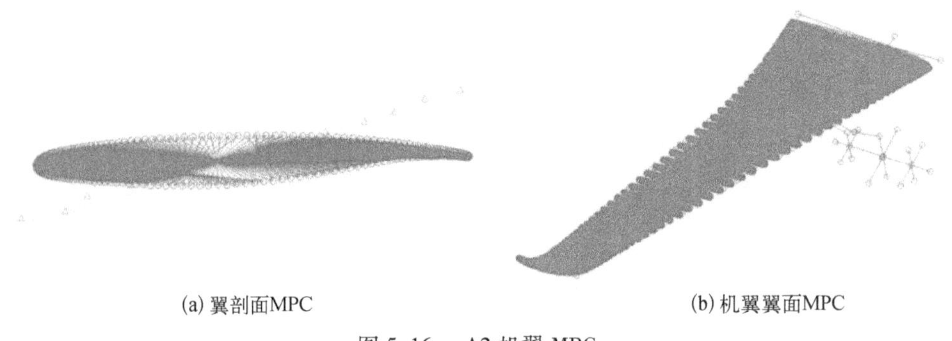

(a) 翼剖面MPC　(b) 机翼翼面MPC

图 5.16　A2 机翼 MPC

柔度法静弹计算需要翼面柔度阵,采用辅助单元将机翼梁模型的柔度插值到机翼平面上,见图 5.17,提取柔度阵,继而通过 IPS 插值到翼面气动网格。对于柔度法中机翼重力引起的结构变形,采用如下方式:通过 Nastran 计算得到结构点处重力引起的结构变形,然后插值到气动网格点处,CFD/柔度法耦合计算过程中直接叠加到机翼变形上。图 5.18 给出了插值得到的翼面气动网格点处重力引起的纵向变形。

图 5.19 比较了 CFD/柔度法、CFD/Nastran 耦合计算得到的 A2 机翼静平衡构型,图中红色构型为没有发生结构变形的初始外形,蓝色、绿色和灰色分别代表柔度法、Nastran 线性和非线性求解器计算出的静平衡构型。整体图比较表明:在翼根处变形很小,柔度法与 Nastran 线性、非线性求解器计算得到的静平衡构型有重叠区域。翼梢局部图比较表明:在翼尖处 Nastran 线性、非线性求解器计算得到的静平衡构型基本重合,几何非线性影响很小,而 Nastran 线性求解序列与只考虑纵向变形的柔度法的静平衡构型存在一定差异。

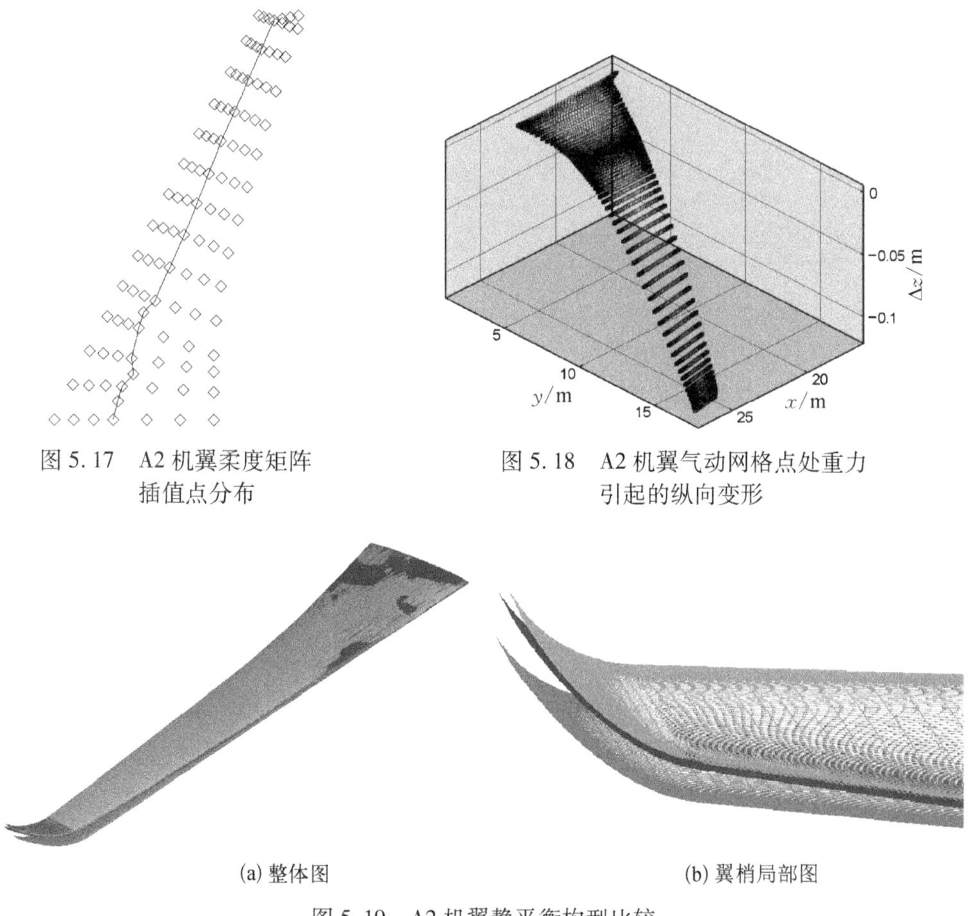

图 5.17　A2 机翼柔度矩阵插值点分布

图 5.18　A2 机翼气动网格点处重力引起的纵向变形

(a) 整体图

(b) 翼梢局部图

图 5.19　A2 机翼静平衡构型比较

图 5.20~图 5.22 分别对比了 CFD/柔度法、CFD/Nastran 耦合计算得到的机翼前缘纵向、展向变形和扭角分布。图 5.20 表明：柔度法和 Nastran 线性、非线性求解器计算出的纵向变形相吻合。图 5.21 中 Nastran 有限元计算考虑了展向变形，非线性求解序列由于考虑了跟随力效应，因此其展向变形较线性结果大。图 5.22 表明：Nastran 线性、非线求解器的扭角分布结果差异甚小；柔度法与 Nastran 结果走势相同，但 Nastran 计算出的扭角较大，其中 Nastran 线性求解器计算出的最大扭角为 −2.702°，柔度法为 −2.607°，相差 3.5%；在展向坐标 4 m

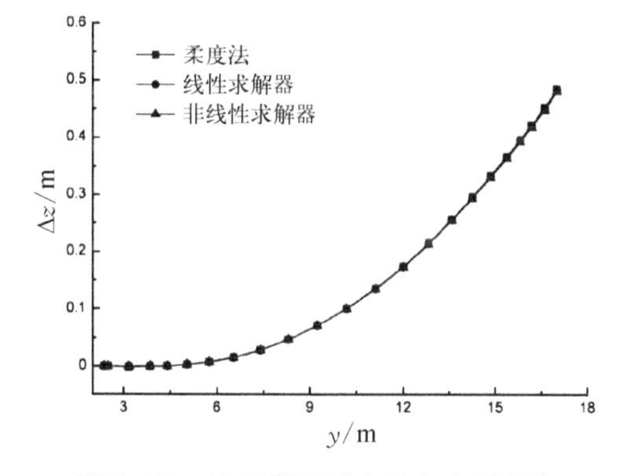

图 5.20　A2 机翼前缘点纵向变形比较

处，因在将机翼梁模型的柔度阵插值到机翼平面过程中采用了光滑的插值方法，故柔度法结果未能很好地体现出扭角的不光滑性。

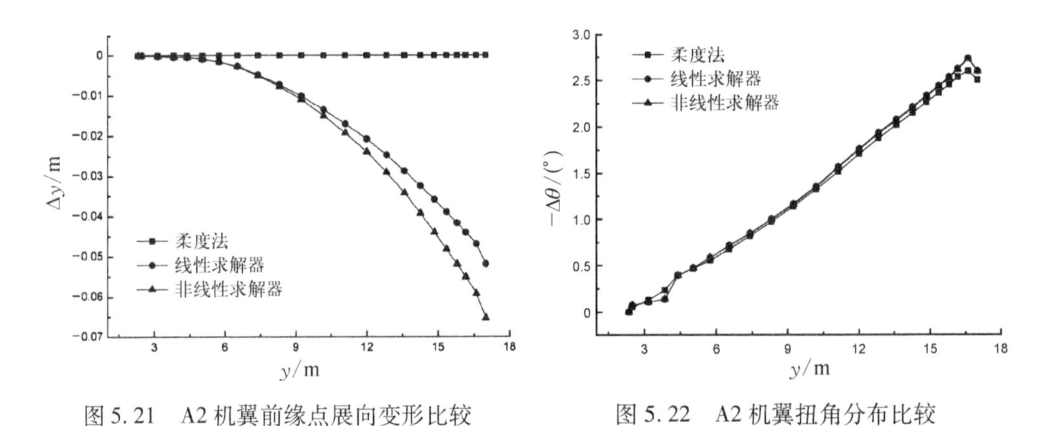

图 5.21　A2 机翼前缘点展向变形比较　　图 5.22　A2 机翼扭角分布比较

表 5.1 给出了 CFD/柔度法和 CFD/Nastran 耦合计算得到的升力与阻力系数对比。耦合 Nastran 线性、非线性求解器计算出的升力、阻力系数相差很小，均在 1‰左右，而柔度法相对于 Nastran 线性求解器的升力系数相差 1.38%，阻力系数相差 0.47%。柔度法计算出的升力与阻力系数均相对较大，其原因在于柔度法只考虑纵向变形而忽略展向变形，致使弹性变形后的机翼面积相对较大，而 CFD/Nastran 耦合计算方法更能体现弹性机翼的真实变形，结果更为准确。

表 5.1　A2 机翼升力、阻力系数

计 算 方 法	升力系数	阻力系数
CFD/柔度法	0.463 3	0.012 85
CFD/Nastran 线性求解器	0.457 0	0.012 79
CFD/Nastran 非线性求解器	0.456 5	0.012 78

5.4　大型客机机翼型架外形设计

大型客机机翼气动优化设计的是巡航外形。型架外形是飞机制造过程中支持于型架上、无惯性力和气动力作用的无约束外形。现代大型客机柔性较大，巡航气动力致使型架外形与巡航外形不一致。巡航状态飞行时，为了使得型架外形在外力（气动力、重力）作用下弹性变形至设计巡航外形，需要考虑静气动弹性的影响，开展大型客机机翼型架外形设计，其准确性直接影响到飞机的巡航气动特性。

5.4.1　机翼型架外形设计的一般形式方程组

设机翼型架结构的有限元节点坐标为 $\boldsymbol{x}_j$，巡航结构的有限元节点坐标为 $\boldsymbol{x}_\mathrm{g}$，气动力表示为 $\boldsymbol{P}$。结构刚度表示为型架结构节点坐标的函数 $\boldsymbol{K}(\boldsymbol{x}_j)$。在气动力作用下，型架结构有限元节点位移为 $\boldsymbol{u}$。对于机翼型架外形设计，型架结构在气动力作用下变形为巡航结构，变形量为型架结构有限元节点位移 $\boldsymbol{u}$，可表示为方程：

$$\boldsymbol{K}(\boldsymbol{x}_j)\boldsymbol{u} = \boldsymbol{P} \tag{5.8}$$

于是有

$$\boldsymbol{u} = [\boldsymbol{K}(\boldsymbol{x}_j)]^{-1}\boldsymbol{P} \tag{5.9}$$

而变形量 $\{\boldsymbol{u}\}$ 等于巡航结构和型架结构的节点坐标之差：

$$\boldsymbol{u} = \boldsymbol{x}_\mathrm{g} - \boldsymbol{x}_j \tag{5.10}$$

将式(5.10)代入式(5.9)，建立型架外形设计的一般形式方程组：

$$[\boldsymbol{K}(\boldsymbol{x}_j)]^{-1}\boldsymbol{P} + \boldsymbol{x}_j - \boldsymbol{x}_\mathrm{g} = 0 \tag{5.11}$$

上述方程中，气动力 $\boldsymbol{P}$ 由 CFD 计算得到。当采用 FEM 计算结构变形时，通过 MPC 将 $\boldsymbol{P}$ 加载到结构模型。当考虑结构非线性时，刚度矩阵 $\boldsymbol{K}$ 是 $\boldsymbol{x}_j\}$ 的函数，采用简单迭代法求解方程(5.11)：

$$\boldsymbol{x}_j = \boldsymbol{x}_\mathrm{g} - [\boldsymbol{K}(\boldsymbol{x}_j)]^{-1}\boldsymbol{P} \tag{5.12}$$

式中，$[\boldsymbol{K}(\boldsymbol{x}_j)]^{-1}\boldsymbol{P}$ 直接利用 Nastran 结构静力计算得到。

5.4.2　基于柔度法的机翼型架外形设计计算方法

基于型架外形设计的一般形式方程组(5.11)，利用静弹 CFD/CSD 耦合算法，考虑弹性结构和气动力的耦合作用，提出如下基于柔度法的机翼型架外形设计计算方法：

(1) 首先采用 N-S 方程计算出给定巡航外形在巡航状态下的定常气动力，采用柔度法计算得到该气动力作用下的静变形(弯曲和扭转)；

(2) 基于给定巡航外形，在弯曲变形不产生气动力明显变化的情况下，反向扣除相应的扭转变形，得到初始设计型架外形；

(3) 基于初始设计型架外形，采用静弹 CFD/CSD 耦合算法，计算得到巡航状态下相应的静变形和气动特性；

(4) 将初始设计型架外形与给定巡航外形的静变形和气动参数进行比较分析，如果相关指标满足设计要求，则获得满足设计要求的型架外形；

(5) 否则，在该轮型架外形基础上，扣除变形差量后开展下一轮型架外形设计计算，直到满足设计要求为止。

5.4.3　大型客机机翼型架外形设计算例

给定大型客机 A2 的设计巡航外形(图 5.23)及机翼结构模型(图 5.15)，采用基于柔度法的型架外形设计计算方法进行 A2 机翼型架外形设计。

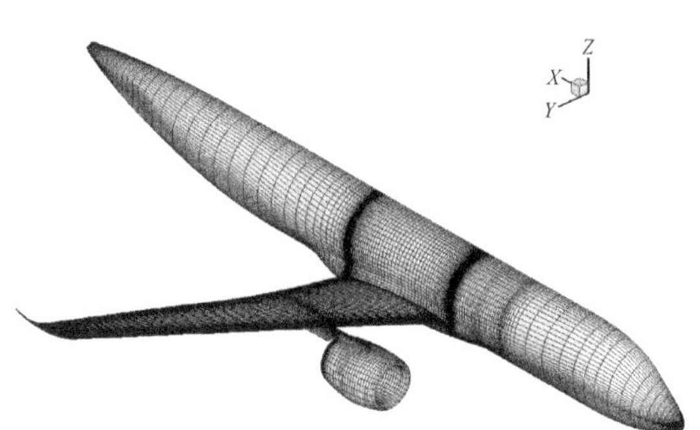

图 5.23　A2 巡航外形表面网格图

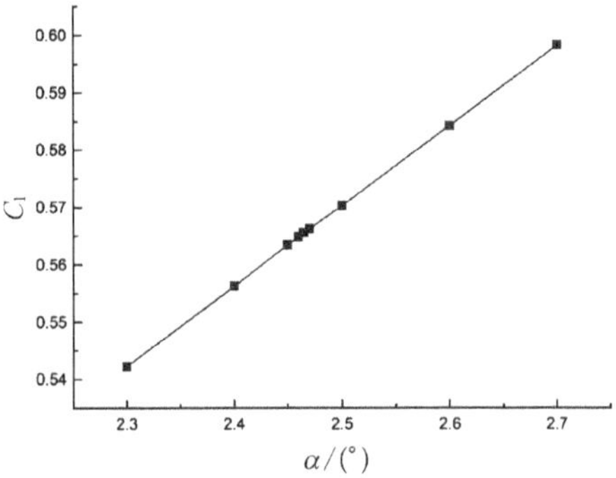

图 5.24　A2 给定巡航外形升力系数曲线

给定巡航马赫数 $Ma = 0.785$，高度 $H = 11\ 277.6$ m，升力系数 $C_l = 0.565$。CFD 网格数共约 600 万，计算得到给定巡航外形的升力系数曲线，如图 5.24 所示，对应巡航升力系数的迎角 $\alpha = 2.465°$。

在巡航状态下($Ma = 0.785$, $H = 11\ 277.6$ m, $\alpha = 2.465°$)，采用基于柔度法的型架外形设计方法进行设计计算。表 5.2 给出了经过第一轮设计得到的型架外形与给定巡航外形的升阻特性比较，表中增量 = 型架外形 - 给定巡航外形。图 5.25 和图 5.26 分别是相应的挠度和相对扭转角分布比较。给定型架外形进行气动力弹性修正计算，由于基础气动力与巡航气动力差异很大，因此必须进行多轮迭代。给定巡航外形进行型架外形设计，基础和目标的气动力均为巡航值，在线弹性结构下，反向扣除变形的误差很小，不需要多轮迭代。计算结果也表明：经过一轮迭代设计，阻力系数增量为 0.000 21，展向扭角最大增量为 0.007 89°，满足设计要求。

实际大型客机设计过程中，由巡航外形设计出型架外形后，还需要以型架外形为基础，对其他飞行状态进行静气动弹性校核计算。

表 5.2　给定巡航外形与型架外形的升阻特性比较

α/(°)	C_l		C_d		
	给定巡航外形	型架外形	给定巡航外形	型架外形	阻力增量
2.465	0.565 53	0.569 13	0.042 82	0.043 03	0.000 21

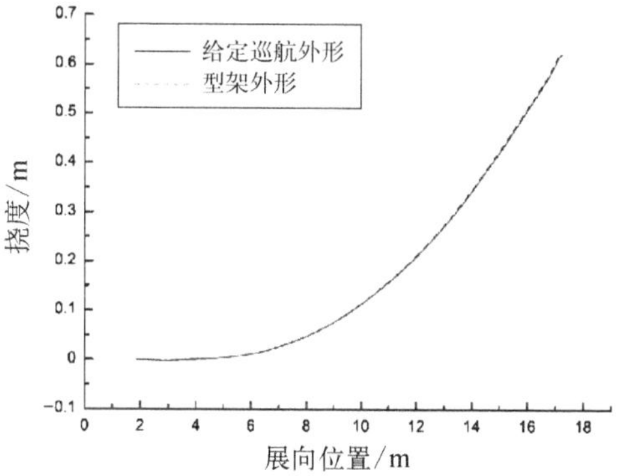

图 5.25　巡航外形与型架外形挠度分布对比

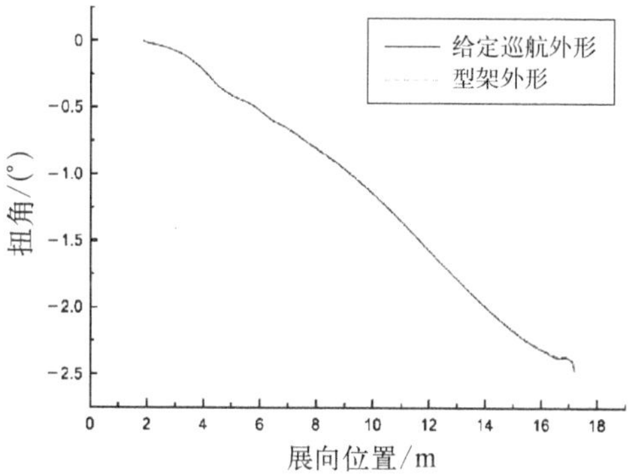

图 5.26　巡航外形与型架外形扭角分布对比

5.5　大展弦比机翼风洞模型静弹修正计算

除气动弹性风洞试验外,大多数风洞模型的结构刚度设计得非常大,以降低结构弹性变形的影响。但是,理论上并不存在绝对刚性的模型,试验过程中无法避免产生结构变形。结构变形对试验数据的影响,会使其远未达到风洞试验的数据精度指标要求。低速增压和跨声速风洞中,变雷诺数试验常用增压来实现,速压变化带来弹性变形的不同,造成伪雷诺数效应,其影响甚至与雷诺数效应在同一量级。因此,有必要开展增压风洞大展弦比模型的静气动弹性修正研究。

一方面,如果已知风洞模型的结构有限元模型,就可以采用 CFD/CSD 耦合算法实现其静气动弹性修正计算。但是,对于常规的测力、测压试验等,风洞模型的结构模型或结构数据通常是未知的。另一方面,模型的结构变形可以在风洞试验中同步测量。因此,对于变形量测量状态,可以直接通过变形前后气动构型的 CFD 对比计算获得静弹修正量。针对大展弦比机翼单梁模型,本节将基于结构变形反演出结构刚度分布,从而实现任意状态下的静弹修正计算。

5.5.1　基于变形测量值的静弹修正计算

图 5.27 所示为一增压风洞大展弦比翼身组合体试验模型,图中黑色圆点为机翼变形测量点,沿展向分为 4 个剖面,每个剖面 4 个测量点。该模型展弦比 λ = 9.17,平均气动弦长 b_A = 0.373 m,参考面积 S = 0.910 4 m^2,展长 l = 2.89 m,1/4

弦线后掠角$\chi = 25°$。试验状态：总压$p_0 = 0.4$ MPa，马赫数$Ma = 0.206$，雷诺数$Re = 1.9 \times 10^7$，迎角$\alpha = -4° \sim 20°$。

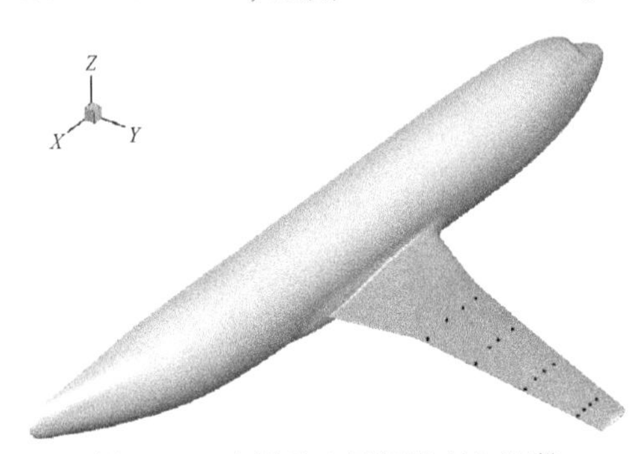

图 5.27　大展弦比风洞模型和机翼变形测量点分布

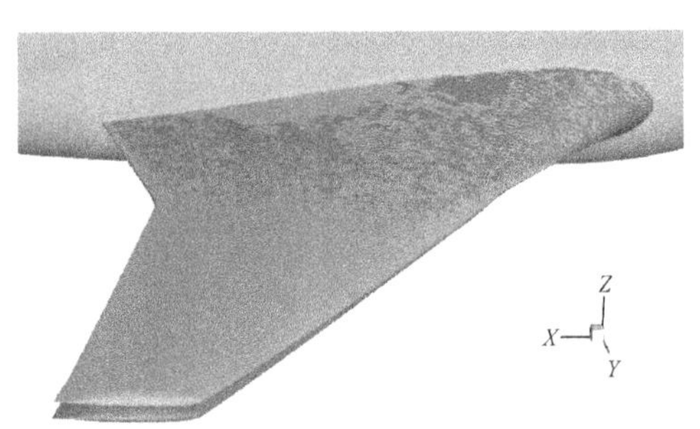

图 5.28　大展弦比风洞模型静变形前后气动外形对比

通过风洞试验测量得到测量点的变形，采用流-固耦合界面数据传递方法，将测量点的变形量插值到机翼表面气动网格点，获得该测量状态下的静变形构型。图 5.28 给出了一测量状态下变形前后的气动外形，翼梢处从上往下分别代表变形前和变形后。

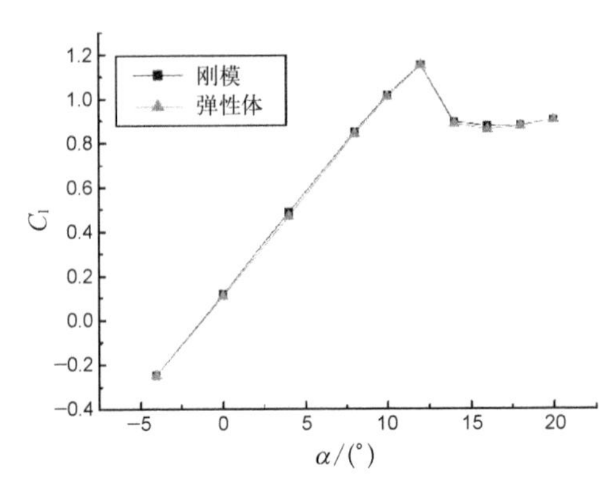

图 5.29　刚性、弹性模型升力系数对比

基于刚性模型 CFD 网格，采用动网格技术生成弹性模型的计算网格，然后采用 CFD 对刚性模型和弹性模型的气动力进行比较计算，两者之差即为修正量。图 5.29～图 5.31 对比了刚性模型与弹性模型的升力、阻力和俯仰力矩系数，尽管翼身组合体刚度很大，但结构弹性变形还是引起了气动力的一些变化。

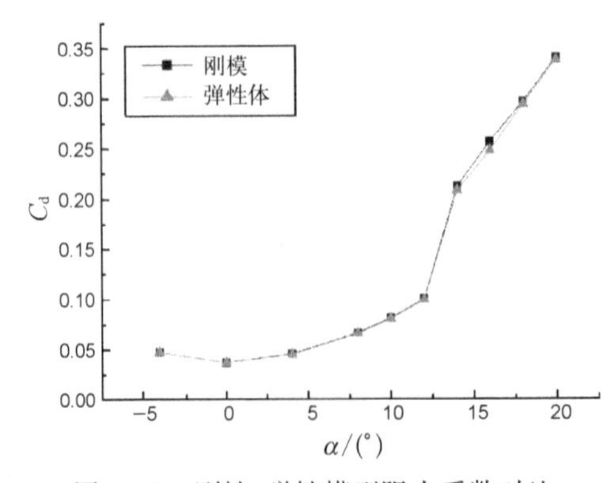

图 5.30　刚性、弹性模型阻力系数对比

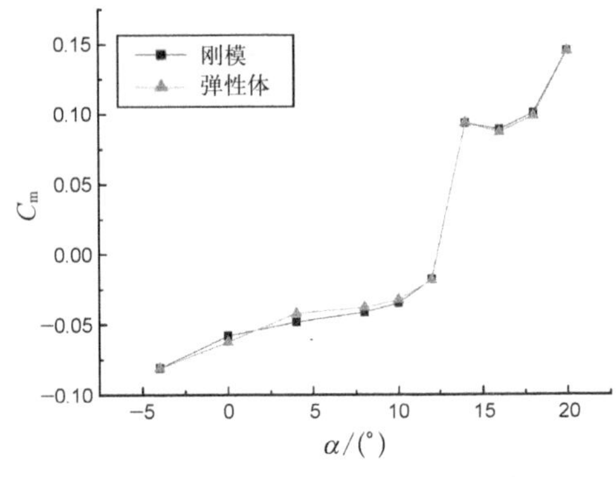

图 5.31　刚性、弹性模型俯仰力矩系数对比

5.5.2　基于结构刚度反演的静弹修正计算

将大展弦比机翼风洞模型的结构简化为单梁模型。基于结构变形测量数据，反演出单梁模型的刚度分布，进而可以采用 CFD/CSD 耦合算法实现任意状态的静弹修正计算。

机翼上任意一点的运动可以分解为随刚轴的平动和绕刚轴的转动。将结构刚度分解为弯曲刚度和扭转刚度，将相应的结构变形分解为弯曲变形（挠度）和扭转变形（扭角）。以弯曲变形为例，气动载荷、弯曲刚度和弯曲变形之间的关系为

$$\rho A\frac{\partial^2 w}{\partial t^2}+\frac{\partial^2}{\partial x^2}\left(EI\frac{\partial^2 w}{\partial x^2}\right)=f-\frac{\partial m}{\partial x} \tag{5.13}$$

式中，w 为挠度；ρ 为材料密度；A 为截面面积；EI 为弯曲刚度；f 和 m 分别为气动力和力矩载荷。对于静气动弹性问题，时间相关项可以忽略，因此上式可以简化为

$$\frac{\partial^2}{\partial x^2}\left(EI\frac{\partial^2 w}{\partial x^2}\right)=f-\frac{\partial m}{\partial x} \tag{5.14}$$

对上式进行两次积分，有

$$\frac{\partial^2 w}{\partial x^2}=r\cdot h \tag{5.15}$$

式中，$h=\iint\left(f-\frac{\partial m}{\partial x}\right)\mathrm{d}x\mathrm{d}x$ 与气动载荷相关，r 为柔度分布函数：

$$r(x)=\frac{1}{EI} \tag{5.16}$$

将柔度分布表示为一系列基函数的叠加：

$$r(x)=\sum_{i=1}^{n}a_i\cdot g_i(x) \tag{5.17}$$

式中，$g_i(x)$ 为选取的一组线性无关基函数；n 为基函数个数，a_i 为实常数。根据线性叠加原理，挠度 w 可以表示为

$$w(x)=\sum_{i=1}^{n}a_i\cdot w_i(x) \tag{5.18}$$

式中，$w_i(x)$ 为在气动载荷作用下，与柔度分布 $g_i(x)$ 相对应的挠度分布。

选取一个变形量测量状态作为设计状态(即基于此状态下的气动力和变形量进行结构刚度反演),静变形构型的气动载荷由 CFD 计算获得。将气动载荷逐个加载于结构模型 $g_i(x)$,计算得到相应的弯曲变形 $w_i(x)$。然后根据刚轴上挠度的测量值,采用最小二乘法解出式(5.18)中的系数 a_i。最后根据式(5.16)和式(5.17)求出模型的弯曲刚度分布。同样,根据设计状态刚轴上扭角的测量值可以反演出模型的扭转刚度分布。

将结构刚度反演方法应用于上述大展弦比翼身组合体风洞实验模型(图5.27)。考虑到该机翼最大相对厚度大约位于35%弦长处,因此假设单梁模型的刚轴位于机翼的35%弦长处。选择迎角8°作为设计状态,迎角4°和12°作为验证状态,风洞实验中三个迎角均进行了变形量测量。

图5.32给出了经过结构变形分解后得到的迎角8°时刚轴处挠度和扭角的测量值。

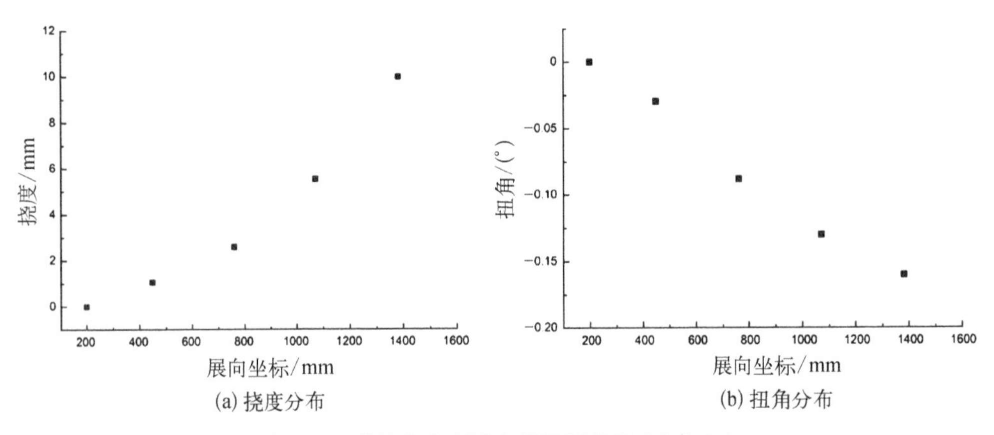

(a) 挠度分布　　(b) 扭角分布

图5.32　设计状态刚轴变形量测量值(迎角8°)

选取7个函数作为式(5.17)中的柔度分布基函数,包括1个常函数、5个多项式函数和1个对数函数,如图5.33所示。

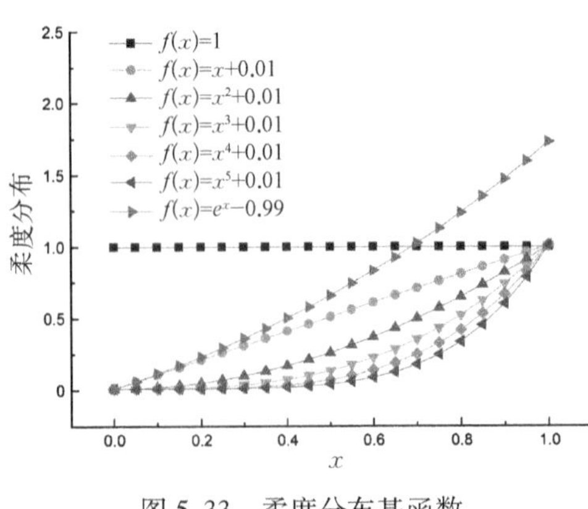

图5.33　柔度分布基函数

利用上述柔度分布基函数,在设计状态下反演出单梁模型机翼的弯曲刚度和扭转刚度分布,如图5.34所示。

反演出机翼结构的刚度特性后,提取柔度阵用于静弹 CFD/CSD 耦合计算。图5.35~图5.37分别是设计状态和验证状态下机翼静变形的计算值与实验测量值的对比。无论是设计状态还是验证状态,基于反演得到的刚度分布,采用CFD/CSD耦合计算得到的机翼变形与实验测量值都能够吻合很好,从而验证了结构刚度反演方法的可行性。

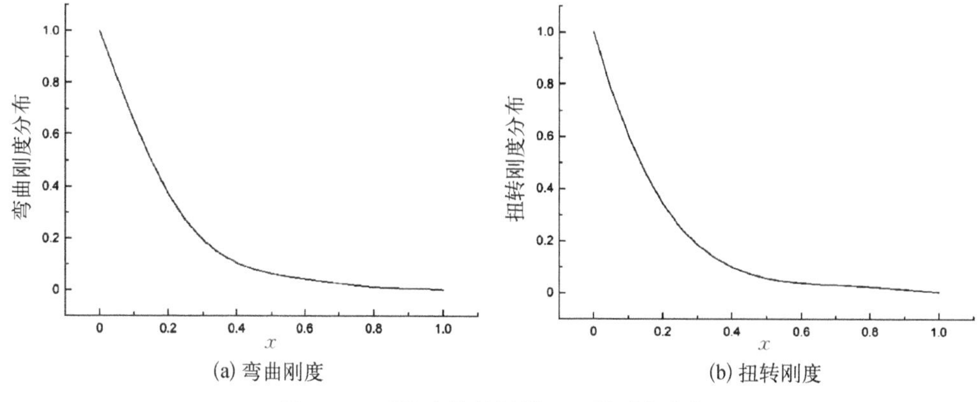

(a) 弯曲刚度 (b) 扭转刚度

图5.34 反演出的单梁模型机翼刚度分布

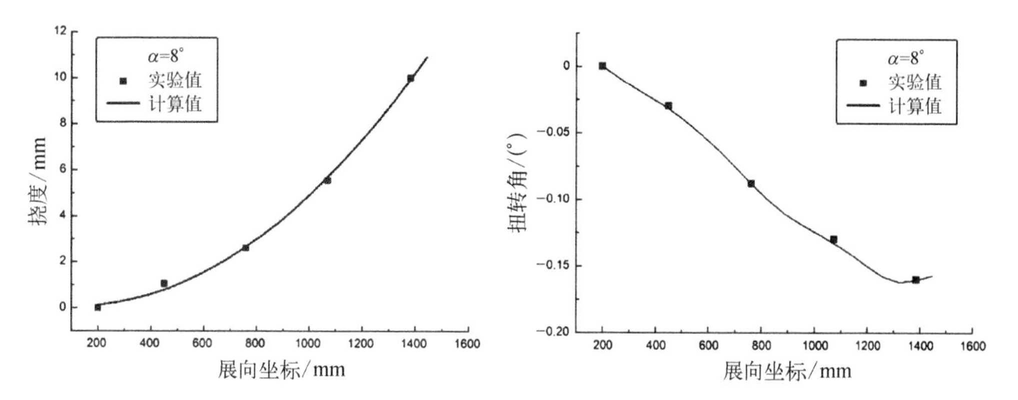

图5.35 设计状态结构变形计算值与实验值对比(迎角8°)

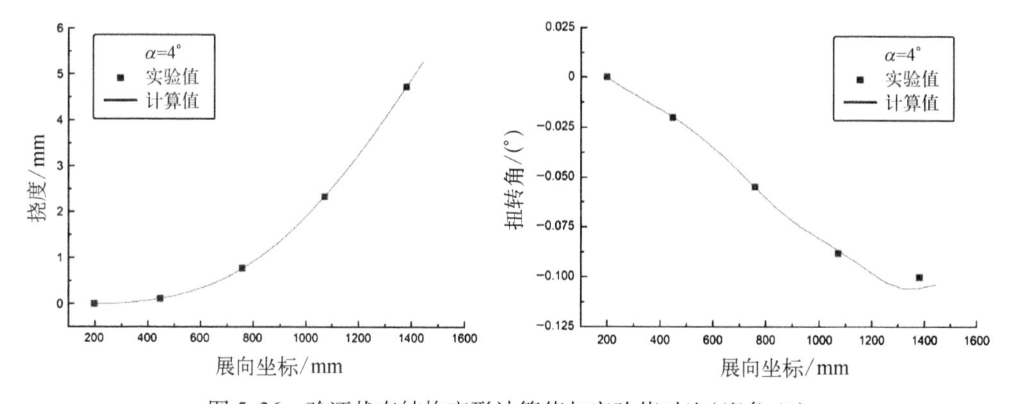

图5.36 验证状态结构变形计算值与实验值对比(迎角4°)

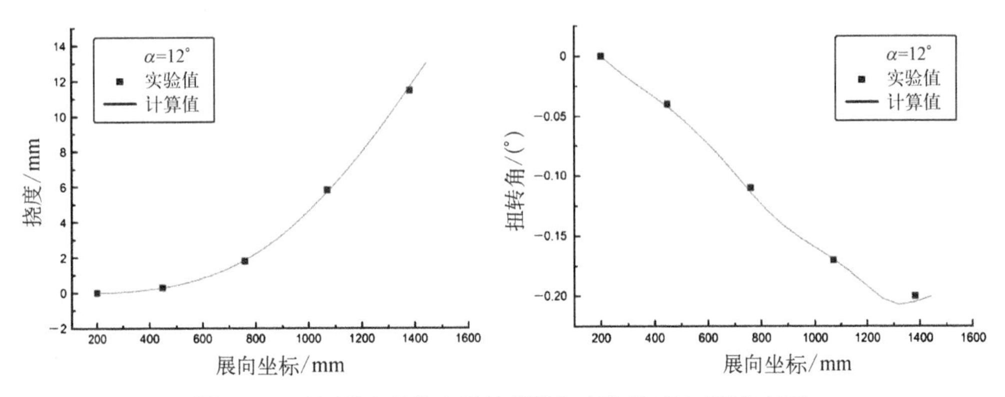

图 5.37　验证状态结构变形计算值与实验值对比(迎角 12°)

第 6 章　颤振特性 CFD/CSD 时域耦合计算

目前,工程上飞行器颤振计算还主要采用基于线化非定常气动力理论的 Nastran 软件,一方面,其不能处理真实外形特别是跨声速区域激波引起的非线性问题,因而跨声速颤振分析往往采用极为粗糙的凹坑余量扣除。但跨声速颤振往往发生在颤振余量最小处,而各种飞行器的跨声速颤振形态很不相同,有的甚至不出现凹坑现象。另一方面,近年来迅速发展的高超声速热气动弹性分析更是存在强烈的流场非线性和气动热等因素。此类颤振问题的准确预测要求直接采用基于 Euler/N－S 方程的 CFD 方法。

本章在介绍结构运动方程求解的基础上,将重点讨论颤振特性 CFD/CSD 时域耦合算法,可压流颤振分析的变质量、变刚度技术,考虑透气壁影响的跨声速风洞模型颤振计算方法和结构几何非线性颤振计算方法。

6.1　结构运动方程求解

6.1.1　结构运动方程

假设飞行器的弹性力在线性范围内,采用振动模态的概念来描述结构振动变形。和模态法静弹计算一样,采用气动-结构数据传递方法,将模态从结构点插值到气动表面 CFD 网格点,然后基于单一的 CFD 网格开展流-固耦合计算。气动表面网格点的结构振动变形通过模态叠加法计算:

$$\Delta \boldsymbol{r}(x,\ y,\ z,\ t) = \sum_{i=1}^{n} \boldsymbol{h}_i(x,\ y,\ z) q_i(t) \tag{6.1}$$

式中,$\Delta \boldsymbol{r}$ 为气动表面网格点的结构变形矢量;n 为所选取的振型数;$\boldsymbol{h}_i$ 为第 i 阶模态矢量,q_i 为第 i 阶模态的广义坐标。

应用拉格朗日方程,结构运动方程可用矩阵形式描述为

$$\boldsymbol{M}\boldsymbol{q}_{tt} + \boldsymbol{G}\boldsymbol{q}_t + \boldsymbol{K}\boldsymbol{q} = \boldsymbol{A} \tag{6.2}$$

式中,$\boldsymbol{M}$、$\boldsymbol{G}$、$\boldsymbol{K}$ 分别为广义质量、广义阻尼和广义刚度矩阵,通过结构有限元分析或实验获得;$\boldsymbol{A}$ 为广义气动力,通过飞行器表面非定常分布载荷计算:

$$A_i = \oiint [\boldsymbol{p}(x, y, z, t) + \boldsymbol{\tau}(x, y, z, t)] \cdot \boldsymbol{h}_i(x, y, z)\mathrm{d}S \tag{6.3}$$

其中,$\boldsymbol{p}(x, y, z, t)$和$\boldsymbol{\tau}(x, y, z, t)$分别为气动表面非定常压强和摩擦应力分布,由非定常 CFD 计算获得。

传统颤振分析通常只考虑纵向(z 向)振动,则(6.3)式可简化为

$$A_i = 0.5\rho_\infty V_\infty^2 \oiint C_N(x, y, z, t)h_{zi}(x, y, z)\mathrm{d}S \tag{6.4}$$

式中,C_N 表示气动表面分布载荷纵向分量 N 的无量纲系数,$C_N = N/(0.5\rho_\infty V_\infty^2)$。

振型具有正交性,经过质量规一化后,$\boldsymbol{M}$、$\boldsymbol{K}$ 均是对角阵,且满足

$$K_{ii} = \omega_i^2 M_{ii} \tag{6.5a}$$

$$\omega_i = 2\pi f_i \tag{6.5b}$$

6.1.2　结构运动方程量纲分析

流体域和固体域分析通常采用不同量纲,且 CFD 通常求解无量纲气动方程,而 CSD 通常求解有量纲结构运动方程。因此,为了量纲匹配,有必要对结构运动方程进行量纲分析。为了简单起见,取结构阻尼 $\boldsymbol{G} = 0$ 进行量纲分析。

方程(6.1)表明:广义坐标 q 同模态矢量 $\boldsymbol{h}$ 的乘积应该具有长度量纲。如果认为模态无量纲,则 q 应该具有长度量纲米,于是结构运动方程(6.2)中各项的量纲分别为:

t 是物理时间,具有时间的量纲,s;

$\boldsymbol{M}$ 是广义质量,具有质量的量纲,kg;

$\boldsymbol{K}$ 是广义刚度,具有刚度的量纲,N/m;

$\boldsymbol{A}$ 是广义气动力,具有力的量纲,N。

对于任意参数 X,引入符号 η_X 表示计算模型参数 X_m 同实物参数 X_a 之比,即 $\eta_X = X_\mathrm{m}/X_\mathrm{a}$,则计算模型的结构运动方程可以用实物参数表示为

$$\frac{\eta_M \eta_q}{\eta_t^2}\boldsymbol{M}\boldsymbol{q}_{tt} + \eta_K \eta_q \boldsymbol{K}\boldsymbol{q} = \eta_A \boldsymbol{A} \tag{6.6}$$

如果上述方程中各参数比满足:

$$\frac{\eta_M \eta_q}{\eta_t^2} = \eta_K \eta_q = \eta_A \tag{6.7}$$

则计算模型和实物具有相同的结构运动方程。

根据式(6.4)和(6.5),有

$$\eta_A = \eta_\rho \eta_V^2 \eta_{C_N} \eta_h \eta_{\Delta S} \tag{6.8}$$

$$\eta_K = \eta_\omega^2 \eta_M \tag{6.9}$$

于是,式(6.7)可以进一步写为

$$\frac{\eta_M \eta_q}{\eta_t^2} = \eta_\omega^2 \eta_M \eta_q = \eta_\rho \eta_V^2 \eta_{C_N} \eta_h \eta_{\Delta S} \tag{6.10}$$

首先,分析式(6.10)中的右边等式。要求计算模型和实物具有相同的密度、气动载荷系数和速度,即

$$\eta_\rho = 1,\ \eta_{C_N} = 1,\ \eta_V = 1 \tag{6.11}$$

将上述关系代入式(6.10)右边等式,有

$$\eta_\omega^2 \eta_M \eta_q = \eta_h \eta_{\Delta S} \tag{6.12}$$

如果把实物所有具有长度量纲的参数及模态值($\boldsymbol{h}$ 的各分量)都缩小至$\frac{1}{L}$:

$$\eta_l = \frac{1}{L},\ \eta_h = \frac{1}{L},\ \eta_{\Delta S} = \frac{1}{L^2} \tag{6.13}$$

其中,l 为参考长度。根据式(6.1),气动外形相似要求:

$$\eta_q = 1 \tag{6.14}$$

考虑到计算模型和实物的减缩频率 $k(k = l\omega/V)$ 相同,即 $\eta_k = \eta_l \eta_\omega / \eta_V = 1$,故有

$$\eta_\omega = L \tag{6.15}$$

将式(6.13)~式(6.15)代入方程(6.12),有

$$\eta_M = \frac{1}{L^5} \tag{6.16}$$

将式(6.15)和式(6.16)代入方程(6.9),有

$$\eta_K = \frac{1}{L^3} \tag{6.17}$$

再来分析(6.10)式中的左边等式。根据式(6.15)可以导出:

$$\eta_t = \frac{1}{L} \tag{6.18}$$

总结起来，如果把实物所有具有长度量纲的参数及模态值都缩小至$\frac{1}{L}$，为保证计算得到的速度与真实速度相同，则应该把 M 缩小至$\frac{1}{L^5}$，K 缩小至$\frac{1}{L^3}$，ω 扩大 L 倍。实际应用中，也有可能仅把模态值缩小至$\frac{1}{L}$，可以做类似推导。

此外，工程上结构有限元分析通常采用吨/毫米或者千克/毫米的工程单位，也需要进行气动、结构的量纲匹配。

6.1.3　结构运动方程的 Runge-Kutta 法求解

为了便于利用 Runge-Kutta 法求解结构运动方程，引入状态变量 $\boldsymbol{E}$，即

$$\boldsymbol{E} = [q_1, q_2, \cdots, q_n, q_{t1}, q_{t2}, \cdots, q_{tn}]^{\mathrm{T}} \tag{6.19}$$

于是将结构运动方程(6.2)从二阶常微分改写为线性方程组的形式：

$$\boldsymbol{E}_t = \begin{bmatrix} \boldsymbol{0} & \boldsymbol{I} \\ -\boldsymbol{M}^{-1}\boldsymbol{K} & -\boldsymbol{M}^{-1}\boldsymbol{G} \end{bmatrix} \boldsymbol{E} + \begin{bmatrix} \boldsymbol{0} \\ \boldsymbol{M}^{-1} \end{bmatrix} \boldsymbol{A} \tag{6.20}$$

式中，$\boldsymbol{0}$ 为 n 阶零方阵；$\boldsymbol{I}$ 为 n 阶单位阵。

采用四步 Runge-Kutta 法求解线性方程组(6.20)：

$$\begin{gathered}
\boldsymbol{E}^{(0)} = \boldsymbol{E}^{(n)} \\
\boldsymbol{E}^{(1)} = \boldsymbol{E}^{(0)} + \frac{\Delta t}{2}\boldsymbol{E}^{(0)} \\
\boldsymbol{E}^{(2)} = \boldsymbol{E}^{(0)} + \frac{\Delta t}{2}\boldsymbol{E}^{(1)} \\
\boldsymbol{E}^{(3)} = \boldsymbol{E}^{(0)} + \Delta t\boldsymbol{E}^{(2)} \\
\boldsymbol{E}^{(4)} = \boldsymbol{E}^{(0)} + \frac{\Delta t}{6}(\boldsymbol{E}^{(0)} + 2\boldsymbol{E}^{(1)} + 2\boldsymbol{E}^{(2)} + \boldsymbol{E}^{(3)}) \\
\boldsymbol{E}^{(n+1)} = \boldsymbol{E}^{(4)}
\end{gathered} \tag{6.21}$$

6.1.4　结构运动方程的杂交预估-校正法求解

Runge-Kutta 法在每个物理时间步内冻结非定常气动力，时间推进需要很小的

时间步长才能得到准确解,因此在一个周期内的迭代步数多、计算效率较低。杂交预估-校正法在校正步采用了非定常气动力外插值,有利于提高气动方程与结构运动方程耦合求解效率。

将引入状态变量的结构运动方程(6.20)改写为如下形式:

$$\boldsymbol{E}_t = \boldsymbol{F}(\boldsymbol{E}, t) = \boldsymbol{BE} + \boldsymbol{CA}(\boldsymbol{E}, t) \tag{6.22}$$

式中,$\boldsymbol{B}$ 和 $\boldsymbol{C}$ 均为常矩阵。上述常微分方程组的标准二阶 Adams 隐式格式如下:

$$\boldsymbol{E}^{(n+1)} = \boldsymbol{E}^{(n)} + \frac{\Delta t}{2}(\boldsymbol{BE}^{(n+1)} + \boldsymbol{BE}^{(n)}) + \frac{\Delta t}{2}(\boldsymbol{CA}^{(n+1)} + \boldsymbol{CA}^{(n)}) \tag{6.23}$$

采用预估-校正法求解上式并且利用二阶 Adams 显式格式作为预估步:

$$\text{predictor: } \tilde{\boldsymbol{E}}^{(n+1)} = \boldsymbol{E}^{(n)} + \frac{\Delta t}{2}(3\boldsymbol{BE}^{(n)} - \boldsymbol{BE}^{(n-1)}) + \frac{\Delta t}{2}(3\boldsymbol{CA}^{(n)} - \boldsymbol{CA}^{(n-1)})$$

$$\text{corrector: } \boldsymbol{E}^{(n+1)} = \boldsymbol{E}^{(n)} + \frac{\Delta t}{2}(\boldsymbol{B}\tilde{\boldsymbol{E}}^{(n+1)} + \boldsymbol{BE}^{(n)}) + \frac{\Delta t}{2}(\boldsymbol{C}\tilde{\boldsymbol{A}}^{(n+1)}(\tilde{\boldsymbol{E}}^{(n+1)}, t + \Delta t) + \boldsymbol{C}\boldsymbol{A}^{(n)}) \tag{6.24}$$

上述方法在每一个时间步需要计算两次气动力 $\boldsymbol{A}$,导致计算效率不高。考虑到广义气动力和位移随时间的变化较为光滑,因而基于前几个时间步的 $\boldsymbol{A}$,采用多项式外插来近似校正步的 $\tilde{\boldsymbol{A}}^{(n+1)}$:

$$\tilde{\boldsymbol{A}}^{(n+1)} = 3\boldsymbol{A}^{(n)} - 3\boldsymbol{A}^{(n-1)} + \boldsymbol{A}^{(n-2)} \tag{6.25}$$

将式(6.25)代入式(6.24),最终得到如下二阶杂交预估-校正算法:

$$\text{predictor: } \tilde{\boldsymbol{E}}^{(n+1)} = \boldsymbol{E}^{(n)} + \frac{\Delta t}{2}(3\boldsymbol{BE}^{(n)} - \boldsymbol{BE}^{(n-1)}) + \frac{\Delta t}{2}(3\boldsymbol{CA}^{(n)} - \boldsymbol{CA}^{(n-1)})$$

$$\text{corrector: } \boldsymbol{E}^{(n+1)} = \boldsymbol{E}^{(n)} + \frac{\Delta t}{2}(\boldsymbol{B}\tilde{\boldsymbol{E}}^{(n+1)} + \boldsymbol{BE}^{(n)}) + \frac{\Delta t}{2}(\boldsymbol{C}(3\boldsymbol{A}^{(n)} - 3\boldsymbol{A}^{(n-1)} + \boldsymbol{A}^{(n-2)}) + \boldsymbol{CA}^{(n)}) \tag{6.26}$$

6.2　颤振计算时域法

由于直接构造和求解统一流固耦合系统方程仍然存在较大困难,因此当前绝大多数研究均采用分域耦合方法,即利用模块化的思想对流场和结构场进行交替求解，两者之间通过边界条件更新来交换物理量信息。

6.2.1 CFD/CSD 时域耦合算法

Euler/N - S 方程计算得到的非定常气动力（时域气动力）可以用于传统频域法颤振分析，但更为方便的是在时域内和结构运动方程耦合求解，即在时域内同步推进气动方程和结构运动方程，循环计算出广义坐标时间响应以判断飞行器是否发生颤振，这就是颤振计算时域法。

飞行器在给定初始扰动及飞行高度和飞行马赫数下，时域法颤振计算流程如图 6.1。

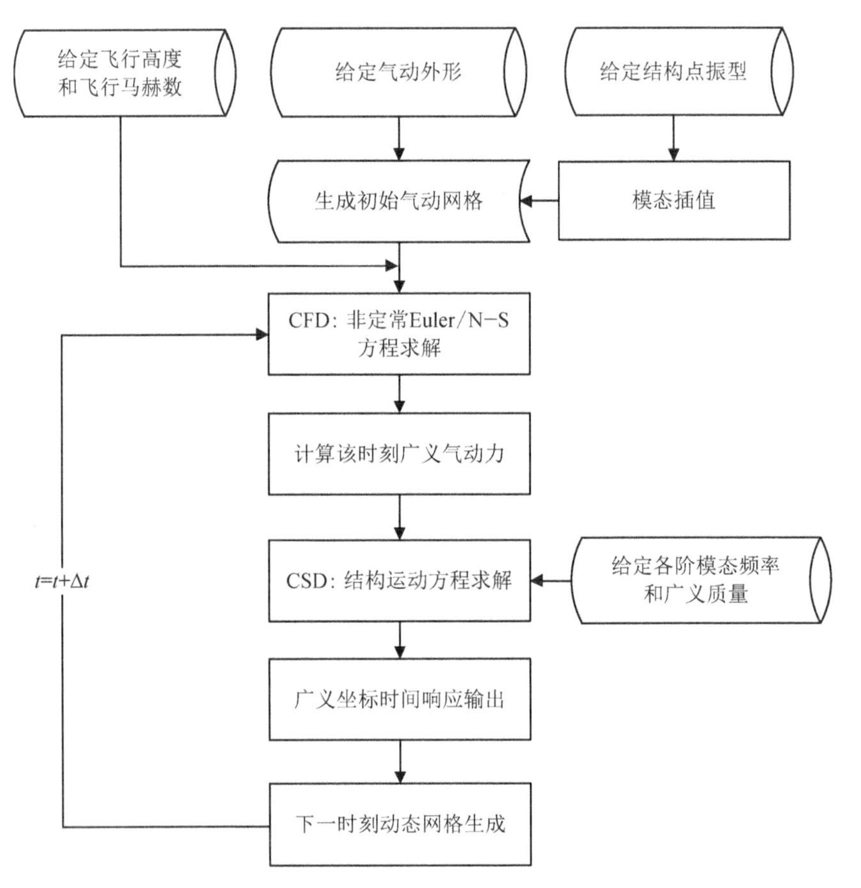

图 6.1 飞行器给定飞行高度和飞行马赫数下时域法颤振计算流程

循环计算出各阶模态广义坐标时间响应 $q_i(t)$ 后，对 $q_i(t)$ 进行分析：如果 $q_i(t)$ 收敛，则扰动消失后的平衡位置即为飞行器的静平衡构型，得到相应的静变形和考虑弹性影响的气动特性;如果 $q_i(t)$ 单向增大而发散,则飞行器在该飞行条件下静不稳定;如果 $q_i(t)$ 振荡发散,则飞行器发生了颤振。因此,CFD/CSD 时域耦合计算能够实现飞行器静、动气动弹性一体化分析,且自振模态阶数的增加几乎不影响时域法的计算量。

6.2.2　Φ 型机翼颤振计算

采用 CFD/CSD 时域耦合方法对一 Φ 型机翼(图 6.2)的颤振特性进行计算。

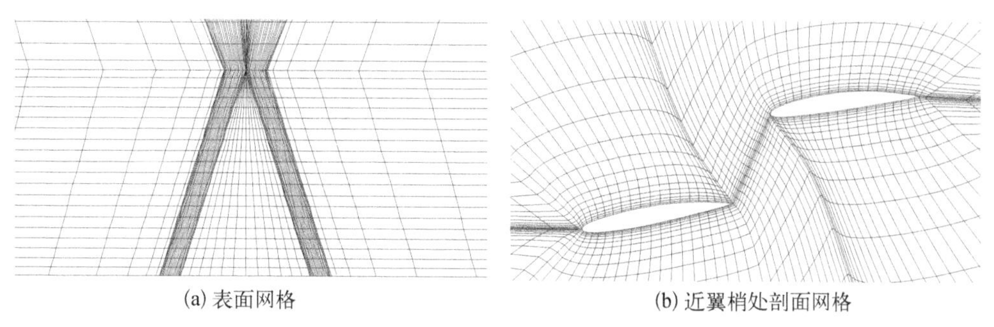

(a) 表面网格　　(b) 近翼梢处剖面网格

图 6.2　Φ 型机翼计算网格

计算结果表明:该 Φ 型机翼的颤振速压远低于静发散速压,颤振为其主要气动弹性特性。图 6.3 是海平面 $Ma = 0.4$、0.5 时计算出的广义坐标时间响应。$Ma = 0.4$,广义坐标收敛;$Ma = 0.5$,广义坐标发散,已经发生颤振。图 6.4 是计算得到的该 Φ 型机翼的颤振边界,海平面颤振速度为 153 m/s,与传统偶极子格网法计算得到的 160 m/s 相吻合。

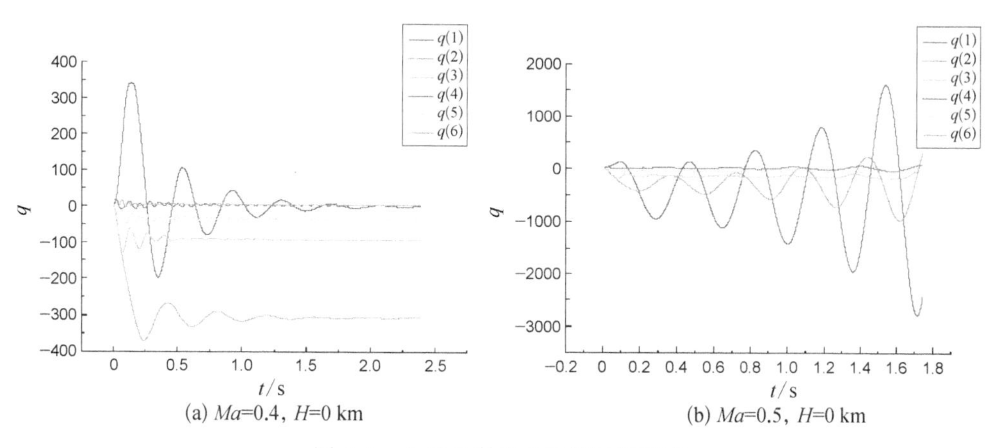

(a) Ma=0.4, H=0 km　　(b) Ma=0.5, H=0 km

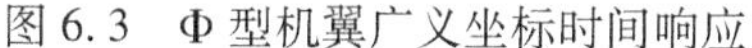

图 6.3　Φ 型机翼广义坐标时间响应

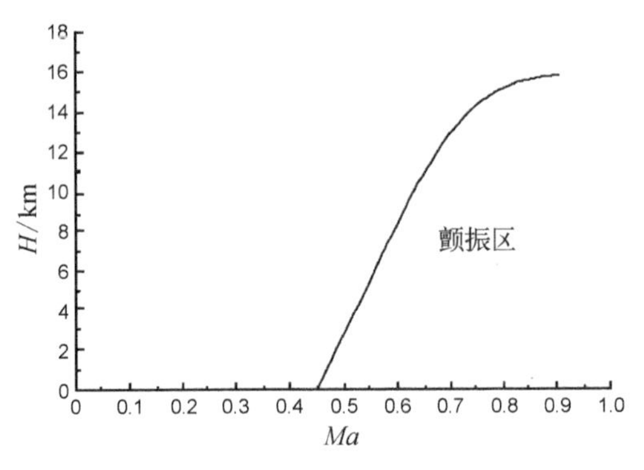

图 6.4　Φ 型机翼颤振边界

6.2.3　大展弦比机翼静、动气动弹性一体化计算

一大展弦比机翼如图 6.5 所示，取前 10 阶模态进行 CFD/CSD 时域耦合计算。考虑海平面情况，迎角 $\alpha = 0°$。时域法计算分析表明：马赫数 $Ma = 0.3$、0.5、0.7、0.85 时各阶模态广义坐标时间响应均收敛，没有发生静发散和颤振，而收敛状态即为该机翼的静平衡构型。

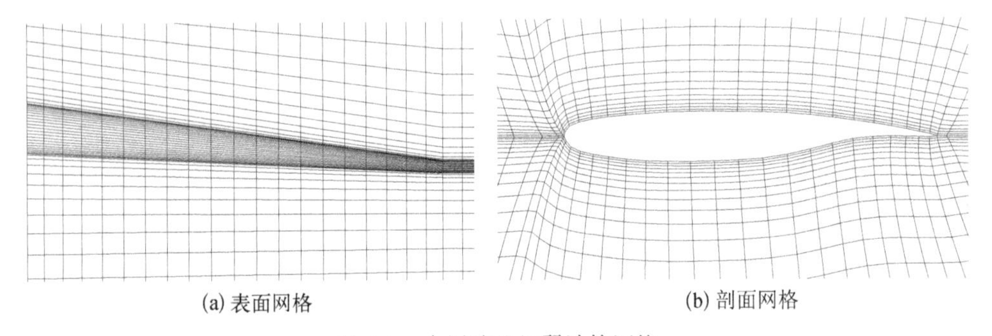

(a) 表面网格　　(b) 剖面网格

图 6.5　大展弦比机翼计算网格

进一步采用传统迭代法对该机翼进行静弹计算。图 6.6 和图 6.7 分别给出了 $Ma = 0.7$ 时迭代法和时域法计算得到的广义坐标和升力系数变化情况。比较分析表明：迭代法和时域法计算得到的最终广义坐标值和升力系数均能吻合很好。

表 6.1 是该大展弦比机翼各 Ma 下原始外形及考虑弹性变形后的升力系数，各 Ma 下迭代法和时域法计算得到的升力系数结果一致。图 6.8 是该机翼的静变形随 Ma 的变化情况。$Ma = 0.7$ 时机翼静变形最大，翼梢处的最大变形量为单个机翼展长的 15%。$Ma = 0.7$ 时机翼上已存在较强激波，$Ma = 0.85$ 时激波已很强，升力和静变形都表现出非线性特征。

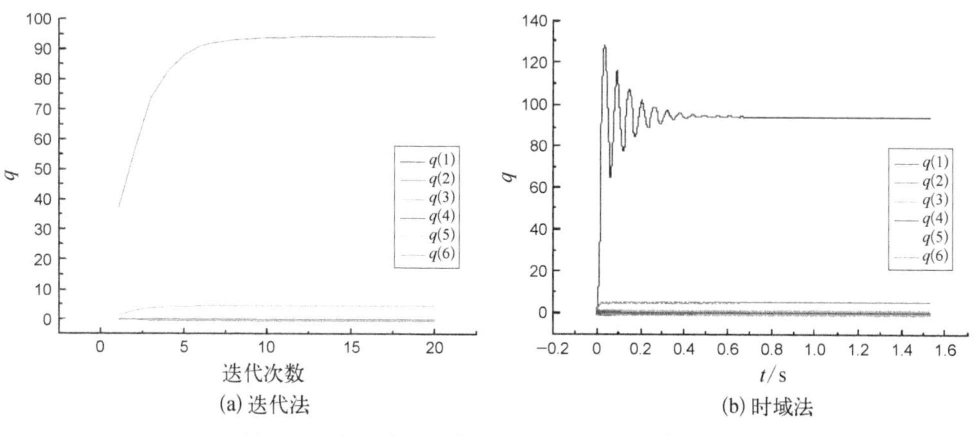

图 6.6　大展弦比机翼 $Ma=0.7$ 时广义坐标变化

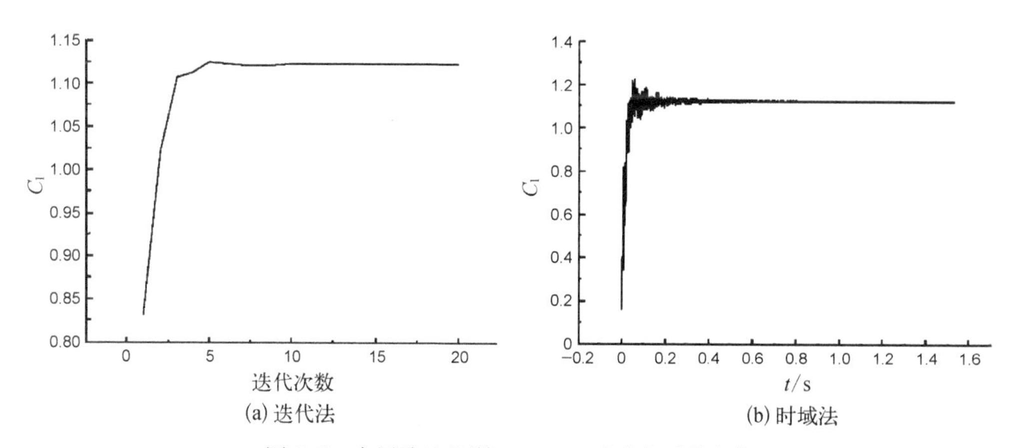

图 6.7　大展弦比机翼 $Ma=0.7$ 时升力系数变化

表 6.1　大展弦比机翼各 *Ma* 下原始外形及考虑弹性变形后的升力系数

Ma	C_l(原始外形)	弹性机翼	
		C_l(迭代法)	C_l(时域法)
0.30	0.767	1.027	1.029
0.50	0.845	1.129	1.131
0.70	0.931	1.123	1.120
0.85	0.740	0.753	0.753

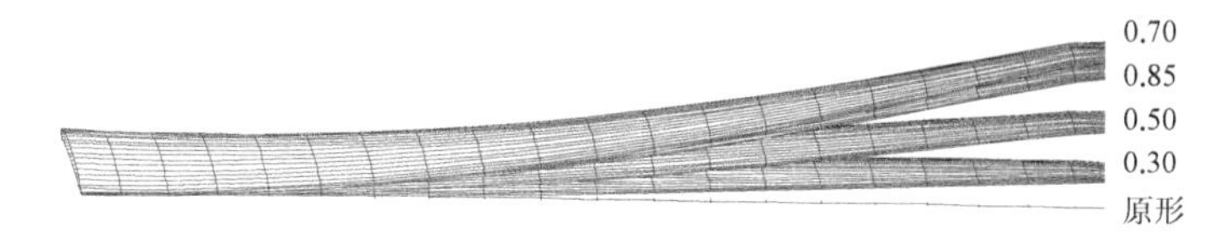

图 6.8　大展弦比机翼静变形随 Ma 数的变化情况

6.3 可压流颤振计算的变质量、变刚度方法

很多现代飞行器设计要求必须能达到海平面的高马赫数飞行，在全空域内没有颤振边界。但为设计出先进飞行器，工程上必须确定海平面不同飞行马赫数下的颤振余量。对于不可压流颤振计算，直接加大速度以达到颤振临界状态，很容易确定颤振速度及颤振余量。然而，对于可压流颤振计算，给定飞行马赫数和飞行高度，速度跟着确定。为确定这样的余量，必须人为加大速压，但此时增加的不再是速度而是密度。因此，可压流中给定来流马赫数下计算得到的颤振速压存在质量不相似问题，即此时的颤振速压反算出的气流密度比飞行条件下的大气密度可能要大很多，也就是气流密度与飞行器密度之比发生了变化，不满足颤振相似中的质量相似准则，该速压值不能直接认为是颤振速压，必须进行密度匹配。

针对可压流颤振计算存在的上述质量不相似问题，分别提出可压流颤振计算的变质量、变刚度方法，用于计算质量匹配点处的颤振速压，并根据颤振速压随质量倍数和刚度倍数的变化趋势，得出可用的颤振速压。

6.3.1 变质量方法

变质量方法的计算模型保持原始飞行器刚度不变，质量增加为原始飞行器质量的一系列倍数 C_j，加大来流速压计算得到相应的颤振速压 Q_j 和颤振密度 ρ_j。令 D_j 表示颤振密度 ρ_j 与海平面大气密度 ρ_∞ 的比值，即 $D_j=\rho_j/\rho_\infty$。随着计算模型的质量逐渐增加，在某个质量倍数下会满足 $C=D$，则此时的颤振速压可以认为是满足质量相似的颤振速压，但飞行器质量超重。

颤振相似要求：质量相似、刚度相似和几何相似。计算模型质量增加为原始飞行器质量的 C 倍，即 $\eta_M=C$。根据式子(6.5a)，刚度相似要求 $\eta_K=C$。所以，变质量方法可以从两个角度理解为：质量相似，刚度小了 $1/C$；刚度相似，质量大了 C 倍。如果为了相似，质量增大 C 倍的同时，刚度也增大 C 倍，就又回到了质量、刚度均为 $C=1$ 时的情形。因此，这个过程是不收敛的。

变质量方法中，$\eta_M=\eta_\rho=C$、$\eta_K=1$。根据式(6.5a)，有 $\eta_\omega=1/\sqrt{C}$。为保持减缩频率 k 不变，且 $\eta_l=1$，则 $\eta_V=\eta_\omega=1/\sqrt{C}$。于是，速压比 $\eta_Q=\eta_\rho\eta_V^2=1$。所以，与原始飞行器刚度、外形相同的模型，通过改变质量为原始质量的 C 倍后，计算得到的模型的颤振速压为 $Q_{F,m}$、颤振频率为 $\omega_{F,m}$，则原始质量飞行器在海平面上给定马赫数下的颤振速压 $Q_{F,a}$ 和颤振频率 $\omega_{F,a}$ 分别为

$$Q_{F,a} = Q_{F,m} \tag{6.27}$$

$$\omega_{F,a} = \sqrt{C}\omega_{F,m} \tag{6.28}$$

6.3.2 变刚度方法

变刚度方法的计算模型保持原始飞行器质量和来流速压不变,刚度逐渐降低为原始飞行器刚度的一系列倍数 N_j,直至得到颤振发生时的刚度倍数 N。

变刚度方法中,$\eta_K = N$、$\eta_M = \eta_\rho = 1$。根据式(6.5a),有 $\eta_\omega = \sqrt{N}$。为保持减缩频率 k 不变,且 $\eta_l = 1$,则 $\eta_V = \eta_\omega = \sqrt{N}$。于是,速压比 $\eta_Q = \eta_\rho \eta_V^2 = N$。所以与原始飞行器质量、外形相同的计算模型,通过改变频率为原始飞行器频率的$\sqrt{N}$倍后,刚度会变为原始刚度的 N 倍,颤振速压会变为原始颤振速压的 N 倍。也就是说:计算模型的刚度是原始刚度的 N 倍,计算得到的模型的颤振速压为 $Q_{F,m}$、颤振频率为 $\omega_{F,m}$,则原始刚度飞行器在海平面上给定马赫数下的颤振速压 $Q_{F,a}$ 和颤振频率 $\omega_{F,a}$ 分别为

$$Q_{F,a} = Q_{F,m}/N \tag{6.29}$$

$$\omega_{F,a} = \omega_{F,m}/\sqrt{N} \tag{6.30}$$

从变质量和变刚度方法的分析中很容易推导出,变刚度方法中的刚度倍数 N 的倒数等于变质量方法中的质量倍数 C,即:

$$C = 1/N \tag{6.31}$$

显然,变刚度方法比变质量方法更为省时,也能够为工程问题提供可作参考的刚度余量。实际应用中,可以只采用变刚度方法。此外,当飞行马赫数处于不可压范围内,采用变刚度方法会得到与不可压流颤振计算相一致的颤振速度和颤振频率。因此,在应用变刚度方法进行可压流颤振分析时,应首先对不可压范围的马赫数进行计算,检验其结果是否与 Nastran 等软件计算得到的不可压颤振特性相吻合,然后再对其他马赫数进行计算。

6.3.3 翼身尾组合体颤振特性计算

翼身尾组合体如图 6.9 所示,该飞行器不存在颤振区。取前 7 阶结构模态,考虑海平面情况,基于 CFD/CSD 时域算法,采用变质量、变刚度方法对其颤振特性进行计算分析。

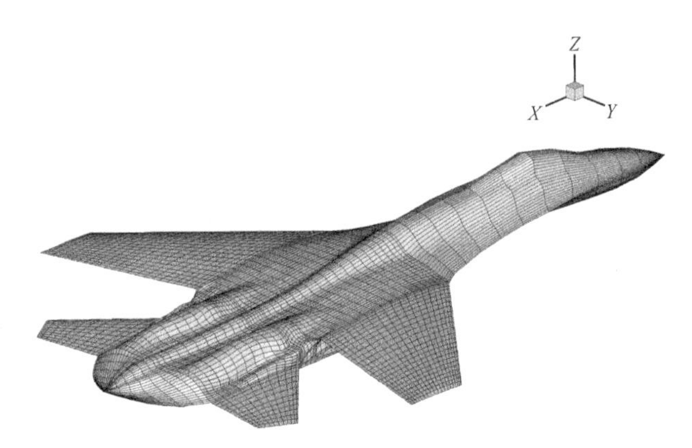

图 6.9 翼身尾组合体

6.3.3.1 $Ma=0.3$ 时变质量、变刚度方法比较计算

图 6.10 是 $Ma=0.3$ 时变质量方法计算出的广义坐标时间响应。图中，C 表示质量倍数，Q 表示速压。可以看出，$C_j=10$ 时，速压 Q_1 下结构响应接近颤振临界状态，速压 Q_2 下已经发生颤振，对应 $C_j=10$ 的颤振速压通过广义坐标相对发散率插

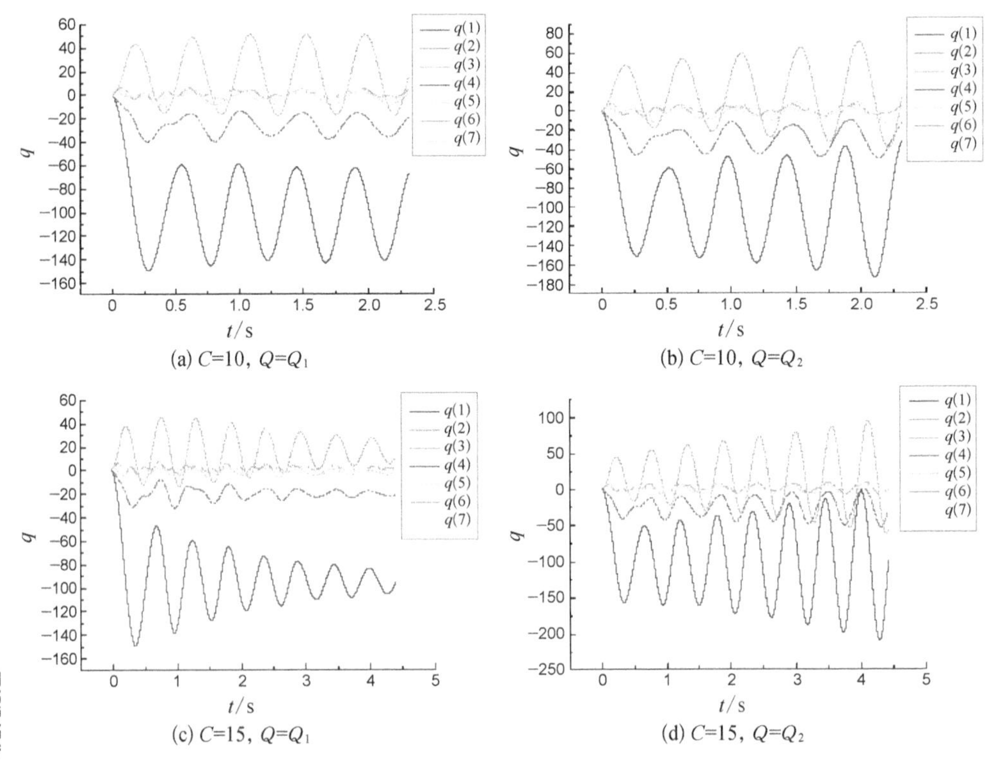

(a) $C=10$, $Q=Q_1$　(b) $C=10$, $Q=Q_2$

(c) $C=15$, $Q=Q_1$　(d) $C=15$, $Q=Q_2$

图 6.10 翼身尾组合体 $Ma=0.3$ 时变质量方法计算出的广义坐标时间响应

值计算。$C_j = 10$ 时,颤振临界点的颤振密度与大气密度的比 $D_j = 14.4$; $C_j = 15$ 时, $D_j = 13.22$。 插值得到 $C = D$ 时的质量倍数为 13.56。为了计算结果更准确,应该采取逼近法多计算一些状态。

图 6.11 是 $Ma = 0.3$ 时采用变刚度方法计算出的广义坐标时间响应。图中,N 表示刚度倍数。可以看出, $N = 0.1$ 时结构响应收敛, $N = 0.05$ 时已经发生颤振。根据广义坐标相对发散率插值出临界颤振点的刚度倍数 $N = 0.074$, $1/N = 13.51$,这与变质量方法计算得到的质量倍数 $C = 13.56$ 相吻合。对于该翼身尾组合体, Nastran 计算得到的不可压颤振速度为 380 m/s,与变刚度方法在 $Ma = 0.3$ 时计算出的颤振速度 375 m/s 相当吻合。

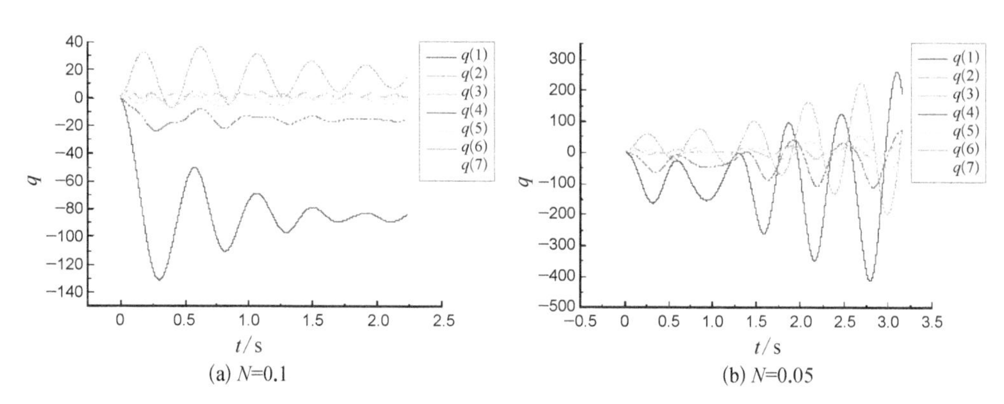

图 6.11　翼身尾组合体 $Ma = 0.3$ 时变刚度方法计算出的广义坐标时间响应

6.3.3.2　跨声速非线性颤振

如图 6.12 所示,该飞行器在跨声速区的颤振计算结果显示出强烈的非线性特征。为了使结果显示清晰,图中只给出了首阶模态的广义坐标时间响应。

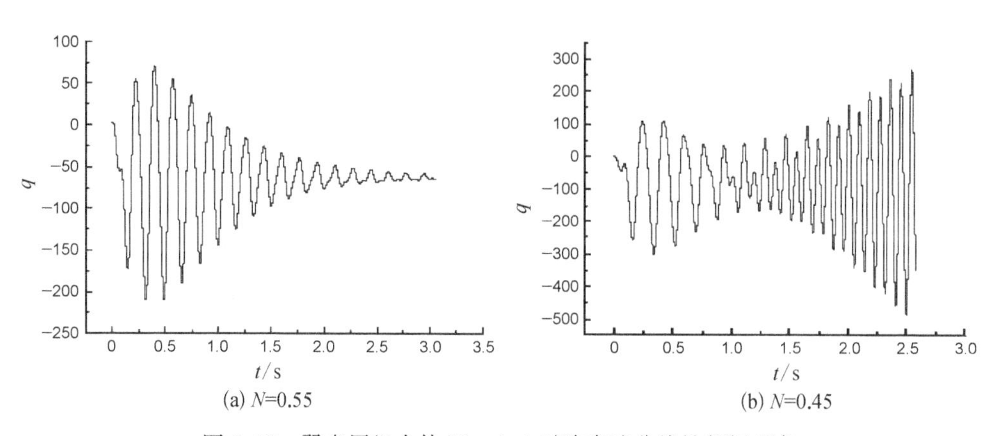

图 6.12　翼身尾组合体 $Ma = 1.1$ 时跨声速非线性颤振现象

6.4 不同马赫数下全空域范围颤振计算分析流程

在给定飞行马赫数和飞行高度时域颤振计算流程(图 6.1)的基础上,结合可压流颤振计算的变刚度方法,建立飞行器不同马赫数下全空域范围颤振计算分析流程,如图 6.13 所示,以实现飞行器全空域亚、跨、超声速颤振特性计算分析。

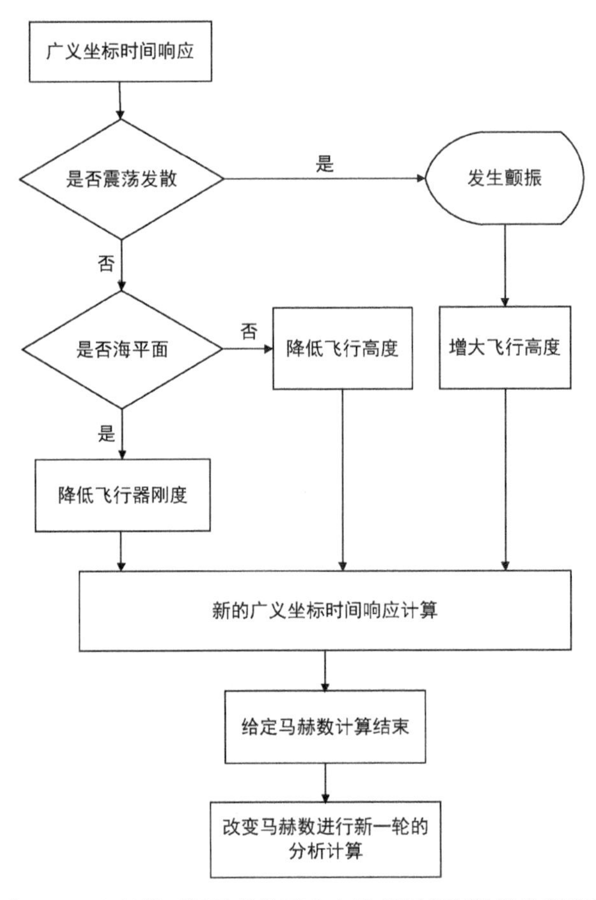

图 6.13　飞行器不同马赫数下全空域范围颤振计算分析流程

6.5 考虑结构多方向复合振动的颤振计算

单翼面、干净翼身组合体等颤振特性分析通常只考虑结构纵向振动。对于一些特殊问题,例如带翼梢小翼机翼、带外挂飞行器等,小翼和外挂的侧向振动对颤振特性有影响,颤振分析时需要考虑此类部件的多方向复合振动。

根据方程(6.1)所描述的模态叠加法,通过模态矢量的三分量计算结构的复合振动。

6.5.1　带翼梢小翼机翼模型颤振计算

对于带翼梢小翼机翼模型(图 6.14),取前 8 阶结构模态,针对只考虑纵向振动和考虑纵向/侧向复合振动两种情形,采用变刚度方法对海平面 $Ma = 0.3$ 时的颤振特性进行对比计算。

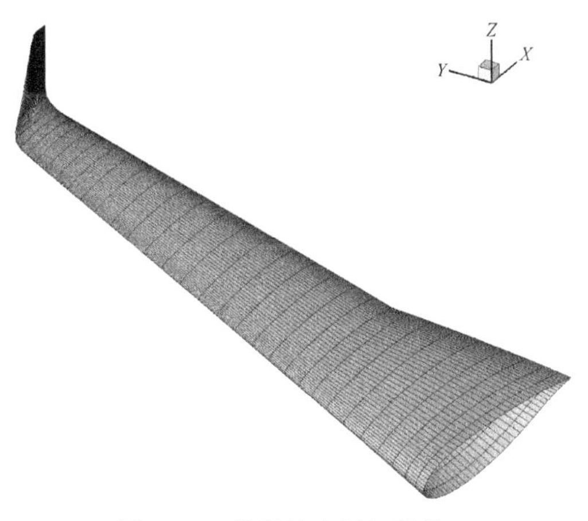

图 6.14　带翼梢小翼机翼模型

图 6.15 和图 6.16 分别给出了两种情形下计算得到的颤振临界点处的广义坐标时间响应。分析表明: 只考虑纵向振动,刚度系数 $N = 0.09$ 时机翼颤振;考虑纵向/侧向复合振动, $N = 0.11$ 时颤振;小翼的侧向振动降低了颤振速压,考虑复合振动的计算结果更为真实。

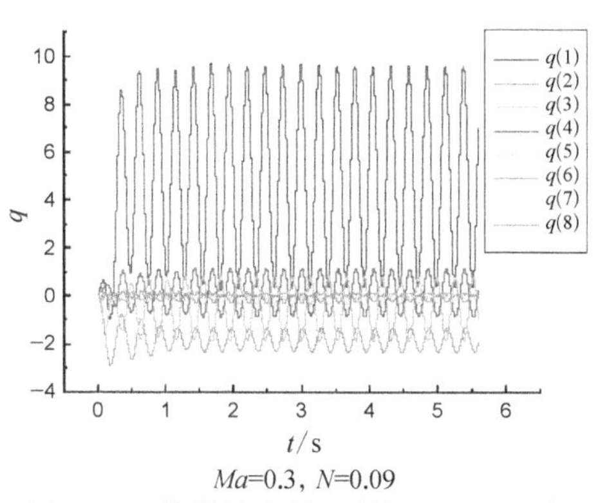

图 6.15　带翼梢小翼机翼模型广义坐标时间响应(只考虑纵向振动)

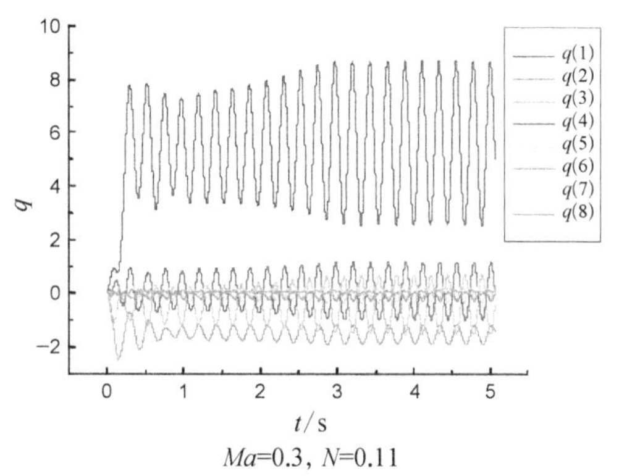

图 6.16　带翼梢小翼机翼模型广义坐标时间响应(考虑复合振动)

6.5.2　带翼尖外挂飞机模型颤振计算

对于带翼尖外挂飞机模型(图 6.17),取前 6 阶结构模态,采用变刚度方法计算海平面 $Ma = 1.3$ 时的颤振特性。计算结果表明:只考虑纵向振动,刚度系数 $N = 1$ 时已经发生颤振(图 6.18);考虑纵向/侧向复合振动,$N = 1$ 时广义坐标时间响应收敛(图 6.19),没有发生颤振;两者差异由翼尖外挂侧向振动引起。

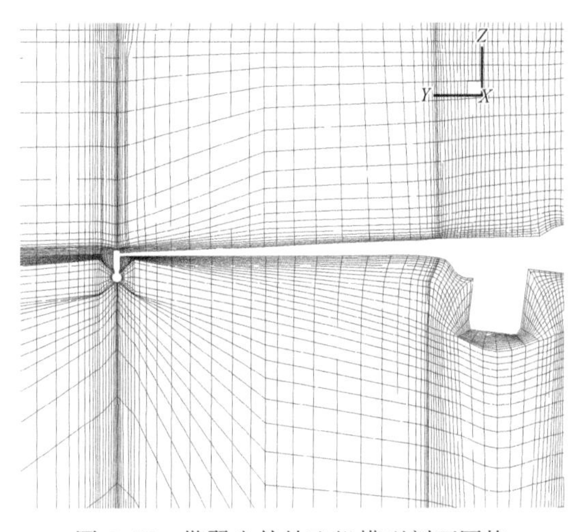

图 6.17　带翼尖外挂飞机模型剖面网格

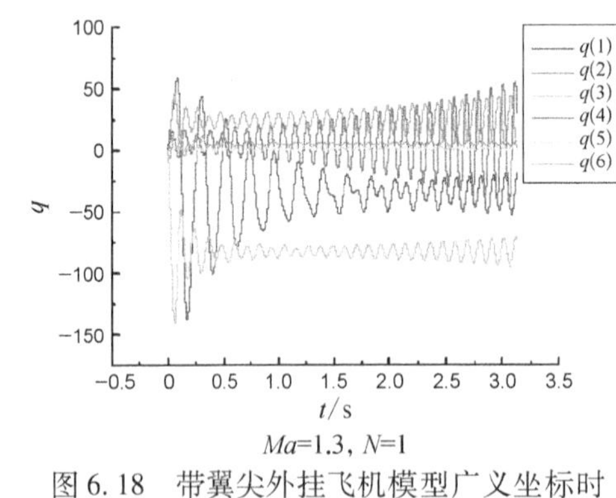

图 6.18　带翼尖外挂飞机模型广义坐标时间响应(只考虑纵向振动)

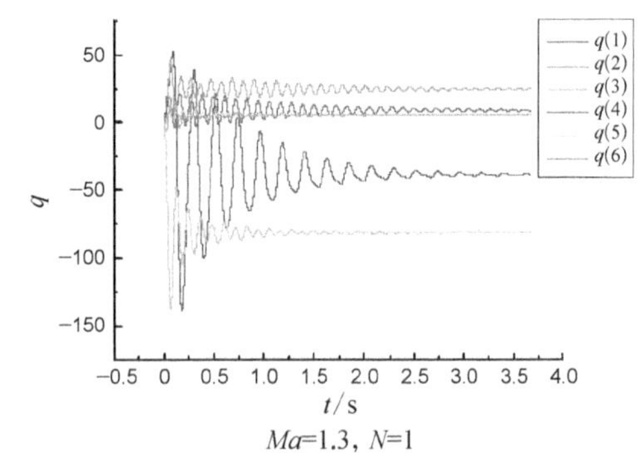

图 6.19　带翼尖外挂飞机模型广义坐标时间响应(考虑复合振动)

6.6　跨声速风洞模型颤振计算

由于激波的出现,跨声速气动力和颤振特性均呈现非线性特征。开展跨声速风洞模型颤振计算，一方面可以利用风洞试验数据对数值方法进行改进、完善和校核；另一方面为了防止风洞模型遭受颤振破坏，在风洞试验前也需要利用数值方法对风洞模型的颤振速压进行预测，并对试验数据进行评估分析等。

跨声速风洞的最大特点是试验段一般采用开孔或开槽壁板。试验段四周为驻室，驻室外层密封，同时通过驻室抽气系统来实现驻室压力的调节。跨声速风洞采用透气壁主要是为了解决风洞的阻塞效应，还可以消除或减小亚声速时洞壁干扰和激波反射的影响。

跨声速风洞洞壁干扰 CFD 计算的关键是给定准确的洞壁边界条件。本节针对中国空气动力研究与发展中心的 2. 4 m 跨声速风洞，分别采用无反射边界条件和透气壁流动模型来考虑透气壁影响，开展跨声速颤振风洞模型 CFD/CSD 耦合计算。该风洞半模试验段长 7 m，左右侧壁为实壁，上下壁为孔径 24 mm、倾斜角 60°的斜孔壁，开孔率为 4. 8%。

6. 6. 1　跨声速颤振风洞试验方法

跨声速颤振风洞试验采用固定马赫数 Ma、阶梯变动压（变前室总压 P_0）的开车方式。开车过程中，采用阶梯增压的方式逐级增大前室压力，在每个前室压力阶梯下记录气流参数总压 P_0、静压 P_{ct}、总温 T_0，并计算出马赫数 Ma、速压 q、密度 ρ。试验时，一般在一定的动压范围内选取 4~6 个动压值，在每一个动压值下记录模型振动信号的时间历程。进行第一个颤振点试验时，一般应从风洞的动压下边界开始，直到预计的颤振临界动压。以较低的动压启动可防止因预计的颤振动压不准而损坏模型。直吹颤振点一方面可获得模型的颤振动压，检验亚临界分析方法的正确性，另一方面可获得模型防护阈值（预设参考电压值）。其他颤振点可采用亚临界测量方法，通过外插方法预测颤振临界动压。

6. 6. 2　基于无反射边界条件的风洞模型颤振计算

带方向舵垂尾跨声速颤振风洞模型如图 6. 20 所示。模型安装在 2. 4 m 跨声速风洞半模试验段开孔壁地面上，垂尾翼面按 0°攻角安装。图 6. 21 给出了垂尾模型 CFD 表面网格，计算域取为试验段大小。左右实壁采用固壁无滑移边界条件，为了比较，上下透气壁分别采用固壁和无反射边界两种条件。取前 4 阶结构模态，采用 N－S 方程进行时域颤振计算。

图 6.20　垂尾颤振风洞模型安装图

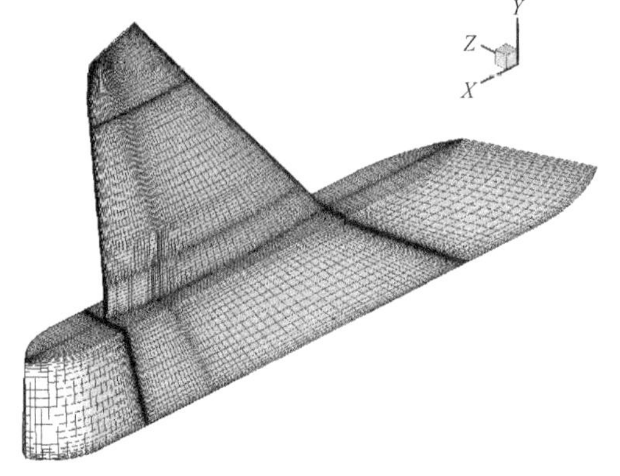

图 6.21　垂尾颤振风洞模型表面网格

根据 2.4 m 跨声速颤振风洞试验方法,数值计算采用固定试验段入口 Ma 及相关气流参数,改变速压 Q,时域计算得到相应 Ma 下的颤振速压和颤振频率。图 6.22 和图 6.23 比较了开孔壁采用物面和远场两种边界条件下计算得到的不同 Ma 下的颤振速压和颤振频率。图 6.24 给出了 Ma = 0.8 时两种边界条件下计算得到

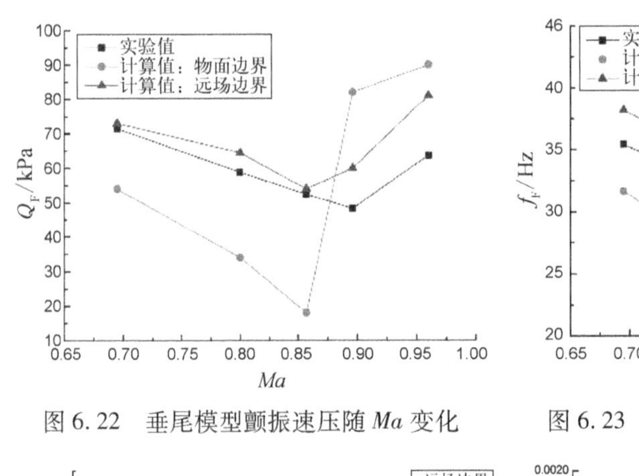

图 6.22　垂尾模型颤振速压随 Ma 变化

图 6.23　垂尾模型颤振频率随 Ma 变化

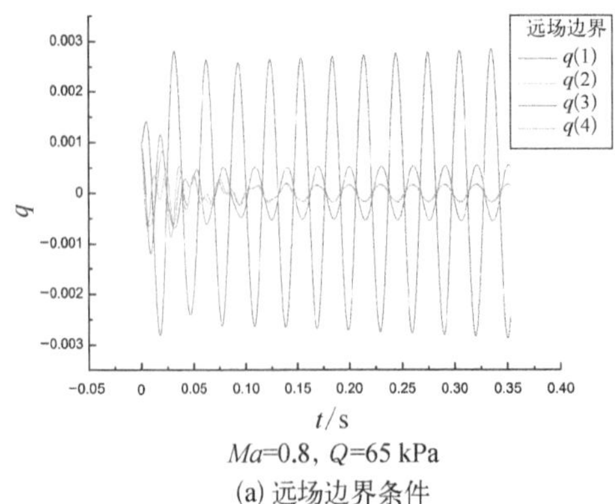

Ma=0.8, Q=65 kPa

(a) 远场边界条件

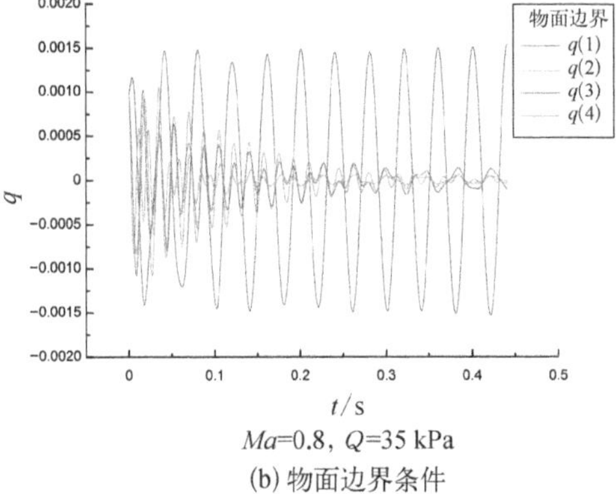

Ma=0.8, Q=35 kPa

(b) 物面边界条件

图 6.24　垂尾模型 Ma = 0.8 时广义坐标时间响应

的颤振临界点处的广义坐标时间响应。结果分析表明：两种边界条件下，该垂尾模型在各 Ma 下均为弯-扭颤振，没有发生方向舵旋转颤振，和风洞试验情况一致；固壁边界条件下，各 Ma 下的颤振特性与试验数据差异较大；无反射边界条件的计算结果与试验数据较为吻合，近似模拟了跨声速风洞透气壁的作用。

6.6.3　基于开孔壁流动模型的风洞模型颤振计算

6.6.3.1　Nambu 直孔壁流动模型

已有研究表明：将单孔流动模型拓展到多孔壁面流动模拟是可行的。定义开孔壁两侧的压差系数 ΔC_p 如下：

$$\Delta C_p = \frac{p_{\text{wall}} - p_{\text{plenum}}}{0.5\rho_\infty V_\infty^2} \tag{6.32}$$

式中，下标∞表示风洞试验段入口气流值；p_{wall}、p_{plenum} 分别为洞壁和驻室压强。

对于跨声速风洞开孔壁，压差通常处于小压差范围（$-0.1 \leqslant \Delta C_p \leqslant 0.1$）。Nambu 等人针对 JAXA 2 m×2 m 跨声速风洞（JTWT）直孔壁的计算和试验研究均表明：在小压差范围内，流过孔的质量流量与孔两侧的压差呈线性关系，由此提出小压差范围的开孔壁线性模型：

$$m' = \frac{(\rho U)_{\text{porous}}}{(\rho V)_\infty} = A \cdot \alpha \cdot \Delta C_p \tag{6.33}$$

式中，$(\rho U)_{\text{porous}}/(\rho V)_\infty$ 为基于试验段入口气流值无量纲化的开孔壁单位面积上的质量流量，规定气流经由孔流入驻室时 U_{porous} 为正；α 为开孔壁的开闭比（壁面上空隙的比例）；常系数 A 与孔的形状、附面层等因素相关，根据具体风洞条件通过 CFD 计算获得（见图 6.25）。

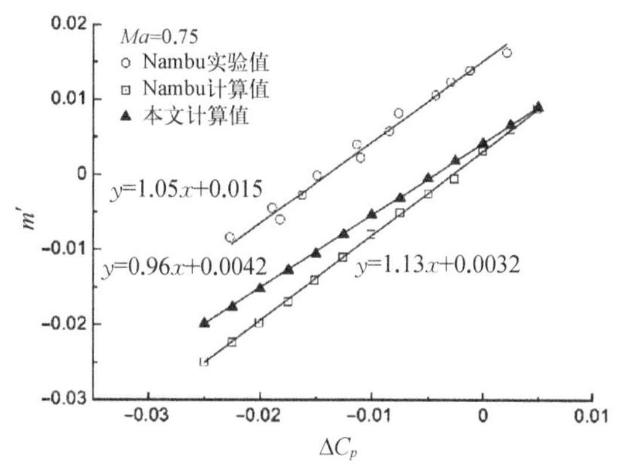

图 6.25　JTWT 直孔流动 m' 与 ΔC_p 的关系

为了求解开孔壁面的法向速度 U_{porous}，上述线性模型需要已知驻室压强 p_{plenum}。假定驻室完全封闭且驻室压强均匀，根据整个开孔壁的质量流量之和等于 0，推导出 p_{plenum} 的计算公式如下：

$$p_{\text{plenum}} = \frac{\sum (p_{\text{wall}} \Delta S)_i}{\sum \Delta S_i} \tag{6.34}$$

式中，p_{wall} 由 CFD 计算获得。

于是在开孔壁边界处，流体法向速度 U_{porous} 由开孔壁流动模型计算，以此法向速度作为边界条件模拟开孔壁的影响。对于直孔壁，采用黏流 N－S 方程计算时其余速度分量取为 0。

6.6.3.2　2.4 m 风洞斜孔壁流动模型

为了更大程度地减小壁面干扰和激波反射，2.4 m 等跨声速风洞采用斜孔壁形式。定义孔轴与来流方向的夹角为孔倾斜角 β，直孔壁 $\beta = 90°$。在建立 2.4 m 风洞斜孔壁流动模型之前，首先采用 CFD 对 JTWT 直孔壁单孔流动进行模拟，计算结果如图 6.25 所示，计算得到的流量与压差之间也呈线性关系，只是斜率略低于 Nambu 的计算值。对于 2.4 m 风洞的 $\beta = 60°$、孔径 24 mm 的斜孔进行流动模拟，计算域将试验区入口往上游适当延长以考虑附面层发展，计算结果如图 6.26，小压差范围内质量流量与压差之间仍然呈线性关系，斜率 $A = 0.701$。

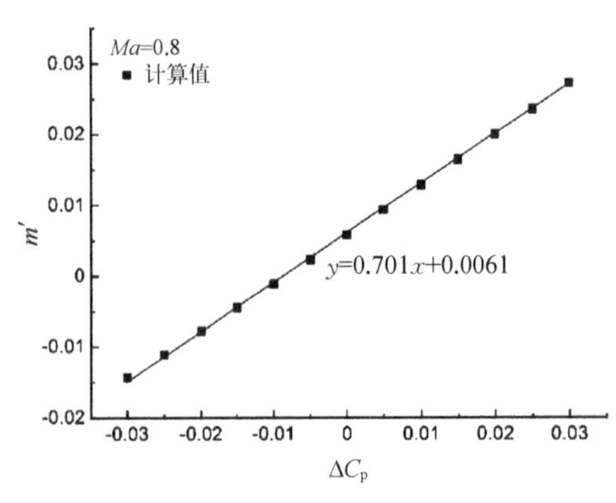

图 6.26　2.4 m 风洞斜孔流动 m' 与 ΔC_p 的关系

不同于直孔壁流动只对洞壁处法向速度有贡献，斜孔壁流动对洞壁处的法向和切向速度均有贡献。根据线性模型计算得到法向速度 U_{porous}，则切向速度为 $U_{\text{porous}}/\text{tg}\,\beta$。

对于 2.4 m 风洞，当马赫数 $Ma > 0.95$ 时，驻室抽气系统打开，将驻室内的部分气流抽出，以控制试验马赫数。此时方程(6.33)所描述的线性关系依然成立，只是部分气流将直接从驻室抽出，用公式描述为

$$m' = \frac{(\rho U)_{\text{porous}}}{(\rho V)_{\infty}} = \alpha(A \cdot \Delta C_p + B) \tag{6.35}$$

式中，常数 B 反映了驻室抽气系统的作用。驻室抽气系统打开时，驻室与外界环境相通，取驻室压强 $p_{\text{plenum}} = p_{\infty}$。数值计算中固定出口反压 $p_a = p_{\infty}$，通过调整参数 B 获得期望的试验段入口马赫数。

6.6.3.3　进、出口边界条件

风洞试验段入口采用进口边界条件。对于亚声速进口，给定总压 P_0、总温 T_0

和气流角 $\theta = 0°$。根据特征理论，在进口边界上 Riemann 不变量 R^+ 沿出流特征线是常数，于是在进口边界上有

$$R^+ = \boldsymbol{v}_d \cdot \boldsymbol{n} + \frac{2c_d}{\gamma - 1} = \boldsymbol{v}_b \cdot \boldsymbol{n} + \frac{2c_b}{\gamma - 1} \tag{6.36}$$

式中，下标 d 表示从内场到边界的外插，b 表示边界；c 为声速；γ 为比热比；$\boldsymbol{n}$ 为边界处单位外法向量。

根据等熵关系，在进口边界上还可以得到如下关系式：

$$\frac{c_0^2}{c_b^2} = \frac{T_0}{T_b} = 1 + \frac{\gamma - 1}{2} \frac{|\boldsymbol{v}_b|^2}{c_b^2} \tag{6.37}$$

式中，下标 0 代表总参数。由式(6.36)和式(6.37)解得进口边界处的声速：

$$c_b = \frac{-R^+(\gamma - 1)}{(\gamma - 1)\cos^2\theta + 2}\left\{1 + \cos\theta\sqrt{\frac{[(\gamma - 1)\cos^2\theta + 2]c_0^2}{(\gamma - 1)(R^+)^2} - \frac{\gamma - 1}{2}}\right\} \tag{6.38}$$

其余变量由下式计算得到：

$$T_b = T_0\left(\frac{c_b^2}{c_0^2}\right), \; p_b = p_0\left(\frac{T_b}{T_0}\right)^{\gamma/(\gamma-1)}, \; \rho_b = \frac{\gamma p_b}{T_b}, \; |\boldsymbol{v}_b| = \sqrt{\frac{2}{\gamma - 1}(T_0 - T_b)} \tag{6.39}$$

速度分量由合速度 $|\boldsymbol{v}_b|$ 与气流角 θ 确定。

风洞试验段出口采用出口边界条件。对于亚声速出口，采用如下平均反压条件来规定出口边界压强 p_b：

$$p_b = \frac{1}{2}(p_d + p_a) + dp \tag{6.40}$$

式中，p_a 为出口平均压强的规定值；dp 为当地网格单元在出口面上压强的修正值，形式如下：

$$dp = p_a - \frac{\sum 0.5(p_d + p_a)_i \Delta S_i}{\sum \Delta S_i} \tag{6.41}$$

在驻室抽气系统关闭情况下，数值计算通过不断调整出口反压 p_a，最终在试验段入口处获得期望的马赫数。

6.6.3.4　基于开孔壁流动模型的颤振 CFD/CSD 耦合计算方法

根据 2.4 m 跨声速风洞颤振试验方法,风洞模型颤振计算仍采用固定马赫数和总温,改变试验段入口气流动压 Q 的方式。对于每一个 Q,首先进行定常流动计算,目的是在试验段入口处获得期望的马赫数 Ma:驻室抽气系统关闭时采用调整试验段出口反压的方式;抽气系统打开($Ma > 0.95$)时则采用调整抽气量的方式。然后以此定常流场作为初场,开展该 Q 下的 CFD/CSD 时域耦合计算。最终通过改变 Q,获得该 Ma 下的颤振速压和颤振频率。图 6.27 给出了指定 Ma 下基于

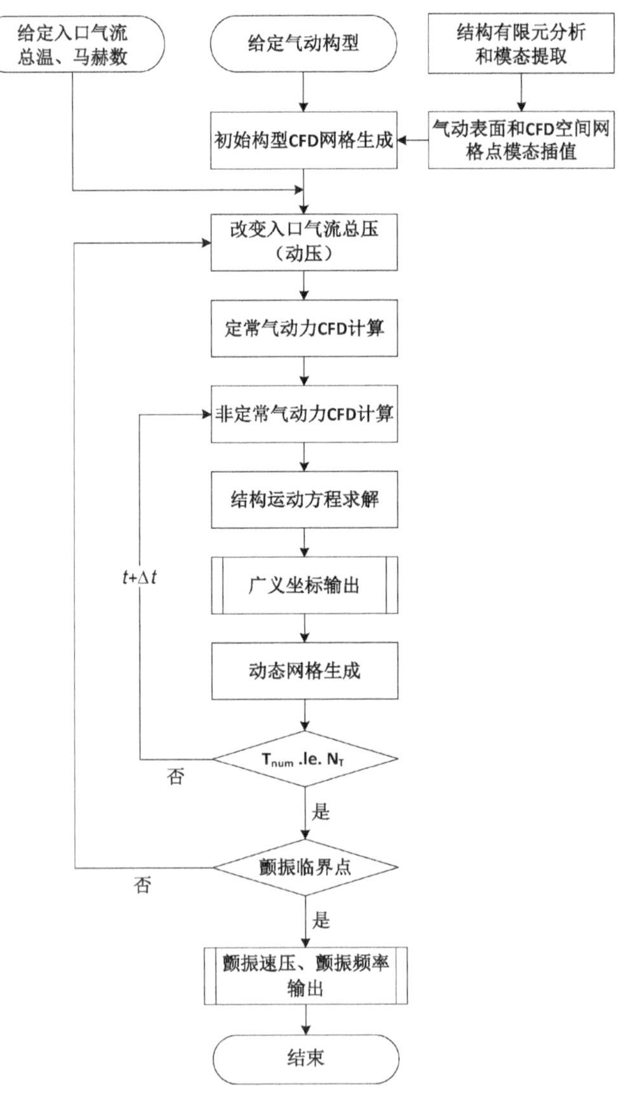

图 6.27　指定 Ma 下基于开孔壁流动模型的颤振 CFD/CSD 耦合计算流程

开孔壁流动模型的风洞模型颤振特性 CFD/CSD 耦合计算流程，图中 T_{num} 表示 CFD/CSD 时域推进的当前迭代周期数，N_{T} 代表规定的总周期数。

6.6.3.5　垂尾风洞模型颤振计算

带方向舵垂尾跨声速颤振风洞模型如图 6.20 所示，计算模型和风洞模型在试验段中的安装情况一致。采用 N－S 方程，计算域将试验段入口往上游适当延长以在入口处获得完全发展的黏性流动，将试验段出口往下游适当延长以减小出口边界的影响。试验段左右两侧为实壁，上下壁为开孔壁，入口上游和出口下游延长区域四壁均为实壁。

采用开孔壁流动模型模拟透气壁的影响，图 6.28 和图 6.29 将计算得到的颤振速压、颤振频率与无反射条件计算结果及实验数据进行了比较。图 6.30 和图 6.31 分别给出了基于开孔壁流动模型计算得到的 Ma = 0.857、0.896 时颤振临界点处的广义坐标时间响应。与无反射边界条件相比，基于开孔壁流动模型计算出的颤振速压、颤振频率和跨声速凹坑位置与实验数据都更为吻合。

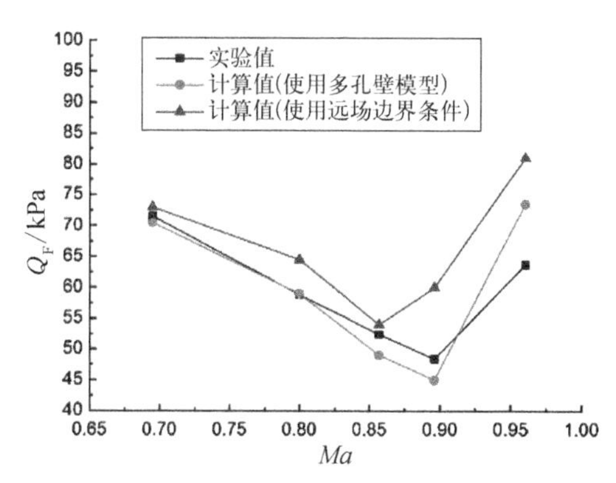

图 6.28　垂尾模型颤振速压比较

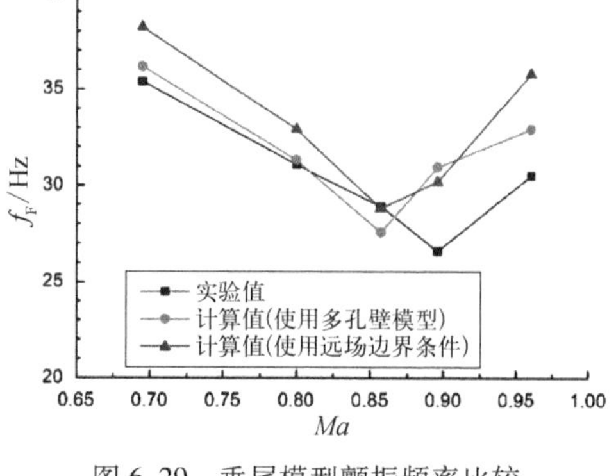

图 6.29　垂尾模型颤振频率比较

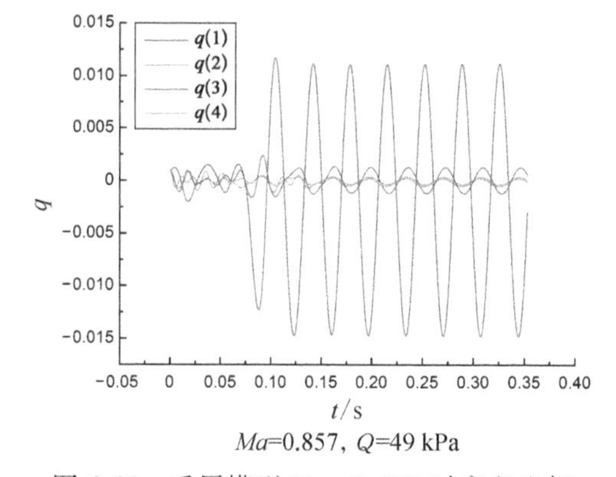

图 6.30　垂尾模型 Ma = 0.857 时广义坐标时间响应（透气壁流动模型）

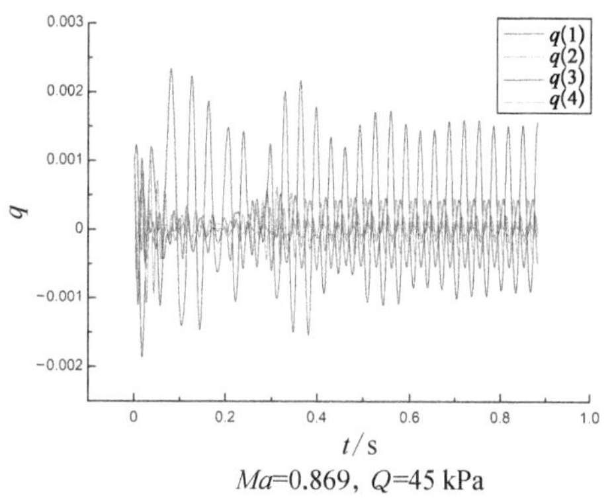

图 6.31　垂尾模型 Ma = 0.896 时广义坐标时间响应（透气壁流动模型）

6.6.3.6　全机风洞模型颤振计算

全机跨声速颤振风洞模型，悬挂在悬浮支撑系统（floating suspension system, FSS）上，翼展方向平行于开孔壁。颤振计算不考虑 FSS 的影响，图 6.32 给出了 CFD 计算域和表面网格，和垂尾模型计算一样，对试验段上游和下游分别进行了适当延长。全机模型颤振计算取前 7 阶对称模态，因此 CFD 计算取为半模。

采用开孔壁流动模型模拟透气壁的影响，图 6.33 和图 6.34 分别给出了颤振速压、颤振频率计算值和试验数据的比较。颤振速压的计算结果与试验数据吻合很好，颤振频率的计算值略低于试验数据。图 6.35 和图 6.36 分别给出了 Ma = 0.85、0.88 时颤振临界点处的广义坐标时间响应，颤振形态为机翼弯曲-机身弯曲耦合颤振，与试验情况一致。

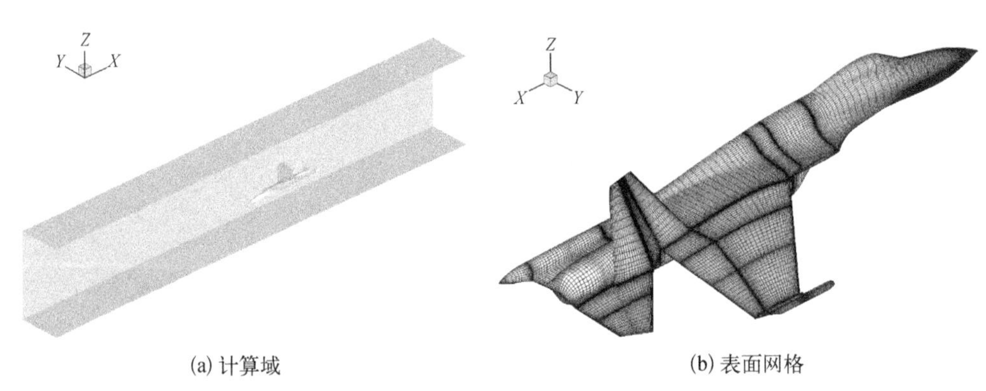

图 6.32　全机跨声速颤振风洞模型

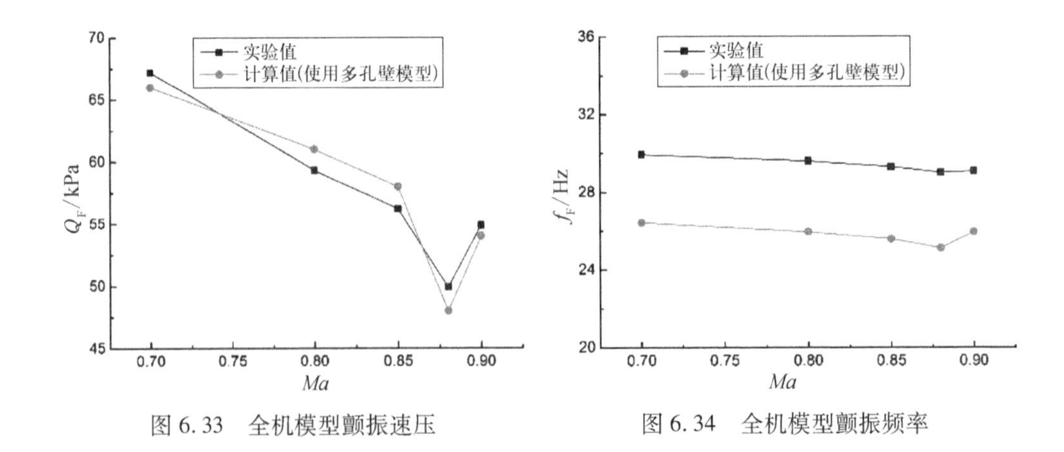

图 6.33　全机模型颤振速压　　　　图 6.34　全机模型颤振频率

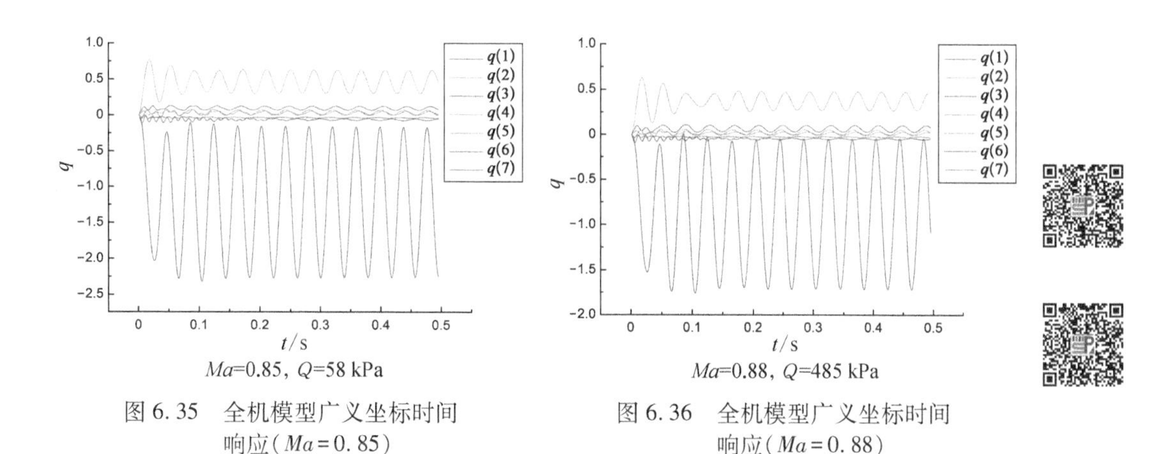

图 6.35　全机模型广义坐标时间响应（$Ma = 0.85$）

图 6.36　全机模型广义坐标时间响应（$Ma = 0.88$）

6.7　几何非线性颤振计算

6.7.1　几何非线性颤振计算方法

工程上几何非线性颤振计算通常采用动力学线化方法，该方法假定结构在其大的静平衡位置附近做微幅振动，沿用线性系统振动模态（“准模态”）的概念来描述相对于静平衡位置的微幅结构振动。因此，基于动力学线化的几何非线性颤振计算主要包括以下三步：

（1）考虑几何非线性，采用 5.3 节的静弹 CFD/FEM 耦合迭代算法，计算得到几何非线性静平衡构型和相应的定常气动载荷；

（2）基于几何非线性静平衡态进行动力学线化，分析结构振动模态和频率；

（3）基于静平衡态气动构型及其振动模态，结合变刚度方法，采用 CFD/CSD 时域耦合算法进行颤振特性计算分析。

需要注意的是：由于第 3 步时域颤振计算是基于静平衡态及其准模态，因此结构运动方程求解时广义气动力计算应扣除相应的定常载荷。

6.7.2　大展弦比机翼几何非线性颤振计算

大展弦比柔性机翼如图 6.37 所示。计算状态：马赫数 $Ma = 0.38$，海平面，迎角 $\alpha = 3.14°$。

首先采用静弹 CFD/FEM 耦合计算得到几何非线性静平衡构型（图 6.38），翼梢弯曲变形约为半展长的 11%。

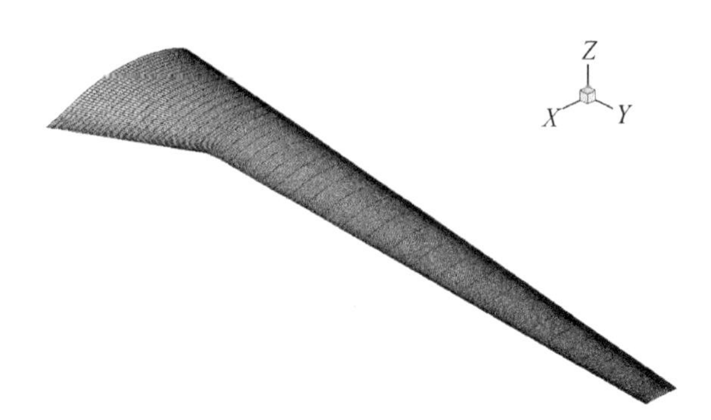

图 6.37　大展弦比柔性机翼表面网格

图 6.38　大展弦比柔性机翼静变形

然后基于静平衡态,分析得到振动模态和频率(表 6.2)。作为比较,表 6.2 中也给出了初始构型未受载的模态频率。考虑几何非线性后,静平衡态弯扭模态频率都有所增加。

表 6.2　大展弦比柔性机翼模态频率　　(单位: Hz)

模　态	静平衡态	初始构型
一弯	5.862	4.134
水平一弯	13.420	13.997
二弯	16.770	13.256
三弯	29.059	27.284
水平弯曲	35.533	36.261
四弯	43.803	41.067
一扭	54.984	54.970

接下来开展不考虑和考虑几何非线性颤振对比计算。不考虑几何非线性颤振计算基于初始外形、0°攻角,所采用模态为表 6.2 中初始构型未受载模态。考虑几何非线性颤振计算基于静平衡构型、3.14°攻角,所采用模态为表 6.2 中静平衡态

下受载模态。图 6.39 给出了不考虑几何非线性计算得到的广义坐标时间响应，刚度系数 $N \approx 0.18$ 时发生颤振，颤振频率为 40.59 Hz。图 6.40 给出了考虑几何非线性计算得到的广义坐标时间响应，$N \approx 0.12$ 时发生颤振，颤振频率为 33.08 Hz。比较分析表明：因该结构具有几何非线性，随着刚度系数降低，在不考虑几何非线性情形下会产生过大的结构变形而影响计算结果；考虑几何非线性后，弯曲模态频率增加，颤振速压相对于不考虑几何非线性有所增加。

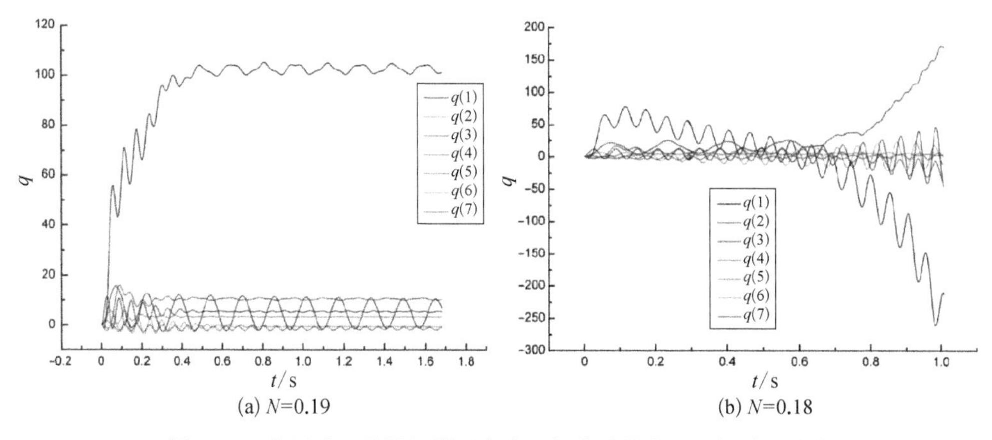

(a) N=0.19　　(b) N=0.18

图 6.39　大展弦比柔性机翼不考虑几何非线性广义坐标时间响应

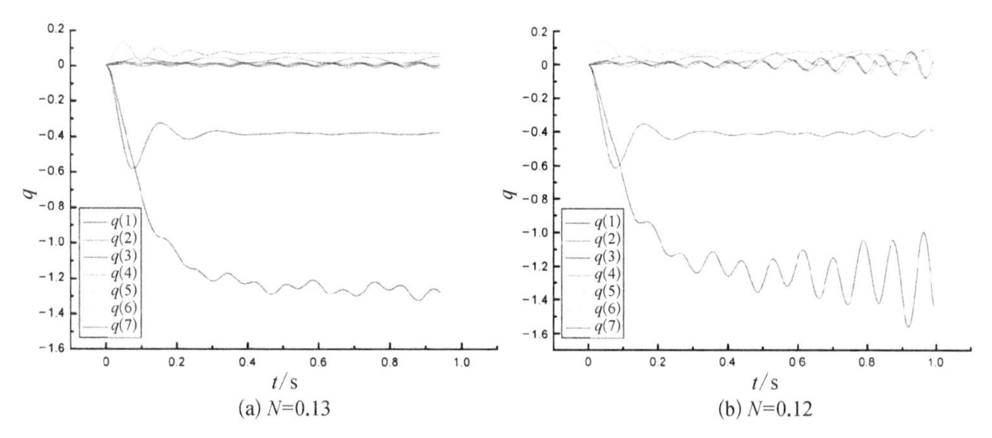

(a) N=0.13　　(b) N=0.12

图 6.40　大展弦比柔性机翼考虑几何非线性广义坐标时间响应

第7章 突风响应 CFD/CSD 时域耦合计算

由于各种天气现象、地形地貌和地表建筑物等影响，飞行器所处的大气环境呈现出复杂且不规则的运动特征。突风(gust)是大气扰动的一种形式，关注的是运动空气团的风速特性。飞行器突风响应属于动气动弹性动力响应问题，对于飞行稳定性、飞行控制和飞行安全有很大影响。受突风影响，飞行器产生附加气动力和力矩，破坏了飞行品质。突风非定常载荷导致飞机难于操纵，结构容易疲劳损坏，突风颠簸也会降低舒适度。高空长航时无人机的动态载荷主要来自突风，低空作战军机和微型飞行器则主要在突风严重区域飞行。现代大型飞机向着低重量、大柔性方向发展，突风影响更为复杂。因此，突风响应分析和减缓技术研究对于现代飞行器设计至关重要。

突风速度通常是连续和不规则的，称为连续突风或湍流，其本质上是一种突风扰动速度在平均值附近的随机脉动过程，能反映飞行器在随机突风下的响应过程。实际工程处理中，连续突风也可被近似地看成由一系列单个确定性的突风组成，称为离散突风。常用的离散突风模型有：阶跃突风、锐边突风和 1 - cos 突风等，能反映飞行器在极端突风载荷下的响应过程。

本章主要讨论离散突风模拟的网格速度法和刚性、弹性机翼突风响应 CFD/CSD 时域耦合算法。

7.1 网格速度法

7.1.1 传统网格速度法

假设突风形式如图 7.1 所示，翼型初始状态以速度 V_∞ 水平飞行，突然受到速度为 w_g 的上升气流作用。根据阶跃理论，相当于迎角突然增加 $\Delta\alpha = \arctan(w_g/V_\infty)$。由于迎角不连续，因此如果直接给一个迎角突变条件，CFD 计算就会出现数值振荡导致计算不稳定，同时还会耦合产生一个俯仰角速度，计算得到的并非独立的迎角变化的阶跃响应。

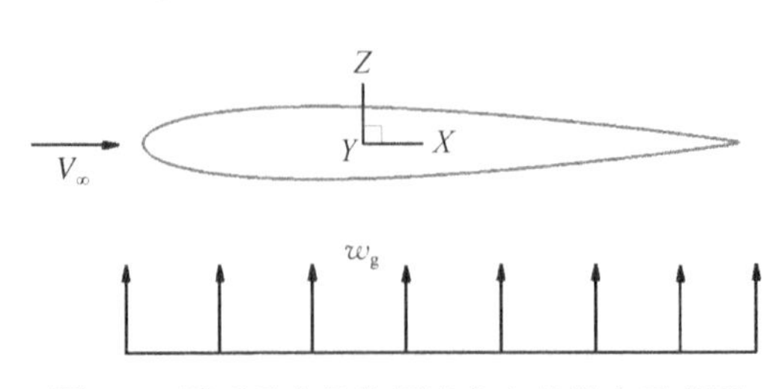

图 7.1 翼型受突风作用迎角突然增大示意图

根据相对运动思想，如果计算域

网格速度为$\boldsymbol{v}_t$，则相当于在网格不动的情况下整个流场都受到$-\boldsymbol{v}_t$ 的来流作用，据此提出阶跃突风分析的网格速度方法。对于图 7.1 所示突风作用，反映到动网格系统 Euler/N－S 方程(3.94)，网格速度为

$$x_t = 0,\ y_t = 0,\ z_t = - w_g \tag{7.1}$$

需要指出的是，网格速度法只是借用了动网格系统 Euler/N－S 方程中网格速度的概念，它本质上代表的是突风速度场，数值模拟过程中计算网格实际上是固定不动的。

7.1.2　考虑黏性通量修正的网格速度法

网格速度法中的网格速度代表突风场速度，将其代入方程(3.98)，有

$$V_r = (\boldsymbol{v} + \boldsymbol{v}_g) \cdot \boldsymbol{n} \tag{7.2}$$

式中，$\boldsymbol{v}_g$ 表示突风速度场，$(\boldsymbol{v} + \boldsymbol{v}_g)$ 代表遭遇突风前的流场速度与突风速度的叠加，也就是突风作用下流体的真实速度。但是，对于动网格系统 N－S 方程，网格速度只出现在对流通量项。因此，传统网格速度法描述了突风对对流通量的贡献，却没有考虑突风对黏性通量的影响，因此突风问题 N－S 方程计算必须进行黏性通量修正。修正方式是：黏性通量计算时，速度场也取为突风作用下的真实速度场 $(\boldsymbol{v} + \boldsymbol{v}_g)$。

7.1.3　基于网格速度法的翼型俯仰运动数值模拟

将网格速度法拓展至基于固定网格系统的翼型沉浮、俯仰非定常运动的数值模拟。对于沉浮运动，只需要给全流场一个垂直方向的网格速度。对于俯仰运动，将俯仰角度和角速度分开考虑：俯仰角度通过给全流场一个垂直方向的网格速度来模拟，而角速度则通过给全流场一个绕旋转轴的旋转网格速度来模拟。

NACA0012 翼型绕 1/4 弦线俯仰振荡，马赫数为 0.755，减缩频率为 0.081 4，运动形式如下：

$$\alpha = 0.016° + 2.51° \sin(\omega t) \tag{7.3}$$

首先基于 Euler 方程，分别采用动网格方法和网格速度法进行比较计算。两种方法计算得到的法向力系数曲线(图 7.2)和不同时刻压强系数分布

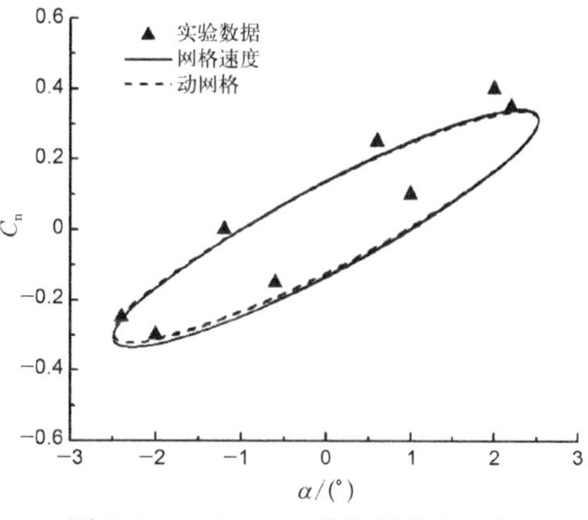

图 7.2　NACA0012 俯仰振荡法向力系数曲线(Euler 方程)

(图 7.3)相吻合,并和实验数据吻合较好,表明网格速度法也能用于翼型俯仰运动计算。

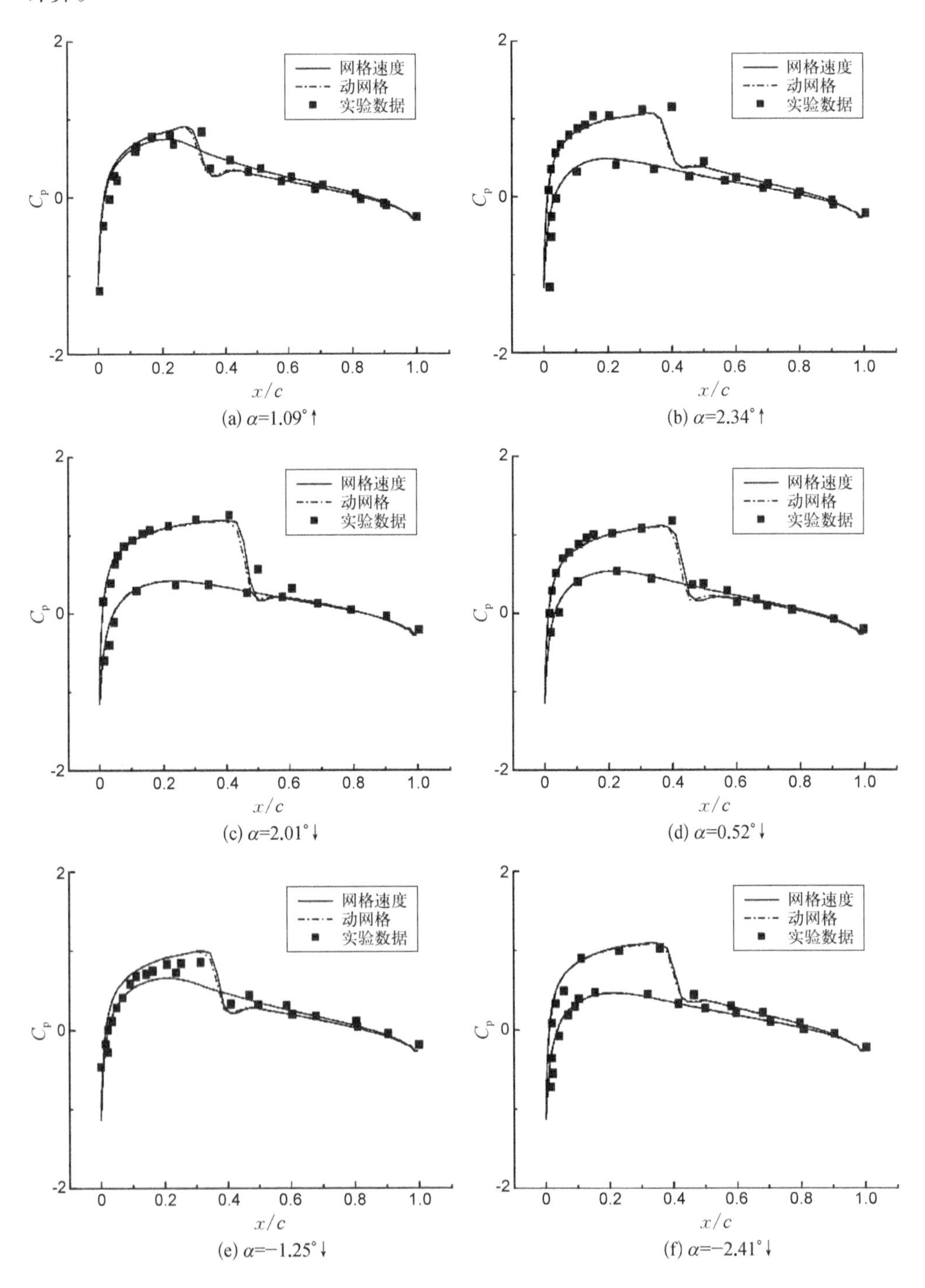

(a) α=1.09°↑　(b) α=2.34°↑

(c) α=2.01°↓　(d) α=0.52°↓

(e) α=−1.25°↓　(f) α=−2.41°↓

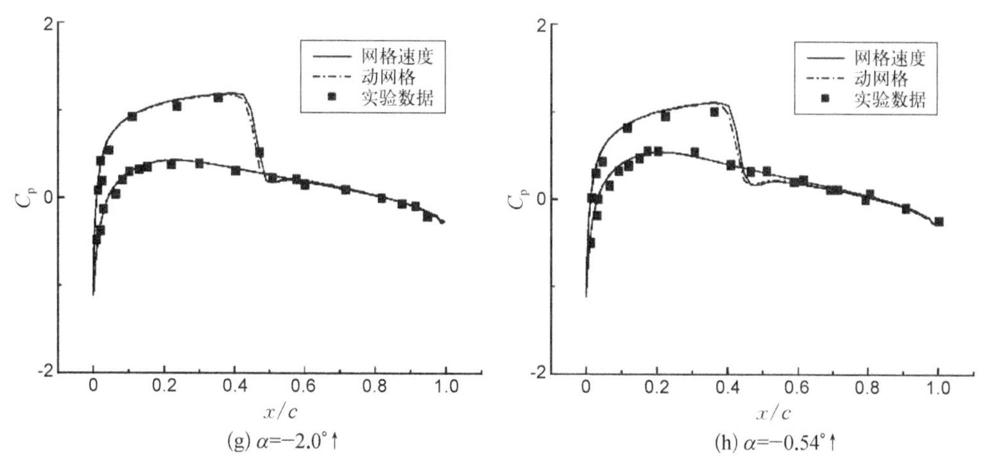

(g) α=−2.0°↑　(h) α=−0.54°↑

图 7.3　NACA0012 俯仰振荡压强系数分布(Euler 方程)

注：↑代表上仰、↓代表下俯

然后基于 N－S 方程,分别采用带与不带黏性通量修正的网格速度法和动网格方法进行比较计算。法向力系数计算结果比较如图 7.4 所示,带黏性通量修正的网格速度法与动网格方法的计算结果符合很好,而不带黏性通量修正的网格速度法的计算结果与它们差异较大,表明采用网格速度法进行 N－S 方程计算时需要加入黏性通量修正。

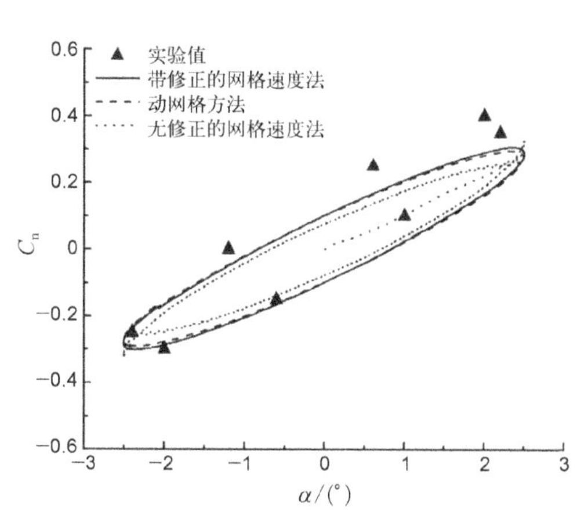

图 7.4　NACA0012 俯仰振荡法向力系数曲线(N－S 方程)

7.1.4　基于网格速度法的翼型突风响应计算

7.1.4.1　NACA0012 翼型阶跃突风响应

计算 NACA0012 翼型的阶跃突风响应。阶跃突风形式如下:

$$w_g(\hat{\tau}) = w_0 U_{\text{step}}(\hat{\tau}) \tag{7.4}$$

式中,$\hat{\tau}$ 为无量纲时间;w_0 为突风幅值;$U_{\text{step}}(\hat{\tau})$ 为单位阶跃函数。

马赫数为 0.3,突风幅值 w_0 为来流速度的 0.08 倍。带和不带黏性通量修正网格速度法的 N－S 方程计算结果比较如图 7.5 所示。可以看出,两种方法计算得到的升力系数响应非常接近,黏性通量修正影响很小。这是因为阶跃突风的网格速度空间均匀,黏性通量修正对动量方程不起作用,细微差别来源于该修正对能量方程中黏性应力做功项的影响。

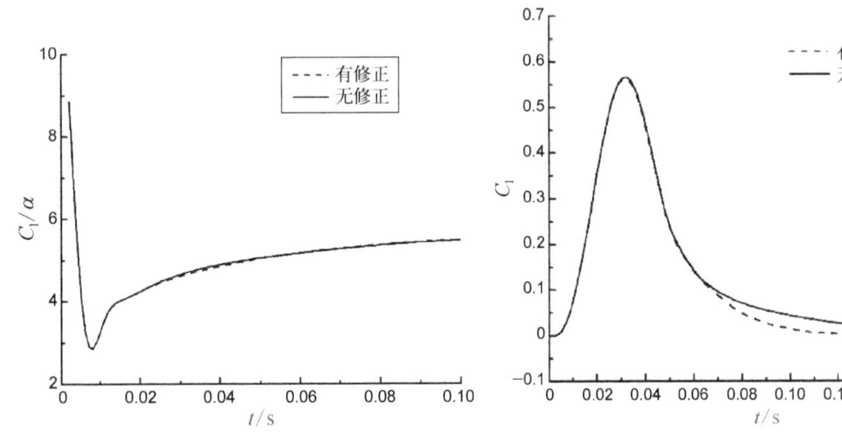

图 7.5　NACA0012 翼型在阶跃突风下的升力系数响应

图 7.6　NACA0012 翼型进入垂直 1 − cos 突风的升力系数响应

7.1.4.2　NACA0012 翼型垂向 1 − cos 突风响应

计算 NACA0012 翼型进入垂直 1 − cos 突风的响应过程。1 − cos 突风形式为

$$w_g = \frac{1}{2} w_0 [1 - \cos(2\pi x/h)] \tag{7.5}$$

式中，突风速度幅值 $w_0 = 0.05V_\infty$；突风尺度 $h = 5.0$。

N − S 方程计算，带和不带黏性通量修正的网格速度法的计算结果对比如图 7.6 所示。由于 $\partial w_g / \partial x \neq 0$，黏性通量修正同时对动量方程和能量方程起作用，不考虑黏性通量修正带来的误差比阶跃突风响应明显。

7.2　突风响应 CFD/CSD 时域耦合计算

7.2.1　刚体六自由度方程

弹性或刚性飞行器的结构运动均可以采用模态法描述。对于刚体系统，其运动由质心的平动和绕质心的转动组成，还可以通过以下六自由度运动方程来描述：

$$m \frac{d^2 x_{c.m.}^i}{dt^2} = F_x^i$$

$$m \frac{d^2 y_{c.m.}^i}{dt^2} = F_y^i$$

$$m\frac{\mathrm{d}^2 z_{\mathrm{c.m.}}^i}{\mathrm{d}t^2}=F_z^i$$

$$I_{xx}^b\frac{\mathrm{d}\omega_x^b}{\mathrm{d}t}+(I_{zz}^b-I_{yy}^b)\omega_z^b\omega_y^b=M_x^b$$

$$I_{yy}^b\frac{\mathrm{d}\omega_y^b}{\mathrm{d}t}+(I_{xx}^b-I_{zz}^b)\omega_x^b\omega_z^b=M_y^b$$

$$I_{zz}^b\frac{\mathrm{d}\omega_z^b}{\mathrm{d}t}+(I_{yy}^b-I_{xx}^b)\omega_y^b\omega_x^b=M_z^b \tag{7.6}$$

式中,上标 i、b 分别表示惯性系和体轴系;m 为刚体质量,F_x^i、F_y^i 和 F_z^i 为作用于质心 ($x_{\mathrm{c.m.}}^i$, $y_{\mathrm{c.m.}}^i$, $z_{\mathrm{c.m.}}^i$) 的力的三分量;M_x^b、M_y^b 和 M_z^b 为力矩的三分量,ω_x^b、ω_y^b 和 ω_z^b 为转动角速度的三分量;I_{xx}^b、I_{yy}^b 和 I_{zz}^b 为刚体的主惯性矩。

由 CFD 方法计算得到气动力和力矩,将其代入刚体六自由度方程进行求解。由积分平动方程得到质心速度和位移,采用 Runge-Kutta 法求解转动方程得到角速度,然后对刚体的位置和姿态进行更新。

7.2.2 突风响应 CFD/CSD 时域耦合算法

基于 6.2 节的颤振计算时域法,加入网格速度法模拟突风作用,建立突风响应 CFD/CSD 时域耦合计算方法。

刚体运动采用模态法或六自由度方程描述,而刚弹耦合体则采用模态法描述。非定常气动力采用 Euler/N－S 方程计算,沉浮、俯仰刚体运动可以采用动网格方法或基于固定网格系统的网格速度法模拟,结构弹性变形采用动网格方法模拟。在 Euler/N－S 方程中加入网格速度法,考虑突风作用,时域内耦合求解非定常 Euler/N－S 方程和结构运动方程或刚体六自由度方程,迭代计算得到飞行器的突风响应。

7.2.3 刚性机翼突风响应计算分析

考虑展弦比为 5 的均匀等剖面刚性直机翼逐渐进入 1－cos 垂直突风场。考虑 0°迎角海平面情况,1－cos 突风速度幅值 $w_0=0.05V_\infty$、突风尺度 $h=5.0$。

机翼剖面采用 NACA0012 翼型,根弦长为 1 m。考虑刚体沉浮和俯仰模态,经过质量归一化后的振型为

$$\Phi_1 = \frac{1}{\sqrt{m}},\ \Phi_2 = \frac{x}{\sqrt{I}} \tag{7.7}$$

式中,m 和 I 分别为机翼的质量和转动惯量; $m = 200$ kg; $I = 20\,000$ m^4; x 为机翼上的点到转轴的距离。

采用动网格方法模拟刚体运动,分别采用 CFD/模态法、CFD/六自由度方程计算 $Ma = 0.3$、0.5 和 0.8 时机翼在 $1-\cos$ 突风作用下的升力系数响应,结果比较如图 7.7 所示。可以看出:模态法和六自由度方程的计算结果吻合很好;随着马赫数的增加,机翼对 $1-\cos$ 突风的响应变快,最大升力系数变小;随着突风速度的减小,升力降低,并出现负值,然后逐渐恢复。模态法是线性结构运动方程,俯仰和沉浮自由度不相关,而六自由度方程的沉浮和俯仰自由度是耦合的。本算例中沉浮和俯仰自由度的耦合作用不明显,可以直接采用模态法。六自由度方程不考虑结构弹性,在分析刚弹耦合问题时需使用模态法。

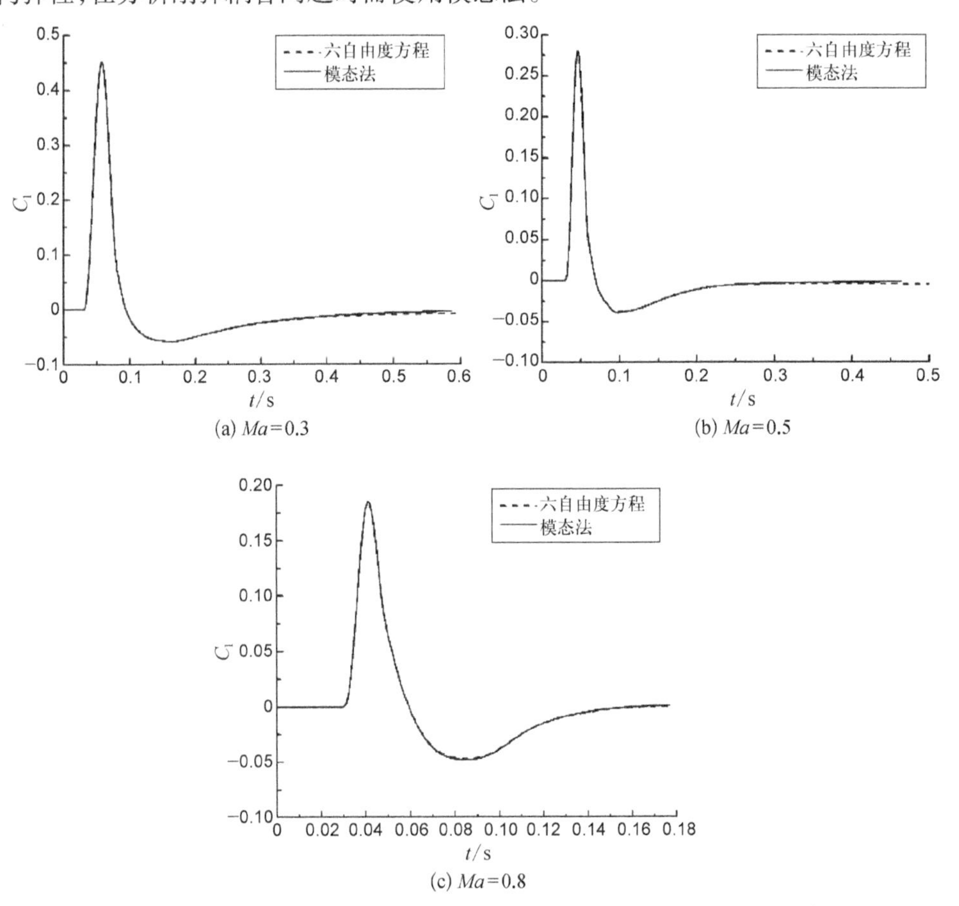

(a) Ma=0.3

(b) Ma=0.5

(c) Ma=0.8

图 7.7　刚性机翼在 $1-\cos$ 突风作用下的升力系数响应($I = 20\,000$ m^4)

为了进一步分析沉浮和俯仰自由度耦合的影响,保持机翼质量不变,取 $I = 20\ \mathrm{m}^4$, 分别采用 CFD/模态法和 CFD/六自由度方程计算 $Ma = 0.3$ 时机翼在 $1-\cos$ 突风作用下的升力系数、沉浮位移和俯仰角度响应,结果比较如图 7.8 所示。分析表明:由于转动惯量取得很小,沉浮和俯仰自由度的耦合作用明显,因此两种方法的升力系数和广义坐标响应存在一定的相位差。

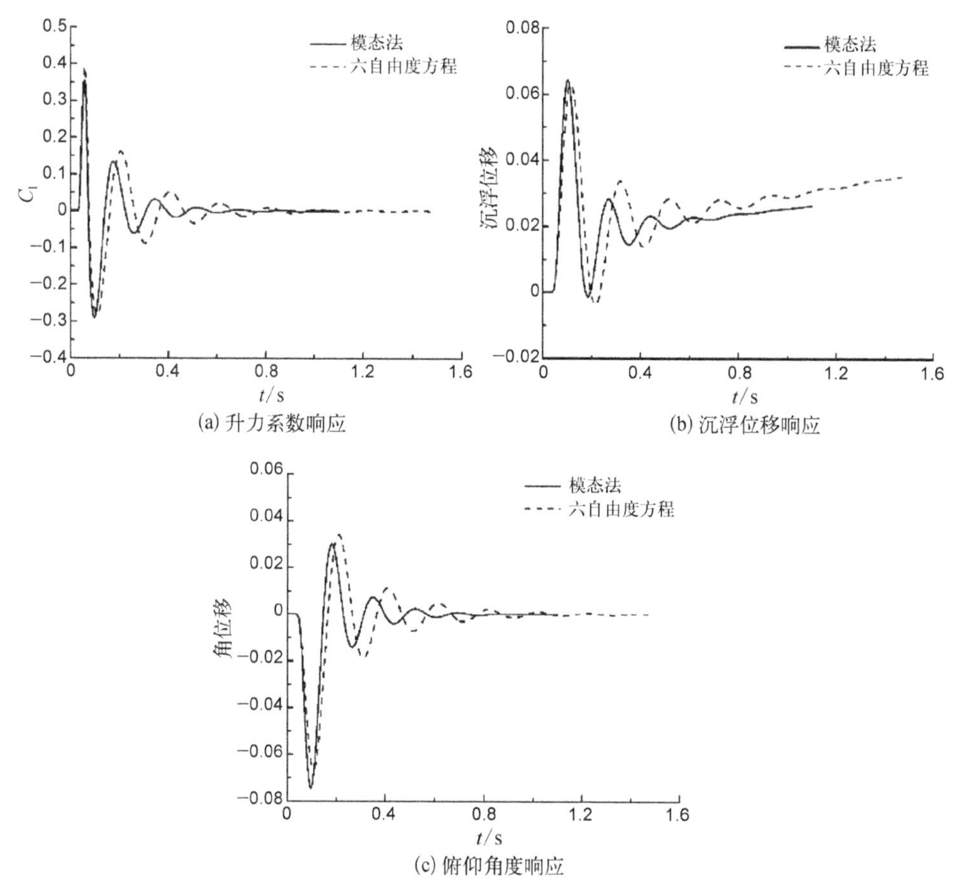

(a) 升力系数响应　(b) 沉浮位移响应

(c) 俯仰角度响应

图 7.8　刚性机翼 $1-\cos$ 突风响应($I=20\ \mathrm{m}^4$、$Ma=0.3$)

7.2.4　自由弹性机翼突风响应计算分析

针对上述直机翼,取 $m = 200\ \mathrm{kg}$、$I = 200\ \mathrm{m}^4$, 考虑包括刚体沉浮、俯仰和弹性模态在内的弹性自由机翼。$1-\cos$ 突风速度幅值 $w_0 = 0.05V_\infty$, 突风尺度 $h = 5.0$。马赫数 $Ma = 0.85$, 分别采用动网格方法和网格速度法模拟机翼刚体运动,计算得到的法向力系数、广义坐标和翼尖加速度响应如图 7.9 所示。比较分析表

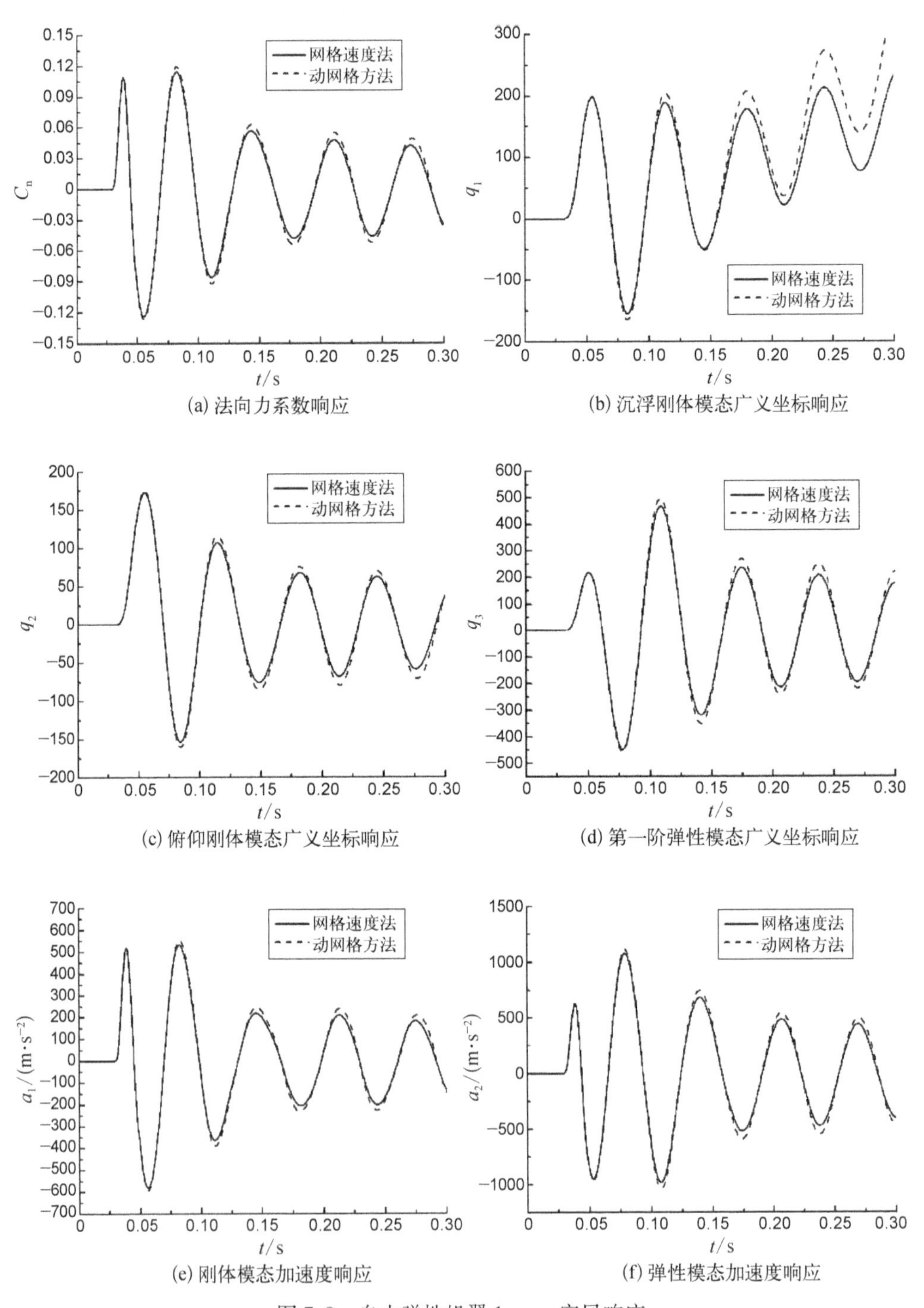

(a) 法向力系数响应

(b) 沉浮刚体模态广义坐标响应

(c) 俯仰刚体模态广义坐标响应

(d) 第一阶弹性模态广义坐标响应

(e) 刚体模态加速度响应

(f) 弹性模态加速度响应

图 7.9　自由弹性机翼 1 − cos 突风响应

明：动网格方法和网格速度法计算出的沉浮刚体模态响应略有差异，这是因为机翼沉浮运动引起较大的网格变形，动网格质量降低带来一定的误差，而网格速度法不存在网格变形问题；两种方法的其他参数响应较为一致；在 $1 - \cos$ 突风作用下，机翼做沉浮俯仰运动；翼尖最大加速度出现在第二个周期，而弹性模态对自由弹性机翼的翼尖加速度贡献更大。

第 8 章　航空发动机叶片气动弹性 CFD/CSD 耦合计算

目前,工程上航空发动机叶片颤振分析还主要采用流固解耦的特征值法和能量法,此类非耦合方法本质上都是通过一些简化和近似条件弱化或者忽略流场和结构场的相互作用,分别从结构动力学和气体动力学角度对颤振进行预测。随着现代航空发动机设计对性能的极致追求,叶片负荷增大,质量比减小,流固耦合效应不断增强,流固解耦方法的局限性也越发突出;与此同时,叶片细微的外形差别也可能导致性能上的显著差异,因此叶片静气动弹性问题(冷热态问题)在工程上也得到越来越多的关注。

相比于外流飞行器,航空发动机内流和气动弹性计算更为复杂,其研究也相对不够充分,因此本章将花较多篇幅来阐述该问题。本章首先介绍发动机内流定常、非定常流动 N－S 方程数值模拟方法,然后重点讨论叶片静弹、颤振分析的 CFD/CSD 耦合算法,最后还将对考虑叶间相位角、带阻尼凸肩叶片、多排叶片等复杂气动弹性问题进行计算分析。

8.1　旋转坐标系下 N－S 方程求解

对于叶轮机械等刚性旋转物体绕流,若流动控制方程仍然建立在惯性系下,则第 3 章的数值方法可以直接应用。然而为了模拟物体转动,往往需要通过滑移网格等方法来实现旋转物体位置的实时更新,并且对于定常问题也需要采用非定常时间精确算法,从而增加了计算量。实际应用中,更为方便和常用的做法是在旋转坐标系下进行研究。旋转坐标系属于非惯性系,流动控制方程的建立需要考虑额外的源项效应,相应的数值算法也有所变化。

8.1.1　旋转坐标系下 N－S 方程

采用的旋转坐标系为依附在转动叶片上的恒定坐标系,且假定转轴与 x 轴重合,于是转动角速度向量 $\boldsymbol{\omega}$ 可以表示为

$$\boldsymbol{\omega}=[\omega_x,\ \omega_y,\ \omega_z]^{\mathrm{T}}=[\omega,\ 0,\ 0]^{\mathrm{T}} \tag{8.1}$$

式中，$\omega = |\boldsymbol{\omega}|$。在该旋转坐标系下，三维 N－S 方程在笛卡尔系统下的微分形式为

$$\frac{\partial \rho}{\partial t} + \nabla \cdot (\rho \boldsymbol{v}_{\mathrm{r}}) = 0$$

$$\frac{\partial \rho \boldsymbol{v}_{\mathrm{r}}}{\partial t} + \nabla \cdot (\rho \boldsymbol{v}_{\mathrm{r}} \boldsymbol{v}_{\mathrm{r}} + p\boldsymbol{I}) - \nabla \cdot \overline{\overline{\boldsymbol{\tau}}}_{\mathrm{r}} = -\rho(\boldsymbol{\omega} \times (\boldsymbol{\omega} \times \boldsymbol{r}) + 2\boldsymbol{\omega} \times \boldsymbol{v}_{\mathrm{r}})$$

$$\frac{\partial \rho E_{\mathrm{r}}}{\partial t} + \nabla \cdot ((\rho E_{\mathrm{r}} + p)\boldsymbol{v}_{\mathrm{r}}) - \nabla \cdot (k \nabla T + \overline{\overline{\boldsymbol{\tau}}}_{\mathrm{r}} \cdot \boldsymbol{v}_{\mathrm{r}}) = 0 \tag{8.2}$$

式中，ρ、p、E_{r}、k 和 T 分别为流体密度、压强、单位质量相对总能、热传导系数和温度；$\boldsymbol{v}_{\mathrm{r}}$ 为流体的相对速度矢量；$\boldsymbol{r}$ 为位置矢量；$\boldsymbol{I}$ 为单位矩阵；$\overline{\overline{\boldsymbol{\tau}}}_{\mathrm{r}}$ 为黏性应力张量。

旋转坐标系下 N－S 方程(8.2)与惯性系下方程的形式基本一致，但是在动量方程右端增加了离心力源项 $-\rho\boldsymbol{\omega} \times (\boldsymbol{\omega} \times \boldsymbol{r})$ 和科氏力源项 $-2\rho\boldsymbol{\omega} \times \boldsymbol{v}_{\mathrm{r}}$，且引入了相对总能 E_{r} 的概念：

$$E_{\mathrm{r}} = e + \frac{1}{2}(u_{\mathrm{r}}^2 + v_{\mathrm{r}}^2 + w_{\mathrm{r}}^2) - \frac{1}{2}\omega^2 r^2 \tag{8.3}$$

式中，e 为流体单位质量内能；u_{r}，v_{r}，w_{r} 为 $\boldsymbol{v}_{\mathrm{r}}$ 的三个分量；$r = |\boldsymbol{r}|$。

引入气体状态方程，完全气体的压强 p 由下式计算：

$$p = (\gamma - 1)\rho\left[E_{\mathrm{r}} - \frac{u_{\mathrm{r}}^2 + v_{\mathrm{r}}^2 + w_{\mathrm{r}}^2 - \omega^2 r^2}{2}\right] \tag{8.4}$$

旋转坐标系下 N－S 方程(8.2)采用了相对速度 $\boldsymbol{v}_{\mathrm{r}}$ 作为独立变量，其也可以表示成基于绝对速度 $\boldsymbol{v}$ 的形式。将如下速度关系式

$$\boldsymbol{v} = \boldsymbol{v}_{\mathrm{r}} + \boldsymbol{\omega} \times \boldsymbol{r} \tag{8.5}$$

代入方程(8.2)，经过整理后得到基于绝对速度的 N－S 方程：

$$\frac{\partial \rho}{\partial t} + \nabla \cdot (\rho \boldsymbol{v}_{\mathrm{r}}) = 0$$

$$\frac{\partial \rho \boldsymbol{v}}{\partial t} + \nabla \cdot (\rho \boldsymbol{v} \boldsymbol{v}_{\mathrm{r}} + p\boldsymbol{I}) - \nabla \cdot \overline{\overline{\boldsymbol{\tau}}} = -\rho(\boldsymbol{\omega} \times \boldsymbol{v})$$

$$\frac{\partial \rho E}{\partial t} + \nabla \cdot (\rho E \boldsymbol{v}_{\mathrm{r}} + p\boldsymbol{v}) - \nabla \cdot (k \nabla T + \overline{\overline{\boldsymbol{\tau}}} \cdot \boldsymbol{v}) = 0 \tag{8.6}$$

式中，E 为单位质量流体(绝对)总能。

式(8.2)和式(8.6)中，黏性应力张量$\bar{\bar{\boldsymbol{\tau}}}$ 与$\bar{\bar{\boldsymbol{\tau}}}_{\mathrm{r}}$ 具有相同的形式，区别在于前者中的导数项通过绝对速度计算，而后者中的导数项采用相对速度计算。

两种形式的控制方程在数学上等价，就叶轮机械领域而言，采用何种形式更加优越并无绝对定论。这里采用基于绝对速度的 N－S 方程作为控制方程，原因如下：

(1) 避免引入相对总能等额外变量，压强计算公式与惯性系下一致；

(2) 易于构造数值计算格式及规定边界条件；

(3) 方便统一处理多级问题，避免了交界面处绝对速度和相对速度的转换。

对于发动机内流 N－S 方程模拟，采取如下无量纲方式对方程(8.6)进行无量纲：

$$x^* = \frac{x}{L},\ t^* = \frac{c_0 t}{L},\ u^* = \frac{u}{c_0},\ \rho^* = \frac{\rho}{\rho_0},\ p^* = \frac{p}{\rho_0 c_0^2},\ T^* = \frac{T}{T_0} \tag{8.7}$$

式中，加星号的表示无量纲变量；参考量 L、t、c_0、ρ_0、T_0 一般分别取为流动特征长度、特征时间、进口滞止声速、滞止密度和滞止温度(滞止参数也称作总参数)。

由式(8.7)，以及无量纲与有量纲控制方程在形式上一致这一要求，推得其余物理量的无量纲形式如下：

$$\omega^* = \frac{\omega L}{c_0},\ E^* = \frac{E}{c_0^2},\ \mu^* = \frac{\mu}{\mu_0 Re},\ k^* = \frac{1}{\gamma - 1}\frac{\mu^*}{Pr} \tag{8.8}$$

其中，(计算)雷诺数 Re 定义为

$$Re = \frac{\rho_0 c_0 L}{\mu_0} \tag{8.9}$$

为了书写方便，后续表述中将略去无量纲变量的上标星号。如无特殊说明，所述物理量均为无量纲变量。

8.1.2 旋转坐标系下 N－S 方程空间、时间离散

旋转坐标系下 N－S 方程(8.6)的积分形式如下：

$$\frac{\partial}{\partial t}\int_{\Omega} \boldsymbol{W} \mathrm{d}\Omega + \oint_{S} (\boldsymbol{F}_{\mathrm{c}} - \boldsymbol{F}_{\mathrm{v}}) \mathrm{d}S = \int_{\Omega} \boldsymbol{Q} \mathrm{d}\Omega \tag{8.10}$$

式中，S 为控制体 Ω 的边界面；守恒量 $\boldsymbol{W}$，对流通量$\boldsymbol{F}_{\mathrm{c}}$，黏性通量$\boldsymbol{F}_{\mathrm{v}}$ 和源项 $\boldsymbol{Q}$ 定义

如下：

$$W=\begin{bmatrix}\rho\\ \rho u\\ \rho v\\ \rho w\\ \rho E\end{bmatrix},\ F_{\mathrm{c}}=\begin{bmatrix}\rho V_{\mathrm{r}}\\ \rho uV_{\mathrm{r}}+n_xp\\ \rho vV_{\mathrm{r}}+n_yp\\ \rho wV_{\mathrm{r}}+n_zp\\ \rho EV_{\mathrm{r}}+pV\end{bmatrix},\ F_{\mathrm{v}}=\begin{bmatrix}0\\ n_x\tau_{xx}+n_y\tau_{xy}+n_z\tau_{xz}\\ n_x\tau_{yx}+n_y\tau_{yy}+n_z\tau_{yz}\\ n_x\tau_{zx}+n_y\tau_{zy}+n_z\tau_{zz}\\ n_x\Theta_x+n_y\Theta_y+n_z\Theta_z\end{bmatrix},\ Q=\begin{bmatrix}0\\ 0\\ \omega\rho w\\ -\omega\rho v\\ 0\end{bmatrix}\tag{8.11}$$

式中，W 和 Q 定义在单元格心；F_{c} 和 F_{v} 定义在单元界面上；V 和 V_{r} 分别为单元界面上的绝对和相对法向速度，即 $V=\boldsymbol{n}\cdot\boldsymbol{v}$ 和 $V_{\mathrm{r}}=\boldsymbol{n}\cdot\boldsymbol{v}_{\mathrm{r}}$，$\boldsymbol{n}$ 代表单元界面上的单位外法向量；Θ_x、Θ_y、Θ_z 定义同式(3.6)，黏性应力 τ_{ij} 定义同式(3.7)。

对于计算网格静止情况，控制体 Ω 不随时间变化，方程(8.10)的空间离散方程为

$$\frac{\mathrm{d}W}{\mathrm{d}t}=-\frac{1}{\Omega}\left[\sum_{m=1}^{N_{\mathrm{F}}}((F_{\mathrm{c}}-F_{\mathrm{v}})\Delta S)_m-Q\right]=-\frac{1}{\Omega}R\tag{8.12}$$

分别采用 Roe 格式、中心格式计算对流通量F_{c} 和黏性通量F_{v}。对于源项 Q，由于刚性不是很强，因此直接进行显式处理。时间离散则采用隐式 LU－SGS 方法。

8.1.3　SARC 湍流模型

在航空发动机内部，流动的轴向雷诺数大多在 10^6 量级左右，而旋转方向的雷诺数则可能更高，此时湍流的多尺度、不规则的复杂特性给计算带来极大挑战。仍基于 RANS 模拟湍流，并采用一种适合于叶轮机械流动的 SA 湍流模型的改进模型——SARC－fv3 模型，且未考虑转捩的影响。

SARC－fv3 湍流模型关于 $\tilde{\nu}$ 的控制方程的积分形式如下：

$$\frac{\partial}{\partial t}\int_{\Omega}\tilde{\nu}\,\mathrm{d}\Omega+\oint_{\partial\Omega}(F_{\mathrm{c,T}}-F_{\mathrm{v,T}})\mathrm{d}S=\int_{\Omega}Q_{\mathrm{T}}\mathrm{d}\Omega\tag{8.13}$$

式中，$F_{\mathrm{c,T}}$、$F_{\mathrm{v,T}}$ 和 Q_{T} 分别代表湍流方程中的对流通量项、黏性通量项和源项，定义如下：

$$F_{\mathrm{c,T}}=\tilde{\nu}V_{\mathrm{r}}$$

$$F_{\mathrm{v,T}}=\frac{1}{\sigma}(\nu_{\mathrm{L}}+\tilde{\nu})(\boldsymbol{n}\cdot\nabla\tilde{\nu})$$

$$Q_T = f_{r1} c_{b1} \tilde{\Omega} \tilde{\nu} + \frac{c_{b2}}{\sigma} (\nabla \tilde{\nu})^2 - c_{w1} f_w \left(\frac{\tilde{\nu}}{d} \right)^2 \tag{8.14}$$

在标准 SA 湍流模型的基础上，SARC - fv3 模型引入 f_{v3} 函数，将 $\tilde{\Omega}$ 重新定义为

$$\tilde{\Omega} = \bar{\Omega} f_{v3} + \left(\frac{\tilde{\nu}}{\kappa^2 d^2} \right) f_{v2},\ f_{v2} = \left(1 + \frac{\chi}{C_{v2}} \right)^{-3},\ f_{v3} = \frac{(1 + \chi f_{v1})(1 - f_{v2})}{\max(\chi,\ 0.001)} \tag{8.15}$$

对于 SARC - fv3 模型，湍流黏性系数计算公式和其他参数定义同标准 SA 模型（见 3.5.2 节）。SARC - fv3 为了考虑系统旋转和流线弯曲的影响，在式(8.14)的源项 Q_T 中引入了旋转函数 f_{r1}：

$$f_{r1}(r^*,\ \tilde{r}) = (1 + c_{r1}) \frac{2r^*}{1 + r^*} [1 - c_{r3} \tan^{-1}(c_{r2} \tilde{r})] - c_{r1} \tag{8.16}$$

该项对于具有明显旋转效应的叶轮机械流动十分必要，式中 r^* 和 $\tilde{r}$ 的定义分别如下：

$$r^* = \frac{\bar{S}}{\bar{\Omega}},\ \tilde{r} = 2\Omega_{ik} S_{jk} \left[\frac{\partial S_{ij}}{\partial t} + (v_r)_k \frac{\partial S_{ij}}{\partial x_k} + (\varepsilon_{imn} S_{jn} + \varepsilon_{jmn} S_{in}) \omega_m \right] / \bar{D}^4 \tag{8.17}$$

式中，$\bar{\Omega} = \sqrt{2\Omega_{ij}\Omega_{ij}}$ 代表流体微团平均旋转率大小（涡量大小）；$\bar{S} = \sqrt{2S_{ij}S_{ij}}$ 表征流体微团平均变形率大小；$(v_r)_k$ 为流动相对速度在 k 方向的分量；ε_{ijk} 为置换符号；ω_m 代表旋转坐标系转动速度分量；S_{ij}，Ω_{ij} 和 $\bar{D}$ 分别由下式计算：

$$S_{ij} = \frac{1}{2} \left(\frac{\partial v_i}{\partial x_j} + \frac{\partial v_j}{\partial x_i} \right),\ \Omega_{ij} = \frac{1}{2} \left(\frac{\partial v_i}{\partial x_j} - \frac{\partial v_j}{\partial x_i} \right),\ \bar{D}^2 = \frac{1}{2} (\bar{S}^2 + \bar{\Omega}^2) \tag{8.18}$$

式(8 - 14) ~ (8 - 16)中的经验常数见式(3.64)。

分别采用一阶迎风格式和中心格式对 $F_{c,T}$ 和 $F_{v,T}$ 进行离散，对 Q_T 进行显式处理，时间离散采用 LU - SGS 隐式时间推进方法。进口边界处 $\tilde{\nu}$ 一般取 $3\nu_L$ ~ $5\nu_L$，出口边界处采用内场外插，物面边界处 $\tilde{\nu} = 0$，计算初始值可以取为进口处 ν_L 的 0.1 倍。

8.1.4　边界条件

对于叶轮机械流动，边界条件主要有进口边界、出口边界、周期边界和物面边

界四种。

1. 进口边界

对于亚声速进口，给定总压 p_0、总温 T_0 和气流角，根据特征理论规定进口边界条件，具体实施详见 6.6 节。对于超声速进口，给定总压 p_0、总温 T_0 和静压 p，其余物理量可由它们和等熵关系确定。

2. 出口边界

对于亚声速出口，一般有三种边界条件类型：平均反压条件、径向压力平衡方程条件和质量流量条件。三种条件均是通过规定出口边界的压强 p_b 来实现，区别在于压强规定的方式不一样。平均反压条件的实施详见 6.6 节。

径向压力平衡方程条件假定出口面上的静压沿周向均匀分布，并在指定的径向位置处（如轮毂位置处）规定压强，然后通过积分以下径向压力平衡方程求得出口面的压强分布：

$$\frac{\partial p_b}{\partial r} = \frac{\rho u^2}{r} \tag{8.19}$$

质量流量出口条件要求出口质量流量为 $\dot{m}_a$，实际应用中往往也是规定出口面压强 p_b 并通过不断迭代修正 p_b 使得出口质量流量 $\dot{m}_d$ 达到要求值。规定 p_b 的方式可以采用平均反压条件或者径向压力平衡方程条件。对于 p_b 的修正有如下形式：

$$p_b^{new} = p_b^{old} + \alpha \frac{\sqrt{T_0}}{L_0^2}(\dot{m}_d - \dot{m}_a) \tag{8.20}$$

式中，$\alpha = 0 \sim 1$ 为松弛因子。

对于超声速出口，所有物理量均由内场外插得到。

3. 物面边界

对于黏性流动，物面速度满足无滑移条件。由于控制方程建立在旋转坐标系下且采用绝对速度形式，因此对于旋转轮毂物面和叶片物面：

$$\boldsymbol{v}_w = \boldsymbol{\omega} \times \boldsymbol{r} \tag{8.21}$$

对于静止轮毂物面和外壁机匣物面：

$$\boldsymbol{v}_w = 0 \tag{8.22}$$

对于温度边界条件，绝热壁在物面处热通量 $q_w = 0$；等温壁则在物面处规定温度 T_w。

4. 周期边界

实际计算中经常将计算域缩减至单通道或者多通道模型，对两侧周向面采用周期边界或者相位延迟边界条件，关于相位延迟边界将在 8.4 节中讨论。周期边界的实施如图 8.1 所示，两个周期面标识分别为 0 和 1，它们之间有如下速度关系：

$$
\begin{aligned}
&u_1 = u_0, \qquad u_0 = u_1 \\
&v_1 = w_0 \sin\beta + v_0 \cos\beta, \\
&v_0 = -w_1 \sin\beta + v_1 \cos\beta \\
&w_1 = w_0 \cos\beta - v_0 \sin\beta, \\
&w_0 = w_1 \cos\beta + v_1 \sin\beta
\end{aligned} \tag{8.23}
$$

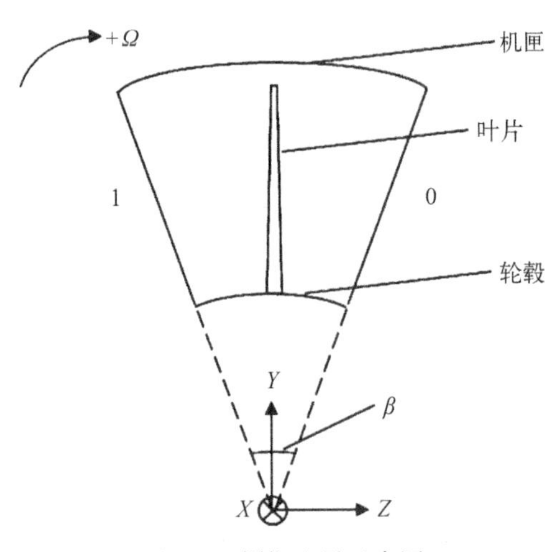

图 8.1　周期边界示意图

式中，β 为周期旋转角，对于具有 N_b 个叶片通道的模型，有 $\beta = 2\pi/N_b$。其余标量物理量如密度、压强和湍流黏性等，在两个周期面上相等。

8.1.5　Rotor67 定常流动计算

Rotor67 是一个轴流式小展弦比跨声速风扇转子，由 NASA Lewis 研究中心设计并进行孤立叶排实验研究。表 8.1 列出了 Rotor67 主要的几何和设计参数。图 8.2 给出了该转子叶片的子午面和气动测量点位置示意图，实验在上游站位 1 处测得进口参数，在下游站位 2 处测得出口参数。

表 8.1　Rotor67 主要几何和设计参数

参数	位置	数值
转子叶片数		22
叶尖直径/m	进口位置	0.514
	出口位置	0.485
轮毂/叶尖半径比	进口位置	0.375
	出口位置	0.478
叶尖间隙/cm		0.061
设计转速/(r/min)		16 043
设计叶尖速度/(m/s)		429
叶尖进口位置相对马赫数		1.38
设计质量流量/(kg/s)		33.15
设计总压比		1.63

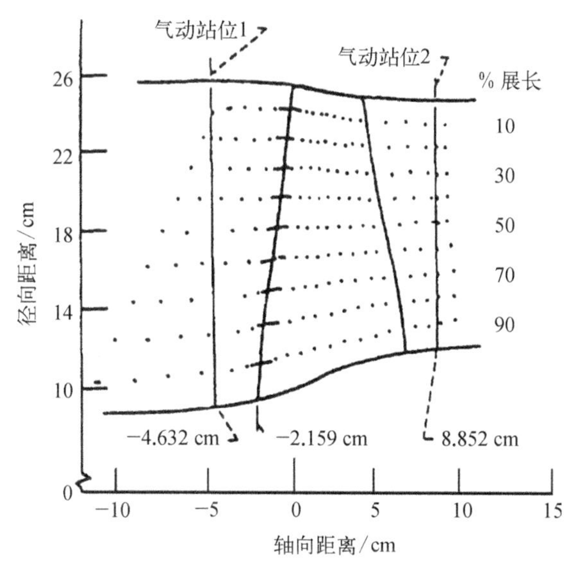

图 8.2　Rotor67 子午面以及气动测量位置[35]

首先假定一个进口静压,利用等熵关系得到的进口参数来初始化流场。雷诺数计算的特征速度为进口速度,特征长度为进口位置处轮毂和机匣间的径向距离,特征密度为进口气流密度,第一层网格高度取为 $y^+=1$。

图 8.3 给出了 Rotor67 转子叶片外形及计算域示意图。计算网格采用 O4H 型拓扑结构,间隙内网格为 OH 型拓扑结构,总网格数约为 74 万,图 8.4 展示了 50% 展长 S1 流面和 S2 流面的拓扑结构及网格示意图。流场计算雷诺数为 3×10^6,进口给定均匀总压 101 325 Pa,均匀总温 288.15 K 和轴向气流角,出口给定径向压力平衡方程条件。由于该转子叶片压比裕度不高但流量裕度较大,如果在近失速点附近仍然采用压强条件,则预测的失速点位置会流量偏大,因而采用流量边界条件来

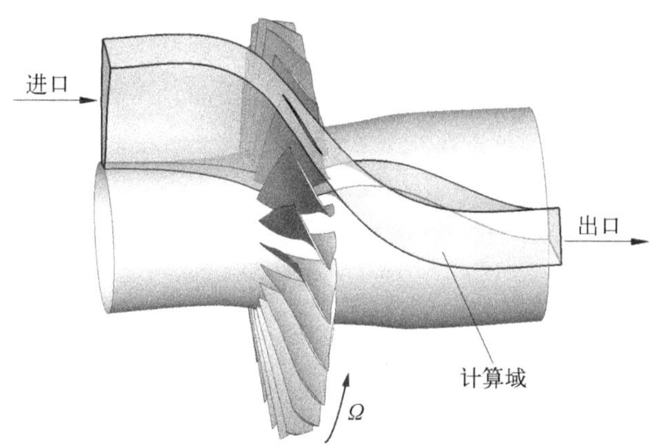

图 8.3　Rotor67 外形及流场计算域示意图

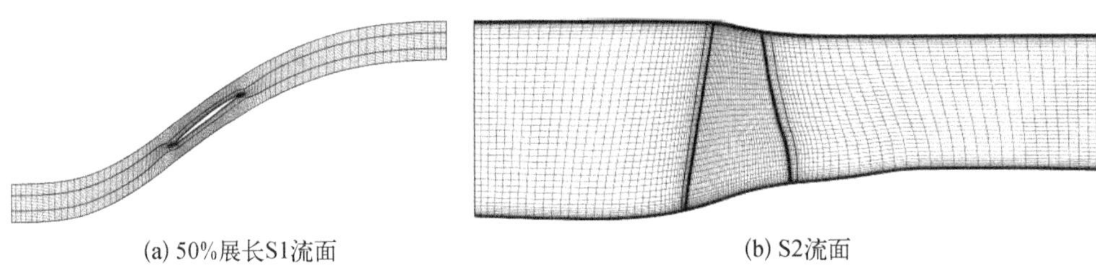

图 8.4　Rotor67 计算网格示意图

模拟失速前小流量工作点的流场。

该算例流场收敛时的进出口质量流量差距在 0.05%以内，计算得到的阻塞（最大）质量流量为 34.67 kg/s，实验值为 34.96 kg/s。图 8.5 为该转子叶片在设计转速下的气动总体性能图，其中滞止效率的计算是基于能量平均总压比和质量平均总温比，计算得到的总体性能与实验值吻合较好，但总压比的预测略微偏低。

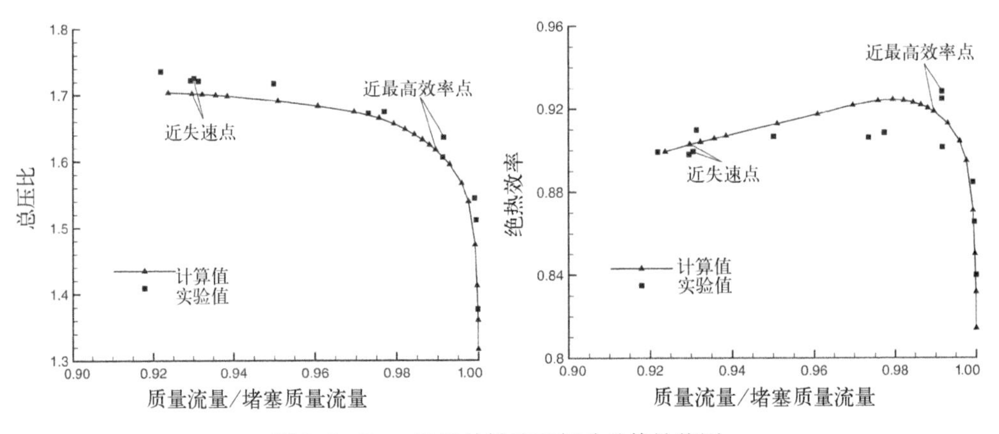

图 8.5　Rotor67 设计转速下气动总体性能图

和实验一样，针对一个近最高效率点工况和一个近失速点工况（见图 8.5）分析流场细节特性。对于近最高效率点工况，实验得到的总压比和滞止效率值分别为 1.642 和 1.164，计算值分别为 1.636 和 1.161。图 8.6 给出了该工况下站位 2 处周向平均后的总压比 P_t，总温比 T_t 和出口气流角沿展向分布的比较，数值结果整体上和实验测量值一致。对于近失速点工况，实验总压比和滞止效率值分别为 1.728 和 1.188，计算值分别为 1.703 和 1.181。图 8.7 比较了两者流场特性沿展向分布情况，相较于近最高效率点，近失速点工况的计算值偏差略大，尤其是在较大展长位置处，导致了图 8.5 中总压比的预测值偏低。

图 8.8 进一步给出了近最高效率点工况下 30%、70%和 90%展长处的相对马

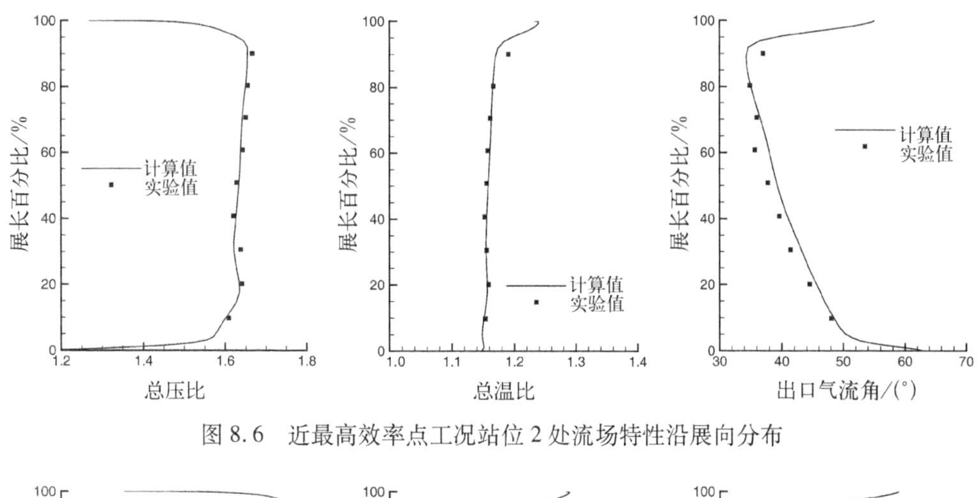

图 8.6　近最高效率点工况站位 2 处流场特性沿展向分布

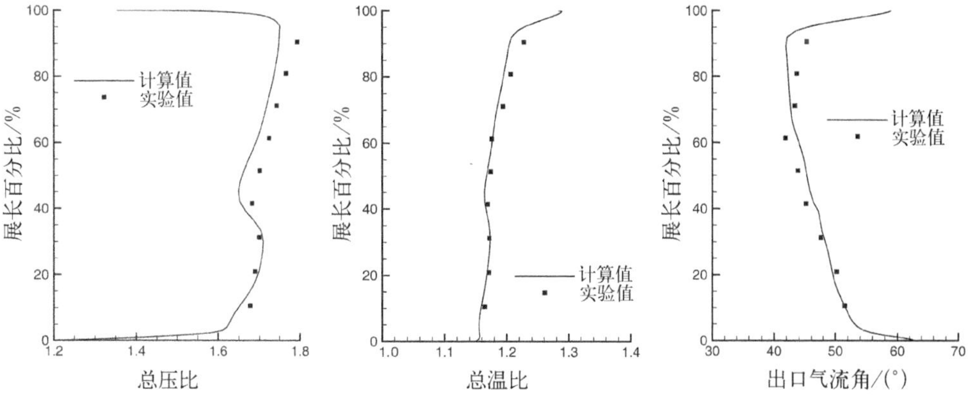

图 8.7　近失速点工况站位 2 处流场特性沿展向分布

赫数等值线图,数值结果清晰地反映了实验测量的流场结构特征。在 30%展长位置,除了前缘附近,流场中大部分区域都是亚声速流动;在 70%展长位置,由于较高的转动线速度,相对叶片的来流变为超声速并且出现两道激波,其中一道弓形激波贴附在前缘上,另一道激波出现在通道内且具有较宽的厚度,两者无明显干扰;到了 90%展长位置,进口相对来流速度继续提高,弓形激波与通道激波强度变大,激波厚度变窄,两者共同汇聚至相邻叶片吸力面上约 80%弦长位置处,它们相互之间以及和叶片附面层流动之间产生强烈干扰,由此形成了风扇叶片中典型的 λ -激波结构。

图 8.9 给出了近失速点工况下的相对马赫数等值线图,30%展长位置处的流场结构特征与近最高效率点工况类似,但是在高展长位置处只存在一道强烈的前缘脱体激波,激波后的流场完全下降至亚声速流动。工程上和数值计算中经常将激波脱体作为流动接近失速的一个重要现象。

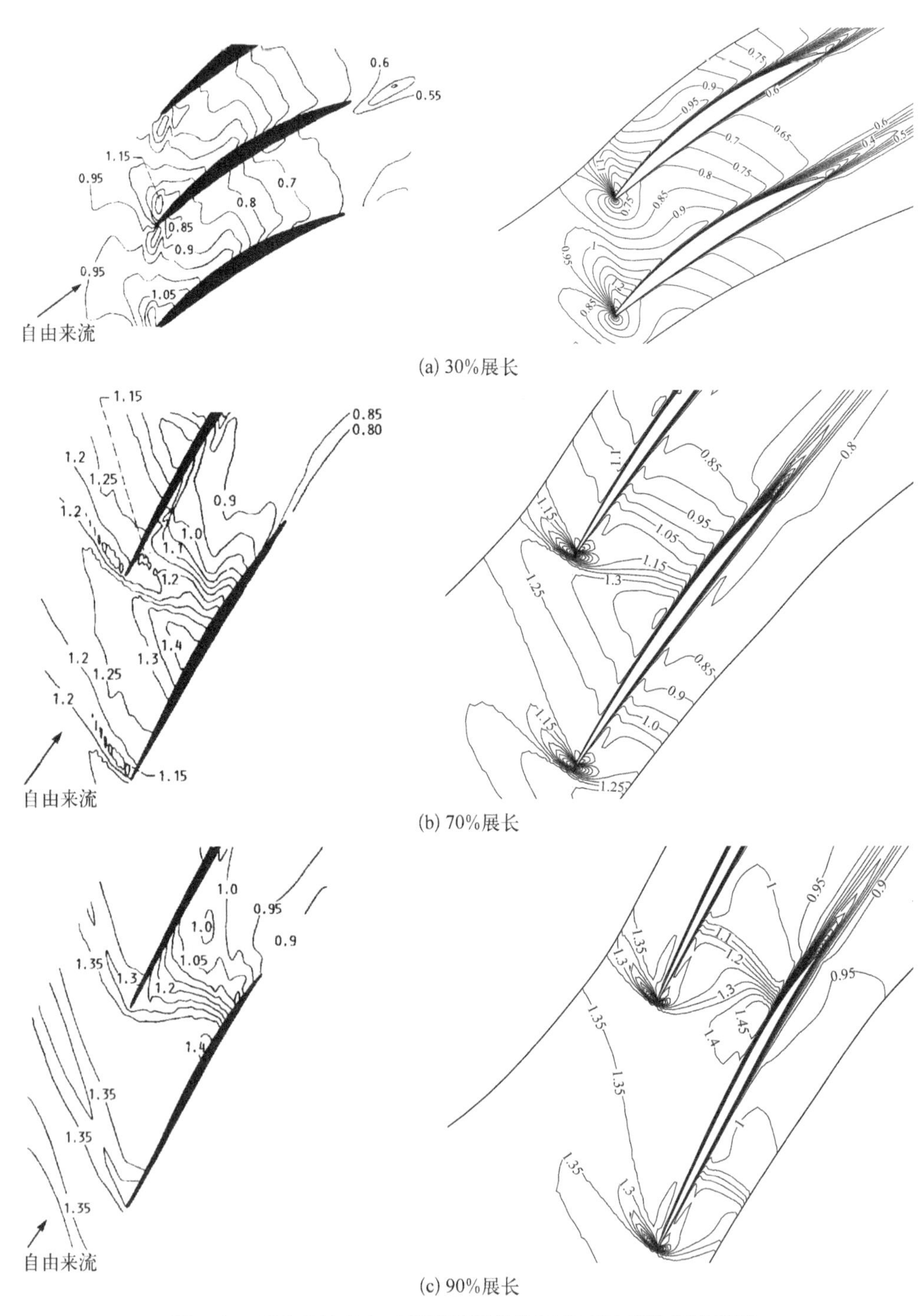

图 8.8　近最高效率点工况不同展长位置相对马赫数等值线图：
左图为实验测量结果，右图为计算结果

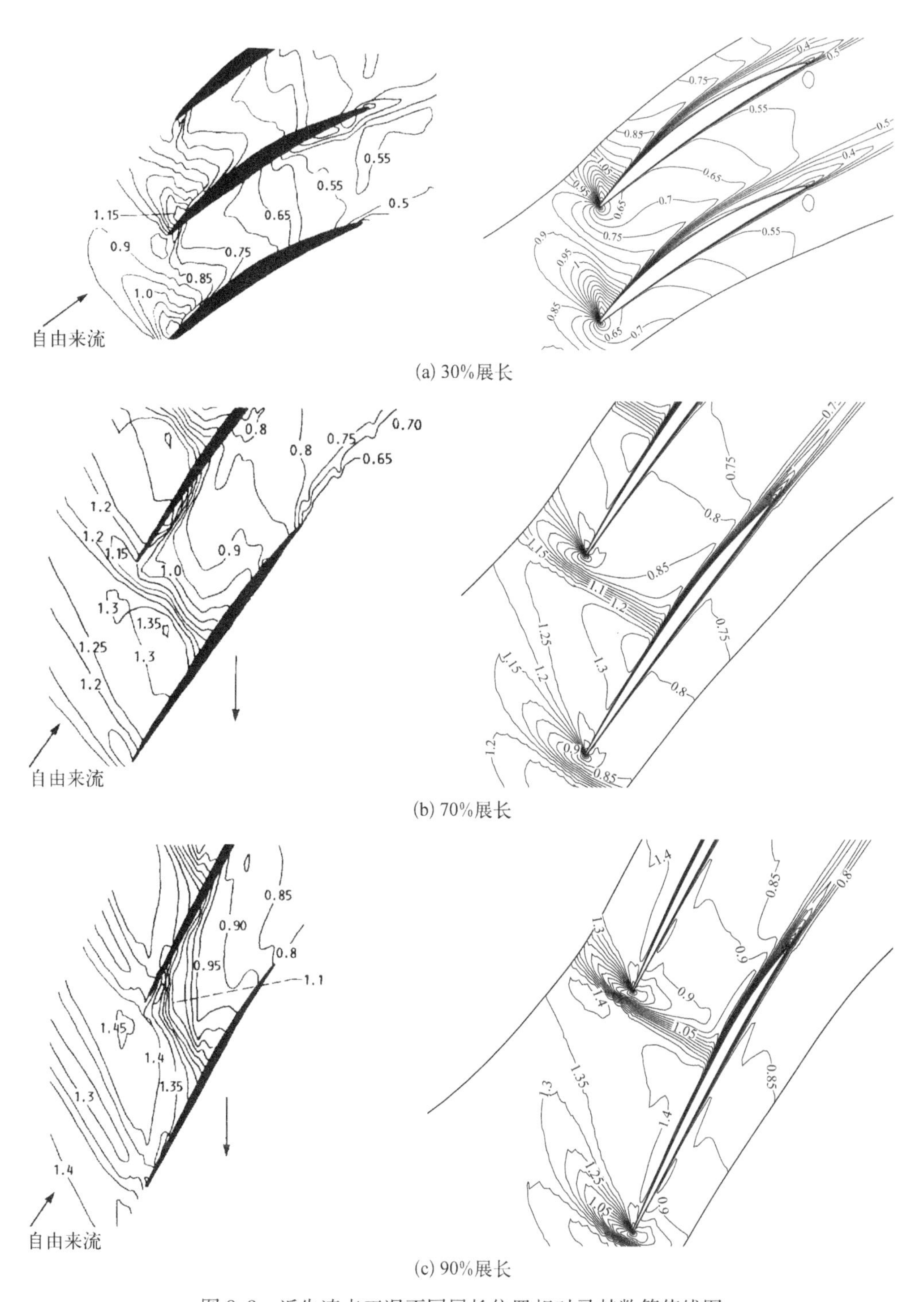

图 8.9　近失速点工况不同展长位置相对马赫数等值线图

8.2 叶轮机械非定常流动模拟

航空发动机具有复杂的非定常流动问题,如进口畸变、叶片振动和多级叶片中的动静叶排干扰等。本节将进一步阐述叶轮机械非定常流动 N－S 方程数值模拟方法,并对叶片振动、动静叶排干扰两类非定常问题进行详细讨论。

8.2.1 非定常 N－S 方程时间精确求解

基于任意拉格朗日-欧拉描述法,旋转坐标系下动网格系统中微分形式 N－S 方程如下:

$$\frac{\partial \rho}{\partial t} + \nabla\cdot(\rho(\boldsymbol{v}_{\mathrm{r}} - \boldsymbol{v}_{\mathrm{t}})) = 0$$

$$\frac{\partial \rho \boldsymbol{v}}{\partial t} + \nabla\cdot[\rho\boldsymbol{v}(\boldsymbol{v}_{\mathrm{r}} - \boldsymbol{v}_{\mathrm{t}}) + p\boldsymbol{I}] - \nabla\cdot\overline{\overline{\boldsymbol{\tau}}} = -\rho(\boldsymbol{\omega}\times(\boldsymbol{v} - \boldsymbol{v}_{\mathrm{t}}))$$

$$\frac{\partial \rho E}{\partial t} + \nabla\cdot[\rho E(\boldsymbol{v}_{\mathrm{r}} - \boldsymbol{v}_{\mathrm{t}}) + p\boldsymbol{v}] - \nabla\cdot(k\nabla T + \overline{\overline{\boldsymbol{\tau}}}\cdot\boldsymbol{v}) = 0 \tag{8.24}$$

式中,$\boldsymbol{v}_t = [u_{\mathrm{t}}, v_{\mathrm{t}}, w_{\mathrm{t}}]^{\mathrm{T}}$,为网格运动速度。对于静态网格,$\boldsymbol{v}_{\mathrm{t}} = 0$,上式退化成方程(8.6)。

与静态网格系统中控制方程(8.6)相比,方程(8.24)的守恒量 $\boldsymbol{W}$ 和黏性通量 $\boldsymbol{F}_{\mathrm{v}}$ 不变,而对流通量$\boldsymbol{F}_{\mathrm{c}}$ 和源项 $\boldsymbol{Q}$ 的积分形式如下:

$$\boldsymbol{F}_{\mathrm{c}} = \begin{bmatrix} \rho(V_{\mathrm{r}} - V_{\mathrm{t}}) \\ \rho u(V_{\mathrm{r}} - V_{\mathrm{t}}) + n_x p \\ \rho v(V_{\mathrm{r}} - V_{\mathrm{t}}) + n_y p \\ \rho w(V_{\mathrm{r}} - V_{\mathrm{t}}) + n_z p \\ \rho E(V_{\mathrm{r}} - V_{\mathrm{t}}) + pV \end{bmatrix}, \quad \boldsymbol{Q} = \begin{bmatrix} 0 \\ 0 \\ \omega\rho(w - w_{\mathrm{t}}) \\ -\omega\rho(v - v_{\mathrm{t}}) \\ 0 \end{bmatrix} \tag{8.25}$$

式中,$V_{\mathrm{t}} = \boldsymbol{n}\cdot\boldsymbol{v}_{\mathrm{t}}$。

动态网格系统和静态网格系统控制方程的空间离散方法相同,但是此时对流通量 Jacobian 矩阵$\boldsymbol{A}_{\mathrm{c}}$ 和相应特征值中的 V_{r} 被替换为 $V_{\mathrm{r}} - V_{\mathrm{t}}$ 。对于时间离散,由于非定常计算要求时间精确推进,因而采用双时间步长法,其中虚拟定常迭代仍采用

LU－SGS 隐式格式。

对于 SARC 湍流方程求解,只需将其中的 V_r 替换为 $V_r - V_t$。

在边界条件规定上,由于进出口及周期边界均保持不动,规定方式不变。考虑到网格运动,旋转轮毂物面和叶片物面的无滑移条件描述为

$$\boldsymbol{v}_w = \boldsymbol{\omega} \times \boldsymbol{r} + \boldsymbol{v}_t \tag{8.26}$$

而静止轮毂物面以及外壁机匣物面的无滑移条件描述为

$$\boldsymbol{v}_w = \boldsymbol{v}_t \tag{8.27}$$

8.2.2　叶片振动动态网格生成

采用动网格方法模拟叶片振动引起的动边界问题。对于图 8.10 所示的一个典型叶轮机械叶片计算域通道,已知叶片表面所有网格点变形,它们或是强迫振动的规定值或是求解结构运动方程的计算值。进出口面、周期面和轮毂面网格点的变形一般规定为 0。采用动网格方法插值出通道内所有网格点变形。

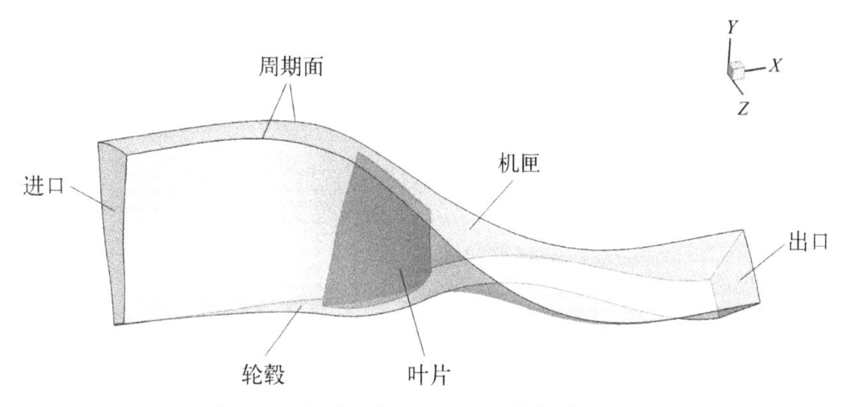

图 8.10　典型叶轮机械叶片计算通道示意图

如果机匣面上的网格点保持静止,那么当叶片变形时,叶尖与机匣间的间隙块会发生较大扭曲,如图 8.11a 所示。为了避免这个问题,允许机匣面上的网格点发生变形,但是需要保证网格点始终在机匣面上滑移,也就是保持机匣面形状不变。通过在动网格方法中引入一个额外的变形限制条件,得到高质量的间隙块变形网格,如 8.11b 所示。

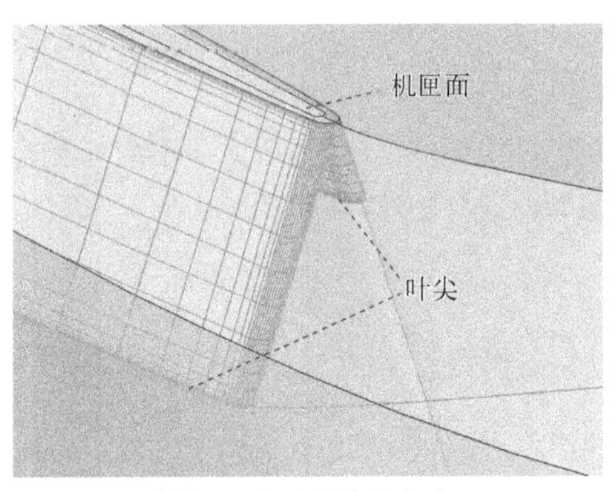

(a) 机匣面网络点保持静止

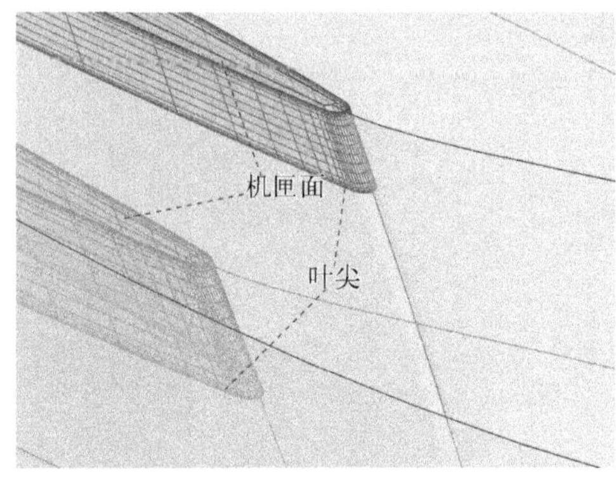

(b) 允许机匣面网络点滑移

图 8.11 叶尖与机匣间的间隙块网格：黑色线为原始网格，红色线为变形网格

8.2.3 动静叶排干扰模拟方法

多级/排叶片问题中同时存在转子叶排和静子叶排，相比于孤立叶排问题，此时还需要建立合适的动静叶排交界面处理方法。根据研究问题性质的不同，可分为定常交界面方法和非定常交界面方法两大类，定常交界面方法将在 8.6.3 节中介绍，本节主要讨论后者。

非定常交界面处理方法主要有整环模拟法、叶片约化法、相位延迟方法和非线性谐波方法等。整环模拟法最为精确，但是计算量十分巨大；叶片约化法实施简单且适应性强，但是常常需要调整叶片数，因而容易引入几何误差；相位延迟方法计算量较小且精度较高，但是对求解超过两个叶排的问题较为困难；非线性谐波方法由于可以控制傅立叶级数的阶数，因而能够获得较高精度，但是需要重新构建控制方程，理论基础和算法较为复杂。这里采用叶片约化方法，该方法是目前工程上最为常用的方法之一。

考虑任意一个相邻叶排的交界面，不妨将左侧叶排设为静子叶排，总叶片数为 N_s，右侧叶排设为转子叶排，总叶片数为 N_r。各自的栅距分别为 $P_s = 2\pi/N_s$ 和 $P_r = 2\pi/N_r$，为了满足交界面两侧组合栅距相同，要求满足以下条件：

$$K_s P_s = K_r P_r \tag{8.28}$$

式中，K_s 和 K_r 分别为计算域选取的静子和转子叶片通道数。如当 $N_s = 24$ 和 $N_r = 32$ 时，最为节约计算量的取法是 $K_s = 3$ 和 $K_r = 4$，这样只需要模拟八分之一整环。然而，实际问题中的叶片数由于互质的要求很可能无法进行这样的缩比，如 $N_s = 29$ 和 $N_r = 36$。对于这种情形，最简单的处理办法是调整叶片数目，但是需要使得调整前后叶片数的比值（调整因子）尽可能接近于 1，同时调整后的叶片数能够有较大的缩比(即需要模拟的叶片通道数尽可能少)。对于这个例子,如果将 N_s 减少至 27,那么调整因子为 0.931,缩比后需要模拟 3 个静子通道和 4 个转子通道;如果将 N_s 减少至 24,那么调整因子为 0.828,缩比后分别需要模拟 2 个静子通道和 3 个转子通道。显然,如何调整叶片数会影响到几何误差和计算量大小,实际应用时需要在它们之间进行权衡。

为了实现转子和静子通道之间物理量信息的交换,在动静交界面采用滑移面模型,任一时刻根据相邻叶排之间的相对位置对流动变量进行插值。由于交界面两侧网格单元一般不匹配,因而需要按一定的加权方式(如按两侧单元面对应面积占比)进行守恒型插值。实际应用时,为了简化插值过程,在建立静态网格时可以规定两侧网格点沿径向具有一致的分布规律,从而将其转化为一维插值问题。此外,为了模拟动静叶排相对位置的变化,任一时刻可以对实际的插值关系进行直接计算而不需要变动转子通道网格。

8.2.4　轴流式 Aachen 1.5 级涡轮非定常流场计算

图 8.12 给出了轴流式 Aachen 1.5 级涡轮的截面示意图,沿流向依次为静子 1、转子和静子 2,各排叶片的主要几何参数见表 8.2。采用叶片约化法对该涡轮进行模拟,由于转子和静子叶片数互质,这里将转子叶片数调整为 36,从而只需要模拟 1 : 1 : 1 的少量通道,调整因子为 0.878。

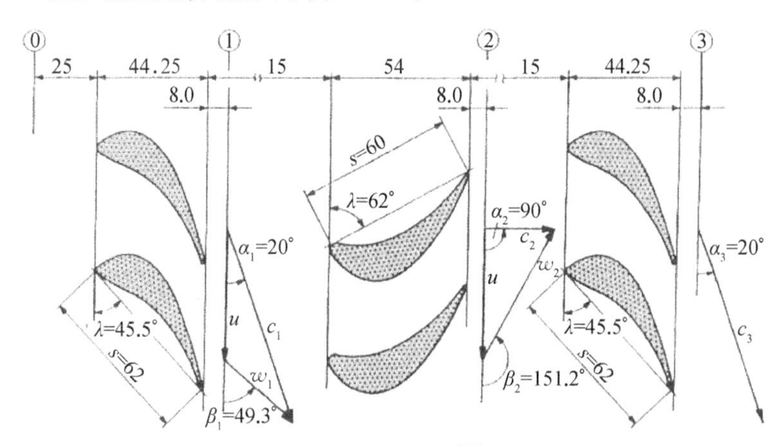

图 8.12　1.5 级涡轮截面示意图[36](长度单位: mm)

表 8.2　1.5 级涡轮各排叶片主要几何参数

	静子 1	转子	静子 2
叶片数	36	41	36
转速/(r/min)	0	3 500	0

续表

	静子 1	转子	静子 2
轮毂直径/mm	490	490	490
叶尖直径/mm	600	600	600
叶片展弦比	0.887	0.917	0.887
叶尖间隙/mm	0	0.4	0

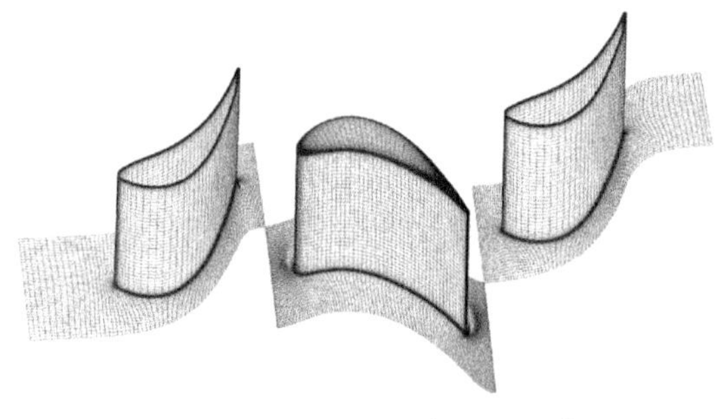

图 8.13 1.5 级涡轮计算网格示意图

图 8.13 展示了 1.5 级涡轮的计算网格，总网格数约为 161 万。流场计算在进口处给定均匀总压 169 500 Pa，均匀总温 305 K 和轴向气流角，出口设置为径向压力平衡方程条件，选取一个典型状态进行研究，出口轮毂处的静压规定为 112 500 Pa。非定常计算的物理时间步长取为一阶转子叶片通过频率 (blade passing frequency) 倒数的 1/120。由于计算通道数为 1 ∶ 1 ∶ 1，因而该问题只存在一个通过频率 f_p，定义为：

$$f_p = \frac{kN_b\omega}{60} \tag{8.29}$$

式中，$k = 1$ 代表阶数；N_b 为叶片数；ω 为转速，r/min。

图 8.14 给出了非定常计算得到的瞬时进口和出口质量流量随时间变化，图中横坐标的周期 T_p 为转子一阶叶片通过频率 f_p 的倒数，经过初始的几个过渡周期

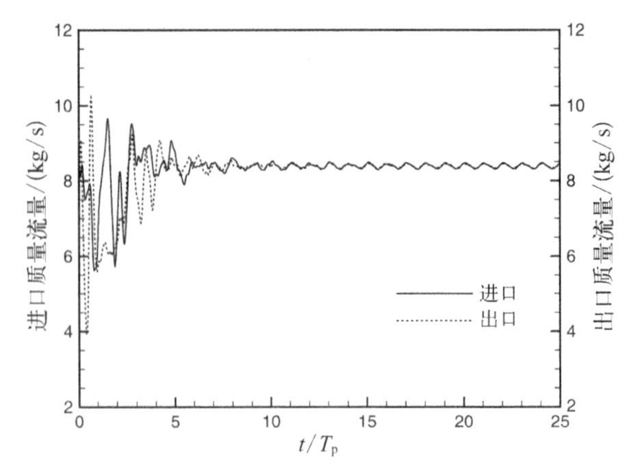

图 8.14 1.5 级涡轮瞬时进口和出口质量流量随时间变化

后,进出口质量流量逐渐达到平衡,且具有明显的周期性特征,振荡周期等于 T_p。图 8.15 还给出了瞬时落压比和总温比随时间变化,在大约6~7 个周期之后可以得到收敛的周期性变化的性能特性,计算得到的时均总压比为 0.834 7,总温比为 0.959。

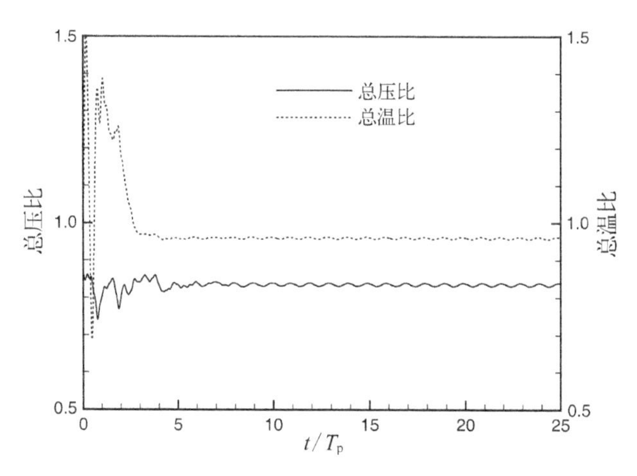

图 8.15　1.5 级涡轮瞬时总压比和总温比随时间变化

图 8.16 给出了计算得到的涡轮半展长处一个周期内不同时刻的熵增云图,出于流动展示目的,图中将转子叶排移动至其瞬时相对位置且每个叶排均显示了两个通道。熵值计算的参考状态取为进口流动参数,因而在进口附近区域几乎等于0。如图所示,在任意时刻,尾迹在穿过相邻叶排交界面时仍然保持连续且尾迹宽度没有非物理的突变。在静子 1 通道中,大部分区域的熵增值很小,而边界层和尾迹内因黏性效应而具有较大的熵增值。后缘处产生的尾迹会传播到下游流场,对相邻叶排的流场结构造成"剪切"效应,同时尾迹内较大的熵增也会一并传播到转

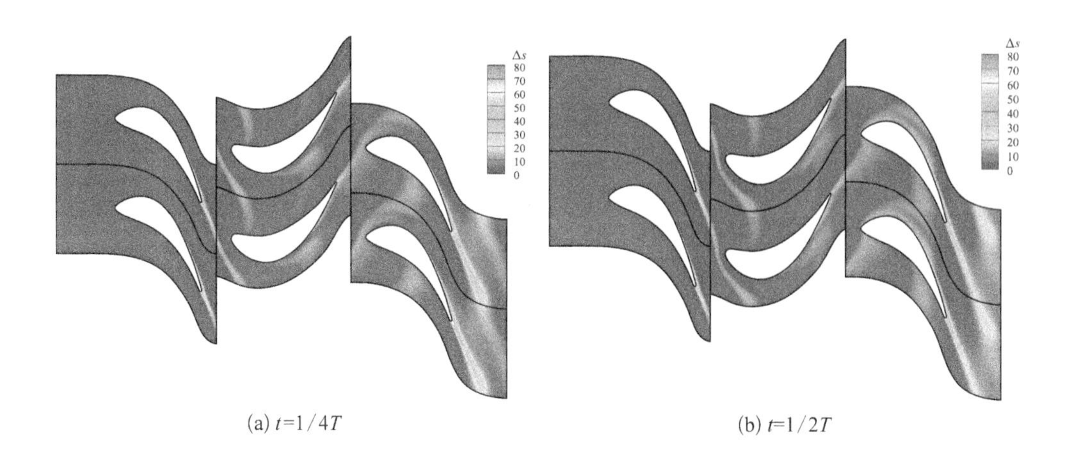

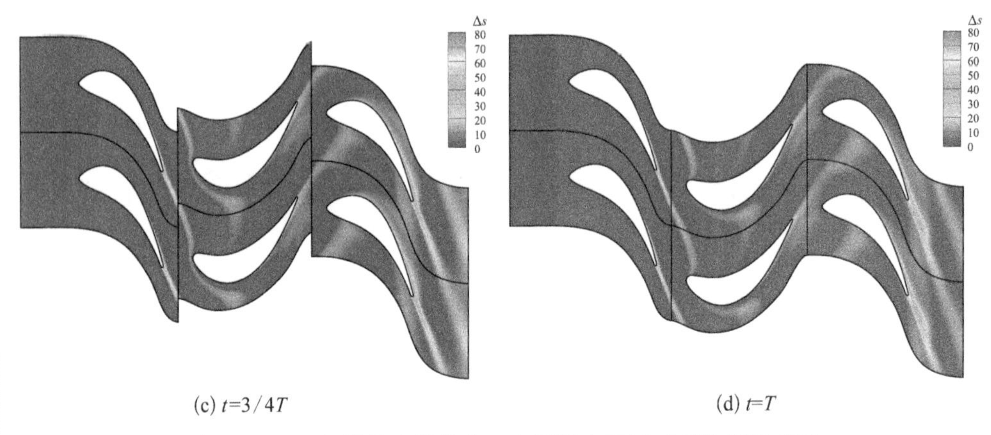

(c) $t=3/4T$　　(d) $t=T$

图 8.16　1.5 级涡轮半展长处一个周期内不同时刻的熵增云图

子叶排中。相似地,转子叶片后缘产生的尾迹也会影响下游叶排。由于前两个叶排的共同作用,静子 2 叶排中的大部分区域均具有较大的熵增值。以上流场特征定性地表明了动静叶排干扰问题数值模拟方法的合理性。

8.3　叶片静气弹 CFD/CSD 耦合计算

航空发动机叶片往往被设计成具有复杂弯扭特性的外形,任意微小的形状变化都有可能对气动性能产生显著影响,如叶型安装角、叶片后掠和倾斜,以及叶尖间隙大小等。同时,随着叶片设计向着更薄更轻的趋势发展,由离心力和气动力引起的弹性变形会导致冷态(加工)外形与热态(工作)外形之间的差异越来越大。为了能够在工作状态下变形为优化的叶片热态外形,冷态外形的设计精度至关重要。

航空发动机叶片静气动弹性问题分为两类:从冷态到热态外形的正问题和从热态到冷态外形的反问题。正问题一般用于对加工外形的校核,从而确保叶片在工作状态下能够达到设计的外形和性能指标。反问题则用于指导叶片冷态外形的设计、加工和制造。目前,工程上普遍根据实验测量和过往经验对叶片外形进行单次的“扣除”或者“补偿”,在精度上还有待提高。本节主要讨论两类静气弹问题的 CFD/CSD 耦合计算方法。

8.3.1　冷态至热态问题(静气弹正问题)

8.3.1.1　静气弹正问题 CFD/CSD 耦合算法

静气动弹性正问题给定冷态外形$\boldsymbol{x}_{\mathrm{cold}}^{*}$,目的是求解热态外形$\boldsymbol{x}_{\mathrm{hot}}$。不同于外流

飞行器，由于航空发动机转子叶片等做高速旋转，因此其总的结构变形包括两部分：由离心力引起的变形和由气动力引起的变形。

由离心力引起的结构变形求解是一个纯结构静力学问题，且通常需要考虑由叶片旋转引起的几何非线性效应，包括：

（1）应力刚化效应。旋转叶片受到向外的离心力（拉力），导致横向刚度显著增大。

（2）旋转软化效应。叶片旋转导致在非垂直于旋转平面方向上的刚度降低。

（3）跟随力效应。离心力始终指向旋转轴，当叶片变形时，离心力和叶片位移之间存在跟随关系。

在与流场模拟一致的笛卡尔坐标系下，不考虑其他外力作用，旋转叶片的静态平衡方程有如下形式：

$$(\boldsymbol{k}_e+\boldsymbol{k}_g-\boldsymbol{k}_c)\Delta\boldsymbol{x}_c=\boldsymbol{f}_c \tag{8.30}$$

式中，$\Delta\boldsymbol{x}_c$ 为相对于冷态外形 $\boldsymbol{x}^*_{cold}$ 的位移向量；$\boldsymbol{f}_c$ 为离心力向量且是 $\Delta\boldsymbol{x}_c$ 的函数；$\boldsymbol{k}_e$、$\boldsymbol{k}_g$ 和 $\boldsymbol{k}_c$ 分别代表系统的弹性刚度矩阵、应力刚化效应引起的几何刚度矩阵和旋转软化效应引起的离心势刚度矩阵，$\boldsymbol{k}_e$、$\boldsymbol{k}_g$ 的具体形式与结构单元类型密切相关，而 $\boldsymbol{k}_c$ 的形式如下：

$$\boldsymbol{k}_c=\hat{\boldsymbol{\Omega}}^{\mathrm{T}}\hat{\boldsymbol{\Omega}}\boldsymbol{m} \tag{8.31}$$

式中，$\boldsymbol{m}$ 为质量矩阵；矩阵 $\hat{\boldsymbol{\Omega}}$ 的表达式为：

$$\hat{\boldsymbol{\Omega}}=\begin{bmatrix} 0 & -\omega_z & \omega_y \\ \omega_z & 0 & -\omega_x \\ -\omega_y & \omega_x & 0 \end{bmatrix} \tag{8.32}$$

一般情况下，应力刚化的作用要大于旋转软化，因而考虑几何非线性计算得到的叶片离心变形要小于线性计算结果。采用增量迭代法求解非线性方程（8.30）。增量迭代法将载荷分成一系列载荷增量，在每一个载荷步内迭代求解方程（8.30）对应的增量方程，同时为了避免增量累计误差，采用了Newton-Raphson方法。在下一个载荷增量之前，通过调整刚度矩阵和载荷方向来反映结构的非线性变化。实际应用中，借助结构有限元分析软件Nastran中的非线性静力分析模块（Sol 106）来对旋转叶片有限元模型进行求解。

气动力引起的结构变形相对于叶片特征长度是一小量，因而可以忽略掉它引起的离心力的变化。基于离心力作用下的叶片外形 $\boldsymbol{x}_{cf}$（简称离心外形），计算气动力引起的变形属于流固双向耦合范畴。在气动力 $\boldsymbol{f}_a$ 作用下的结构平衡方程如下：

$$\boldsymbol{k}\Delta\boldsymbol{x}_a=\boldsymbol{f}_a \tag{8.33}$$

式中，$\Delta \boldsymbol{x}_{\mathrm{a}}$ 为相对于离心外形$\boldsymbol{x}_{\mathrm{cf}}$ 的位移向量；总刚度矩阵 $\boldsymbol{k}$ 代表了方程(8.30)左端括号内的所有项。

由于结构变形对气动力的反馈影响(即$\boldsymbol{f}_{\mathrm{a}}$ 随 $\Delta \boldsymbol{x}_{\mathrm{a}}$ 变化)，方程(8.33)需要进行迭代求解。在每一个迭代步中，定常气动力利用 CFD 计算；结构计算则采用线性静力分析方法，原因是一般情况下由气动力引起的变形 $\Delta \boldsymbol{x}_{\mathrm{a}}$ 较小且对结构刚度特性几乎没有影响。基于线弹性假设，求解结构方程(8.33)的主要方法有柔度法和模态法，但柔度法对于具有复杂三维变形特性的航空发动机叶片存在一定的局限性。因此采用模态法进行求解，首先根据振型叠加原理将任意位移向量 $\Delta \boldsymbol{x}_{\mathrm{a}}$ 表示为正规振型向量 $\boldsymbol{\phi}_i$ 的叠加：

$$\Delta \boldsymbol{x}_{\mathrm{a}} = \sum_{i=1}^{n} q_i \boldsymbol{\phi}_i = \boldsymbol{\Phi} \boldsymbol{q} \tag{8.34}$$

式中，n 代表所选取的总振型数；q_i 为第 i 阶振型广义位移；$\boldsymbol{\Phi}$ 为由 $\boldsymbol{\phi}_i$ 组成的振型矩阵；$\boldsymbol{q}$ 为由 q_i 组成的广义位移向量。将式(8.34)代入方程(8.33)，并在等式两端左乘$\boldsymbol{\Phi}^{\mathrm{T}}$，从而得到模态空间下的方程：

$$\boldsymbol{K}\boldsymbol{q} = \boldsymbol{F}_{\mathrm{a}} \tag{8.35}$$

式中，广义刚度矩阵 $\boldsymbol{K}$ 和广义气动力向量$\boldsymbol{F}_{\mathrm{a}}$ 分别定义为

$$\begin{aligned} \boldsymbol{K} &= \boldsymbol{\Phi}^{\mathrm{T}} \boldsymbol{k} \boldsymbol{\Phi} \\ \boldsymbol{F}_{\mathrm{a}} &= \boldsymbol{\Phi}^{\mathrm{T}} \boldsymbol{f}_{\mathrm{a}} \end{aligned} \tag{8.36}$$

由于振型向量的正交性，$\boldsymbol{K}$ 成为一个对角阵，从而方程(8.35)可以表示为 n 个解耦的单自由度方程：

$$K_i q_i = F_{\mathrm{a},i} \tag{8.37}$$

第 i 阶振型的广义刚度 K_i 与广义质量 M_i 之间有如下关系：

$$K_i = \omega_i^2 M_i \tag{8.38}$$

式中，ω_i 为第 i 阶振型固有动频率，即旋转叶片在考虑几何非线性效应下计算得到的频率，ω_i 大于叶片静止情况下的固有频率。实际应用中，各阶振型向量和频率通过 Nastran 非线性模块中的模态分析获得。

第 i 阶振型的广义气动力向量 $F_{\mathrm{a},i}$ 可由叶片表面 S 上的压强 $\boldsymbol{p}$ 和黏性应力 $\boldsymbol{\tau}$ 计算得到：

$$F_{\mathrm{a},i} = \oint_S \boldsymbol{\phi}_i^{\mathrm{T}} \cdot (\boldsymbol{p} + \boldsymbol{\tau}) \mathrm{d}S \tag{8.39}$$

振型向量定义在结构单元节点上，而气动力向量定义在气动网格面上。采用

流固耦合界面数据传递方法，将振型向量从结构点插值到气动网格点。只需预先进行一次插值，后续气动和结构计算均统一在气动网格上进行，相应的程序编写也较为简单。

每一迭代步 j 中，K_i 保持不变，$F^j_{a,i}$ 由针对当前气动外形的 CFD 计算得到，由方程(8.37)和(8.34)求得 q^j_i 和 $\Delta \boldsymbol{x}^j_a$ 后，采用动网格方法进行气动网格变形并进入下一迭代步，最终收敛依据为相邻迭代步之间的结构位移差异和气动力差异小于预设值。为了在增强迭代效率的同时避免迭代过程中的振荡现象，对 q_i 采用松弛技术：

$$\overline{q}^j_i = \alpha\overline{q}^{j-1}_i + (1-\alpha)q^j_i \tag{8.40}$$

式中，$\overline{q}_i$ 为松弛后的值；松弛因子 α 一般取为 0.5，当计算收敛后有 $\overline{q}_i = q_i$。

图 8.17 给出了静气弹正问题的计算流程。

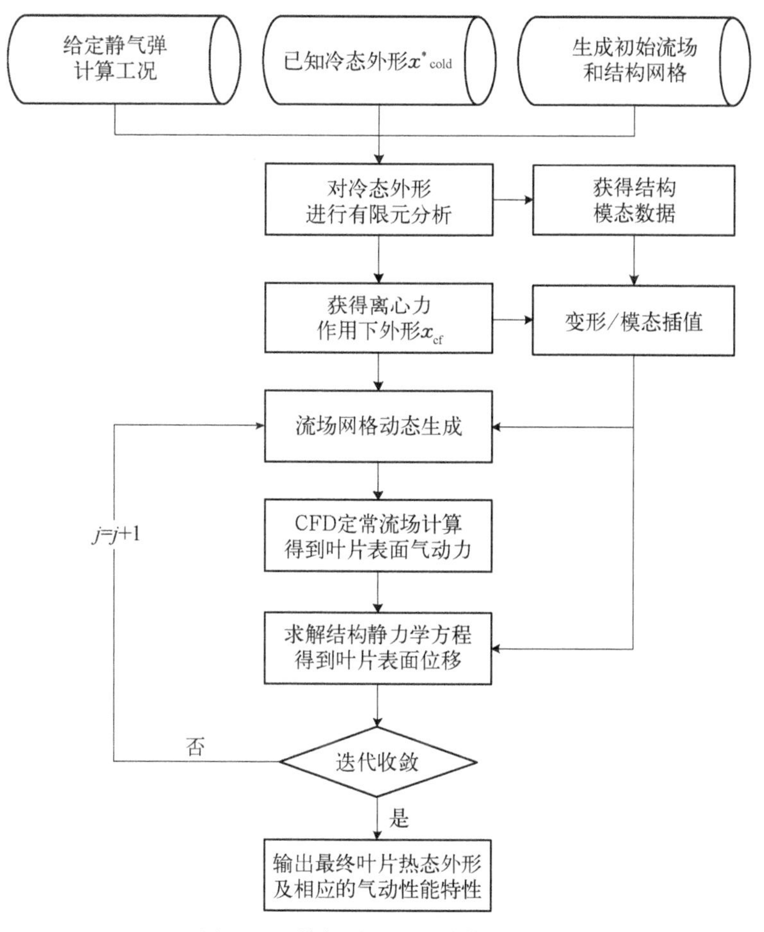

图 8.17　静气弹正问题计算流程图

8.3.1.2　Rotor37 静气弹正问题计算分析

针对跨声速轴流式压气机第一级转子叶片 Rotor37,开展静气弹正问题计算分析。Rotor37 子午面流道和关键的几何和性能参数分别见图 8.18 和表 8.3。原始的叶型坐标和几何数据均是针对叶片加工外形测量得到,因而已知外形实际上是冷态外形。现有 Rotor37 定常流场研究大多基于冷态外形,忽略了叶片弹性变形的影响。

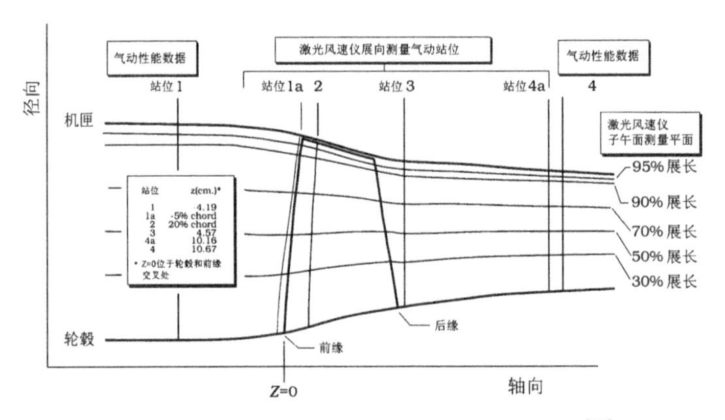

图 8.18　Rotor37 子午面以及气动测量点位置[37]

表 8.3　Rotor37 几何和设计参数

转子叶片数	36
叶片展弦比	1.19
叶尖间隙/mm	0.356
设计转速/(r/min)	17 188.7
设计叶尖速度/(m/s)	454.14
叶尖进口位置相对马赫数	1.48
设计质量流量/(kg/s)	20.19
设计总压比	2.106

流场计算网格采用和 8.1.5 节中 Rotor67 一致的拓扑结构和网格点分布。雷诺数为 8.2×10^5,进口给定均匀总压 101 325 Pa,均匀总温 288.15 K 及轴向气流角,出口为径向压力平衡方程条件。结构有限元建模方面,对 Rotor37 采用六面体实体单元建模,总单元数为 1 600 个,材料为 18Ni(200)马氏体时效钢(杨氏模量 190 GPa,泊松比 0.3,密度 8 000 kg/m^3),约束条件为叶片根部固支,预加一个和设计转速对应的惯性载荷。选取前六阶模态进行静气弹计算,表 8.4 列出了有限元分析得到的各阶模态振型示意图及固有频率。

表 8.4　Rotor37 模态振型示意图及固有频率　(单位：Hz)

	一阶	二阶	三阶	四阶	五阶	六阶
模态振型						
固有频率	f = 1 144.7	f = 2 566.4	f = 3 493.4	f = 4 895.0	f = 6 089.1	f = 6 932.5

静气弹计算以相应工况下的定常流场作为初场，并采取气动和结构同步收敛的方式，每一个外迭代步 j 中的流场计算内迭代步数统一取为 200。如图 8.19 所示，在近最高效率点工况(约 99.5%最大质量流量)，大约 10 个迭代步后即得到收敛的广义位移，以一阶弯曲模态占绝对主导，其余工况类似。

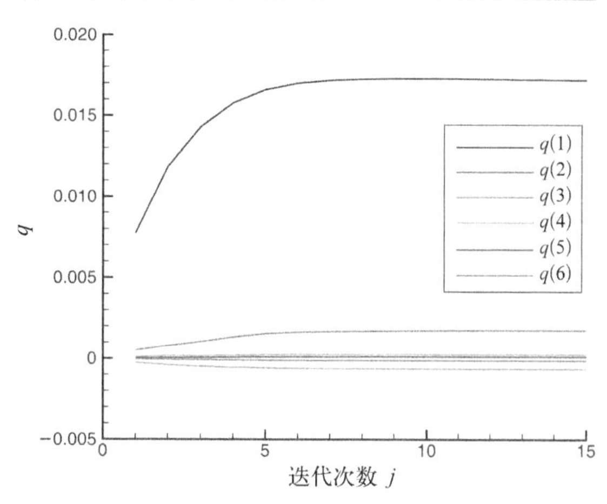

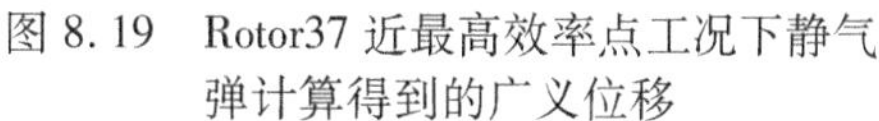
图 8.19　Rotor37 近最高效率点工况下静气弹计算得到的广义位移

图 8.20 给出了近最高效率点和近失速点(约 93%最大质量流量)两个典型工况下叶片总变形沿叶高的分布情况。从图中看出：叶片总变形随叶高方向逐渐增加，前缘(leading edge，LE)位移和安装角变化较为明显，而后缘(trailing edge，TE)位移沿叶高变化较为平缓；对于该转子叶片，不同气动工况下的变形差异较小，比较而言，近失速点下的变形略大。

由于叶片最大变形出现在叶尖截面，因此取该截面的前缘点和后缘点作为监测点，分析总变形的组成情况。将由非线性静力学计算得到的离心变形，以及不同工况下计算得到的气动变形列在表 8.5 中，其中位移被转换到柱坐标系下，即包括了轴向、径向和周向三分量。整体上，离心力引起的变形要大于气动力的贡献。具体来看，前缘处前者要略大于后者且方向相同，但是在后缘处前者要显著大于后者且方向相反，这一差异与离心力和气动力导致的叶片变形形式不同有关。其次，对于该转子叶片，轴向变形约占叶尖截面轴向长度的 1%~2%；径向变形占叶片展向

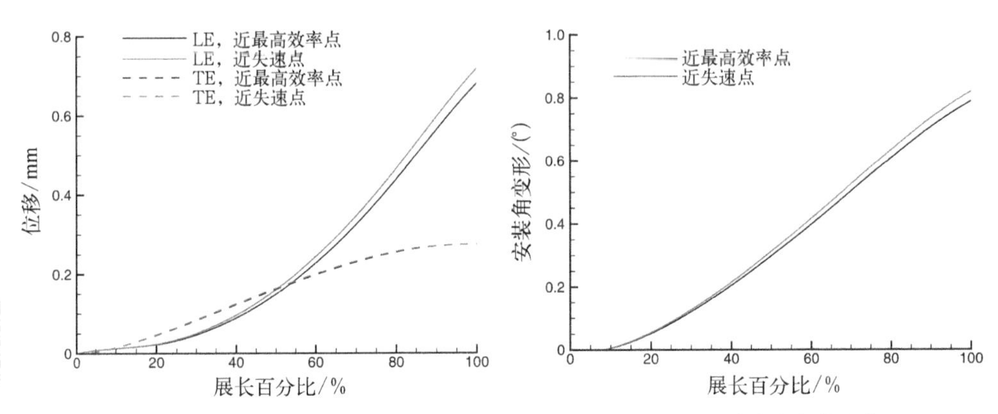

图 8.20　Rotor37 近最高效率点和近失速点工况下叶片总变形随叶高的变化

特征长度的比例小于 0.1%，但是相对于径向间隙距离的占比则在 12%～21%；前缘点和后缘点周向角位移使得叶尖截面安装角变化小于 1°[见图 8.20 右]。此外，两个工况下由气动力引起的变形十分接近，也说明了气动力的变化对该叶片变形的影响较小。

表 8.5　Rotor37 叶尖前、后缘点变形

		由离心力引起的变形	由气动力引起的变形
近最高效率点	叶尖前缘点	(−0.38, 0.060, 0.045)	(−0.20, 0.012, 0.035)
	叶尖后缘点	(0.28, 0.050, −0.049)	(−0.050, −0.007 7, 0.014)
近失速点	叶尖前缘点	(−0.38, 0.060, 0.045)	(−0.24, 0.014, 0.040)
	叶尖后缘点	(0.28, 0.050, −0.049)	(−0.048, −0.008 2, 0.014)

括号内数字为：轴向位移/mm，径向位移/mm，周向角位移/(°)

图 8.21 和图 8.22 分别展示子午面近叶尖区域和轴向−周向平面叶尖截面的变形情况。观察图 8.21 子午面上的变形可知：离心力使得叶片沿轴向“展开”，且变形后的叶尖间隙在前缘处略微变大而在后缘处显著变小，为了避免叶片与机匣壁面接触，需要在设计叶片冷态外形和间隙大小时考虑这一变化；考虑气动力作用后，将使得叶片前缘侧沿轴向进一步“展开”以及后缘侧“收缩”，同时也使得径向间隙略微变大。观察图 8.22 轴向−周向平面上叶尖截面变形可知：离心力引起叶片较为显著的扭转，而气动力主要引起叶片向吸力面侧的弯曲变形，同时也产生一定的扭转作用，这与图 8.19 中广义位移结果相符。图 8.21 和图 8.22 中近失速点和近最高效率点的外形比较也表明：由气动力变化导致的叶片变形差异很小。

接下来分析静气弹效应对气动性能的影响，图 8.23 对比了未变形(刚性)叶片和考虑静气弹变形(弹性)叶片计算得到的总体性能，图中还给出了实验数据和文献参考数据(未变形叶片的 RANS 计算结果)。刚性及弹性叶片计算出的最大质量流量分别为 21.06 kg/s 和 21.23 kg/s，后者偏大的原因主要在于叶片变形改变了通

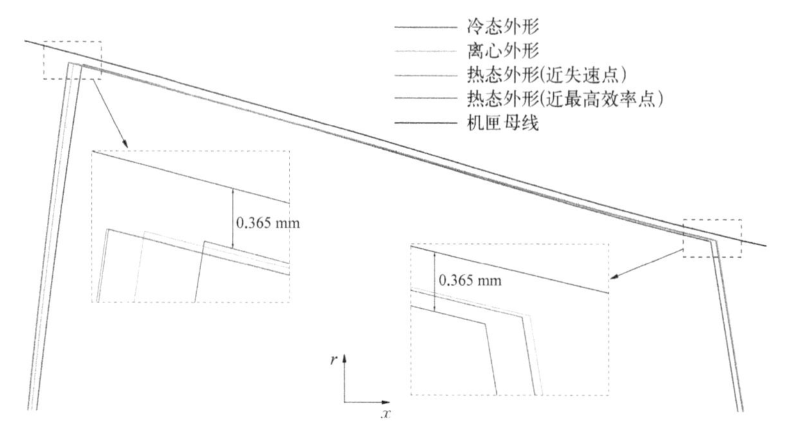

图 8.21　Rotor37 子午面近叶尖区域变形示意图

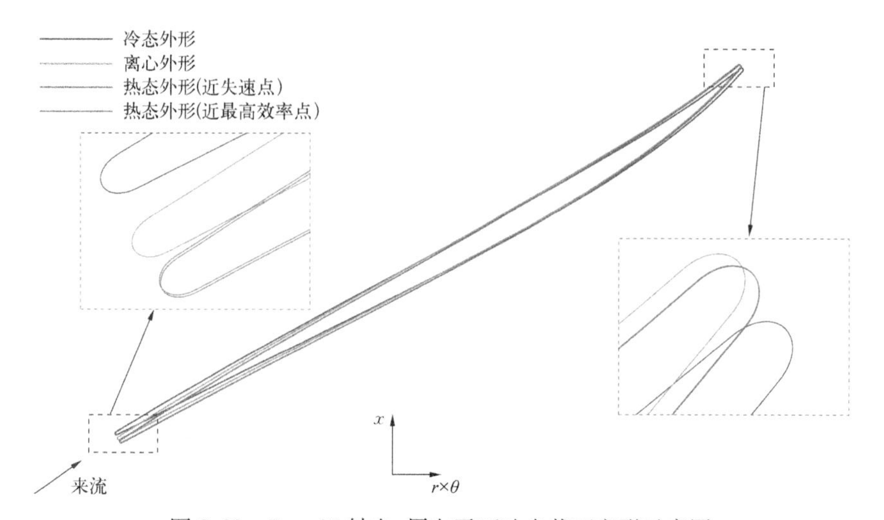

图 8.22　Rotor37 轴向-周向平面叶尖截面变形示意图

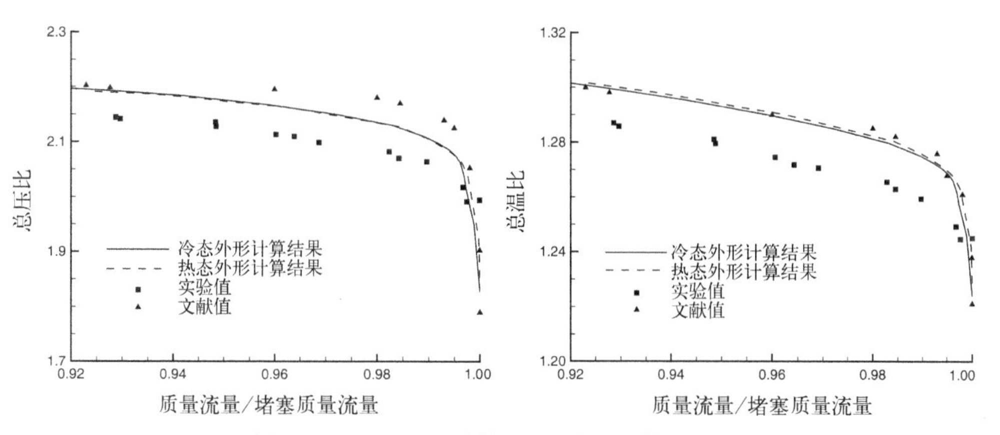

图 8.23　Rotor37 设计转速下的气动总体性能图

道几何喉道面积,以及叶尖间隙距离减小。数值预测的性能特性偏大,这一偏差很可能与进口边界条件未考虑到边界层效应和流场平均方式等有关。和刚性叶片相比,弹性叶片计算得到的总压比更接近实验值,但是总温比却整体偏大,原因主要是叶尖间隙距离的减小和叶片“展开”导致对气流做功的增加。

图 8.24 和图 8.25 进一步给出了近最高效率点和近失速点工况下出口流场特性沿展向分布。如图所示,刚性和弹性叶片之间,以及它们和实验值的偏差导致了总体性能的差异。在近最高效率点,刚性和弹性叶片预测的性能差异较小且和实验值吻合较好。在近失速点,刚性和弹性叶片预测的总压比均偏大,而弹性叶片在低展长处的总压比“低谷”更接近实验值,在总温比预测上,刚性叶片的结果要好于弹性叶片,但是在滞止效率的预测上则相反。

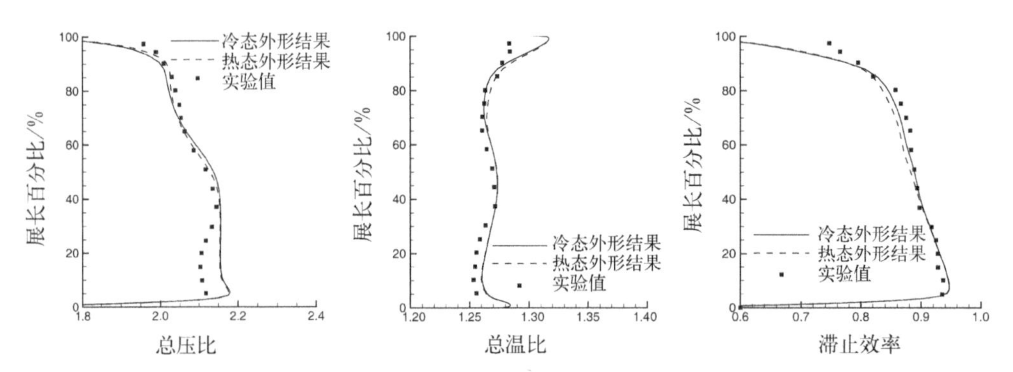

图 8.24　Rotor37 近最高效率点工况出口位置流场特性沿展向分布

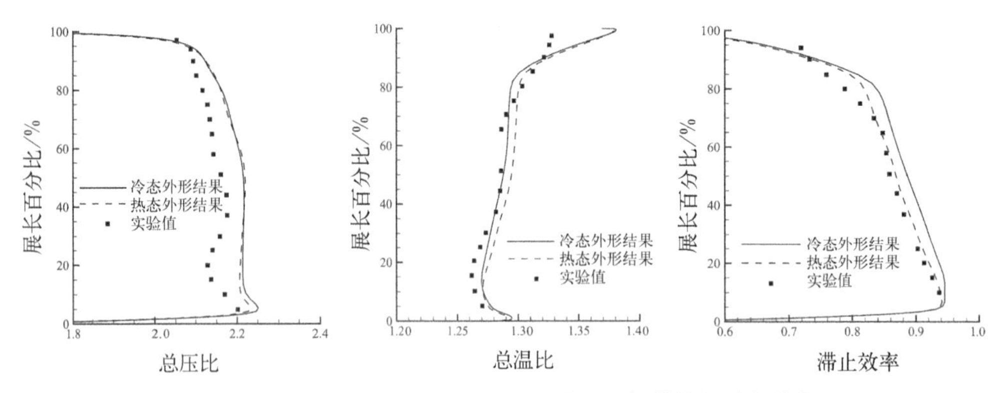

图 8.25　Rotor37 近失速点工况出口位置流场特性沿展向分布

从工程设计角度看,小展弦比 Rotor37 叶片的刚性较强,冷态至热态外形的弹性变形对它的气动特性影响整体上较小,出于简化目的,性能分析可以直接基于冷态外形进行计算。然而,对于刚性不强的大展弦比空心风扇叶片等,则不能忽略静气弹效应。

8.3.2　热态至冷态问题(静气弹反问题)

8.3.2.1　静气弹反问题 CFD/CSD 耦合算法

叶片静气弹反问题类似于机翼型架外形设计,已知设计工况下的热态外形 $\boldsymbol{x}_{\text{hot}}^{*}$,反推加工制造所需的冷态外形 $\boldsymbol{x}_{\text{cold}}$。由于离心力引起的变形计算和预应力模态分析均是基于冷态外形 $\boldsymbol{x}_{\text{cold}}$,而反问题中 $\boldsymbol{x}_{\text{cold}}$ 未知,因此需要采用迭代法求解。

假定第 k 次迭代后(采用 k 表示静气弹反问题中的外形修正迭代过程,目的是区别于正问题中采用 j 来表示为了得到收敛热态外形的迭代计算过程)得到一个预测的冷态外形 $\boldsymbol{x}_{\text{cold}}^{k}$,判断其是否为所需冷态外形的依据是其对应的预测热态外形 $\boldsymbol{x}_{\text{hot}}^{k}$ 与给定热态外形 $\boldsymbol{x}_{\text{hot}}^{*}$ 的接近程度。因而在每个迭代步,均需进行静气弹正问题计算,得到 $\boldsymbol{x}_{\text{cold}}^{k}$,如果 $\boldsymbol{x}_{\text{hot}}^{k}$ 满足:

$$\| \boldsymbol{x}_{\text{hot}}^{k} - \boldsymbol{x}_{\text{hot}}^{*} \| \leqslant \delta \tag{8.41}$$

则迭代结束,此时的 $\boldsymbol{x}_{\text{cold}}^{k}$ 即为满足要求的冷态外形,反之则进入下一次迭代。式中,符号 $\| \cdot \|$ 可以代表任意范数或它们的组合;δ 为预设的一个阈值。当进入下一次迭代 $k+1$ 时,更新的预测冷态外形 $\boldsymbol{x}_{\text{cold}}^{k+1}$ 可由下式计算:

$$\boldsymbol{x}_{\text{cold}}^{k+1} = \boldsymbol{x}_{\text{cold}}^{k} + \beta(\boldsymbol{x}_{\text{hot}}^{*} - \boldsymbol{x}_{\text{hot}}^{k}) \tag{8.42}$$

式中,参数 $\beta(\beta > 0)$ 用以控制迭代收敛历程,这里取为 1。当预测冷态外形更新后,结构离心外形和模态数据需要通过有限元分析重新得到,相应的 CFD 网格也需要更新。

初始的预估冷态外形可由工程估算等简化方法得到或者直接假定为

$$\boldsymbol{x}_{\text{cold}}^{0} = \boldsymbol{x}_{\text{hot}}^{*} \tag{8.43}$$

图 8.26 给出了静气弹反问题的计算流程。反问题计算共包括三层迭代循环:最外层为预测冷态外形 $\boldsymbol{x}_{\text{cold}}^{k}$ 的修正迭代过程;中间层为从预测冷态外形 $\boldsymbol{x}_{\text{cold}}^{k}$ 到相应热态外形 $\boldsymbol{x}_{\text{hot}}^{k}$ 的静气弹正问题迭代过程;最内层为正问题计算中每一个迭代步 j 内的流场迭代过程。

8.3.2.2　Rotor67 静气弹反问题计算分析

针对 8.1.5 节中的 Rotor67 风扇转子叶片,假定已知的叶片几何外形为最高效率点工况下的热态外形,开展叶片冷态外形设计计算。该工况下计算得到的质量流量为 33.945 kg/s(约 98%最大质量流量),总压比、总温比和滞止效率分别为

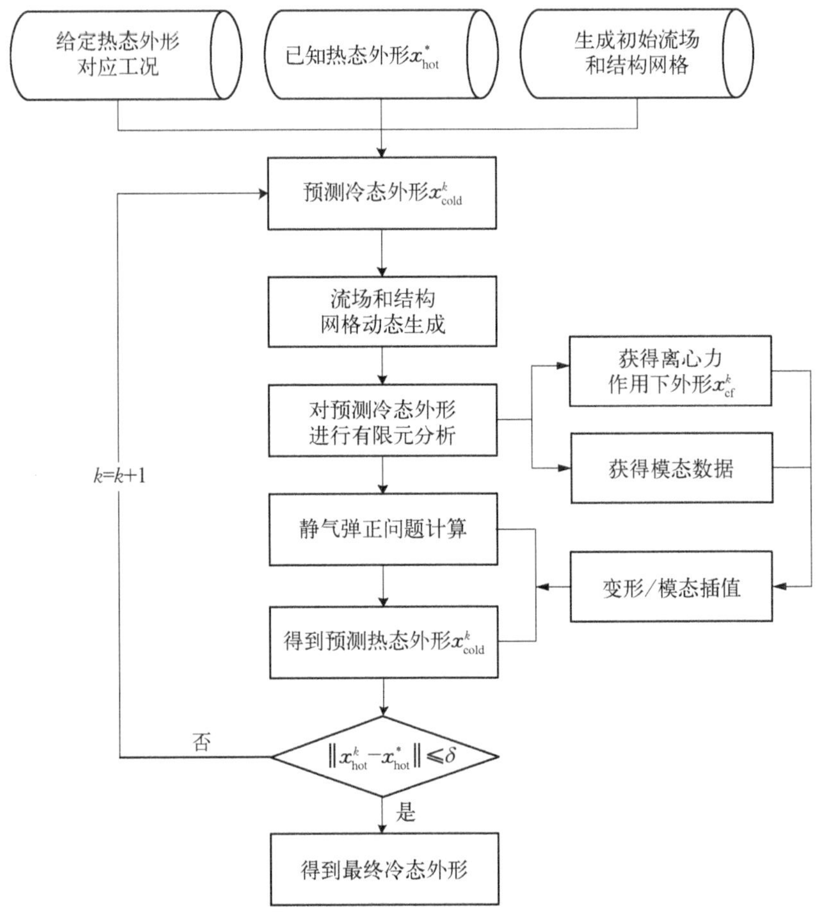

图 8.26　静气弹反问题计算流程

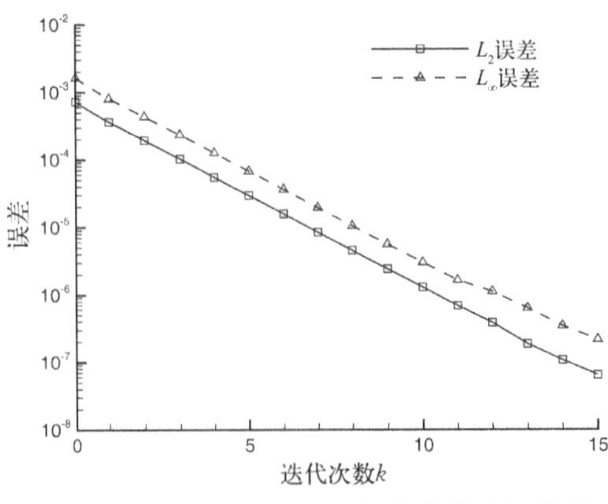

图 8.27　Rotor67 预测和目标热态外形间的误差随迭代次数的变化

1.656、1.168 和 0.925。初始流场计算网格、边界条件信息等均与 8.1.5 节中一致。结构有限元建模方面，叶片材料为钛合金（杨氏模量 109 GPa，泊松比 0.3，密度 4 400 kg/m^3），其余设置与 Rotor37 一致。

取前六阶模态进行冷态外形设计计算。在方程（8.41）中，采用预测热态外形$\boldsymbol{x}_{hot}^{k}$ 和目标热态外形向量$\boldsymbol{x}_{hot}^{*}$ 误差的 L_2 范数来判断是否收敛，阈值 δ 取为 L_2 误差下降至 10^{-7}。如图 8.27

所示，外形误差随迭代次数增加呈指数型下降，在第 15 次迭代完后，静气弹反问题迭代计算达到收敛。图 8.28 给出了预测热态外形气动性能变化过程，图中虚线为目标热态外形定常计算值，随着迭代次数增加，前者快速收敛于目标值。

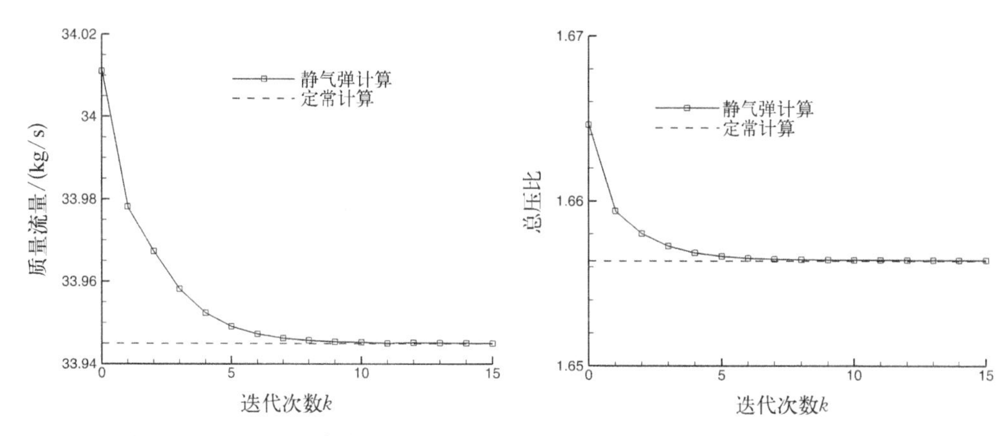

图 8.28　Rotor67 最高效率点工况下预测热态外形气动性能随迭代次数的变化

对最终的冷态外形进行离心力引起的非线性变形计算和预应力下的模态分析，模态提取结果见表 8.6，表中同时也给出了静气弹计算得到的各阶模态广义位移。类似于 Rotor37，也是一阶模态占绝对主导，因而由气动力引起的变形主要表现为一阶弯曲振型形式。

表 8.6　Rotor67 冷态外形的固有模态及静气弹计算得到的各阶模态广义位移

	一阶	二阶	三阶	四阶	五阶	六阶
振型						
固有频率/Hz	583.9	1 251.7	1 793.6	2 567.4	2 886.8	3 465.2
广义位移	0.068	0.001 9	−0.001 2	0.000 68	0.000 69	−0.000 40

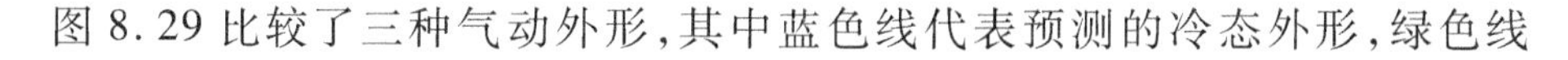

图 8.29 比较了三种气动外形，其中蓝色线代表预测的冷态外形，绿色线

为只有离心力作用下的离心外形，红色线代表最高效率点工况下的目标热态外形。能够直观看出：离心力和气动力均对叶片造成反扭(untwist)作用，且前者引起的变形远大于后者，这一点可由图 8.30 定量得到。同时由图 8.30 可知：前缘处的变形随叶高方向急剧变化，而后缘处的变形在较低展长位置变化较小，但是在超过 60%叶高后则会显著增加。在变形最大的叶尖位置处，位移能够超过 6 mm，安装角变化能够达到 2°，因而在分析 Rotor67 气动性能和颤振特性时需要考虑冷热态外形之间存在的这一显著差异。

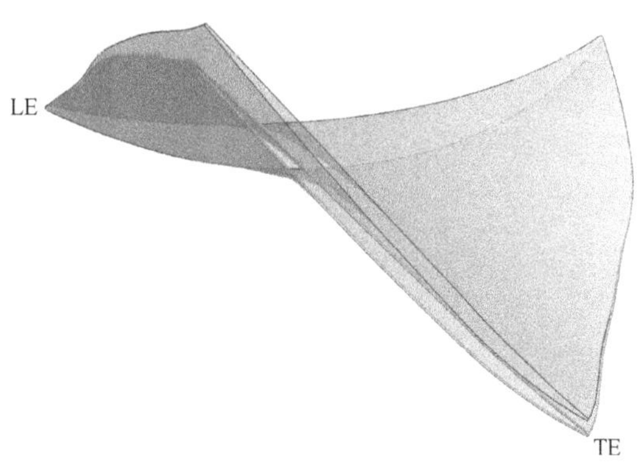

图 8.29　Rotor67 预测冷态外形(蓝)、离心外形(绿)和目标热态外形(红)比较

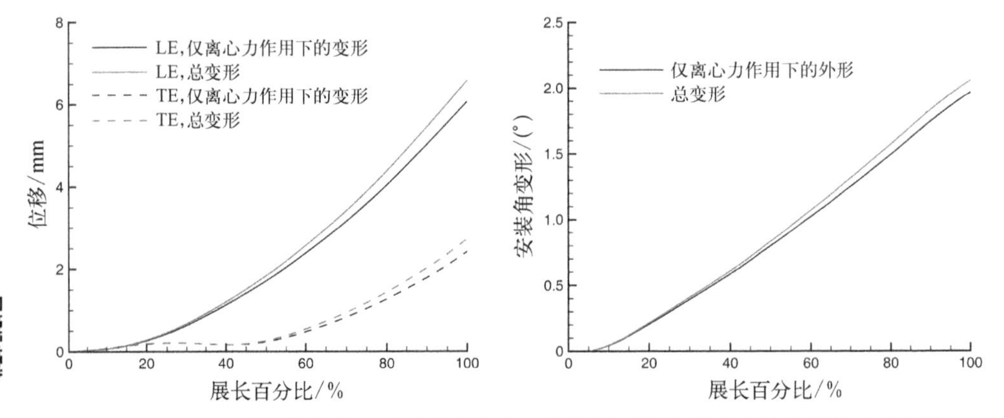

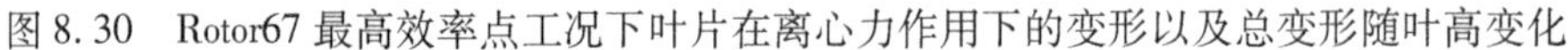

图 8.30　Rotor67 最高效率点工况下叶片在离心力作用下的变形以及总变形随叶高变化

仍取叶尖截面前缘点和后缘点作为监测点来比较分析离心力和气动力引起的变形，如表 8.7 所示，两者在前缘和后缘处引起的变形方向均一致。一方面在前缘位置，轴向总变形约占叶尖截面轴向长度的 10%，而径向的扩张变形甚至超过设计间隙距离，只是因前缘沿轴向的前移而并未与机匣面发生干扰(图 8.31)；另一方面，后缘处的变形相对较小，但是此时叶片的前掠会导致径向上出现向内收缩的情况，从而使得冷态外形后缘处的间隙距离略微小于热态外形。图 8.31 展示了子午面上的变形情况，为了得到所需的一致均匀的热态间隙距离，需要在设计冷态外形时考虑间隙距离沿轴向的变化。图 8.32 展示了轴向-周向平面上叶尖截面的变形情况，其变形形式既包括了最主要的弯曲变形，同时对应安装角变化的扭转变形也不能忽略。

表 8.7　Rotor67 最高效率点下叶尖前缘点和后缘点变形

	由离心力引起的变形	由气动力引起的变形
叶尖前缘点	(-4.18, 0.81, 0.97)	(-0.33, 0.05, 0.09)
叶尖后缘点	(-0.64, -0.13, 0.54)	(-0.15, -0.03, 0.07)

括号内数字为：轴向位移/mm,径向位移/mm,周向角位移/(°)

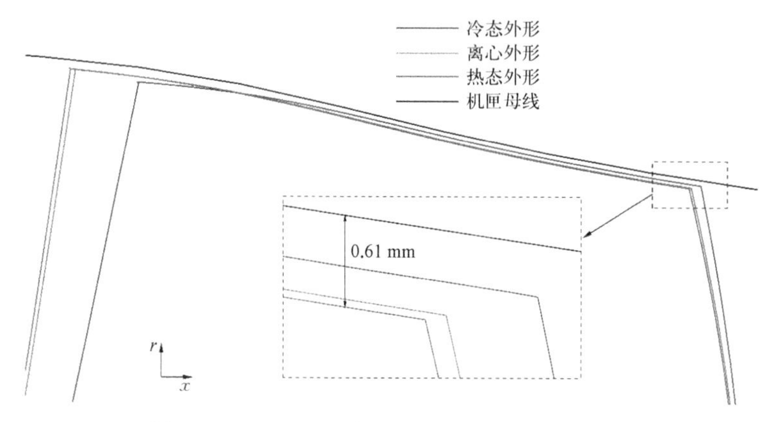

图 8.31　Rotor67 子午面近叶尖区域变形示意图

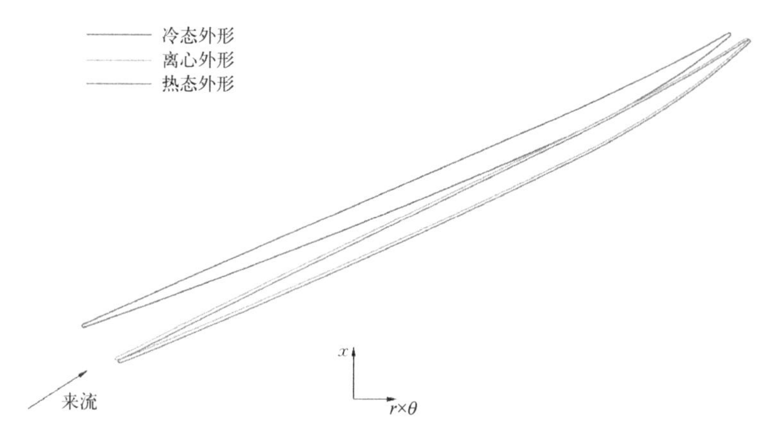

图 8.32　Rotor67 轴向-周向平面上叶尖截面变形示意图

在流场特性方面,由于冷态和热态外形之间显著的差异,对前者进行定常计算得到的性能参数必然存在较大误差,在工程上应当加以考虑。本算例更关注采用固定热态外形与采用动态热态外形对叶片气动性能带来的差别。具体来说,前者忽略不同工况下气动力变化导致的热态外形差异,只需要基于已知的单一热态外形进行所有工况下的定常计算;后者则考虑到不同工况下的热态外形差异,因而在每个工况都需要基于冷态外形进行一次静气弹正问题计算。

当采用动态热态外形进行总体性能计算时，选取和固定热态外形相同的一系列计算工况，即保证出口反压一致。图 8.33 比较了二者的计算结果，整体上没有较大差别，但是动态热态外形的总压比特性和滞止效率特性更加接近实验值，并且失速裕度范围也更大。

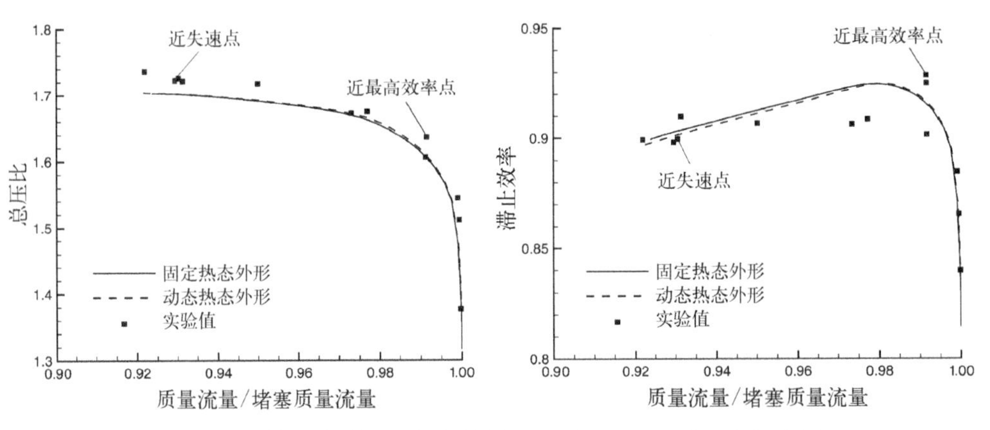

图 8.33 采用不同热态外形计算得到的 Rotor67 气动总体性能图

在流场细节方面，图 8.34 和图 8.35 分别给出了近最高效率点、近失速点两个典型工况下站位 2 处流场特性沿展向分布情况。如图 8.34 所示，在近最高效率点，由两种热态外形计算得到的站位 2 处流场特性沿展向分布几乎完全重合。原因是在该静气弹反问题算例中，已知的热态叶片外形被假定为最高效率点下的外形并基于该目标来求解冷态叶片外形，因而在最高效率点附近，所得到的动态热态外形和已知的目标热态外形必然十分接近，相应的气动性能也几乎没有差异。在近失速点，受气动力变化影响，两种热态外形之间存在差别，从而导致图 8.35 中的性能差异，且这一差异随着叶高的增加而加剧；和总体性能一样，由动态热态外形

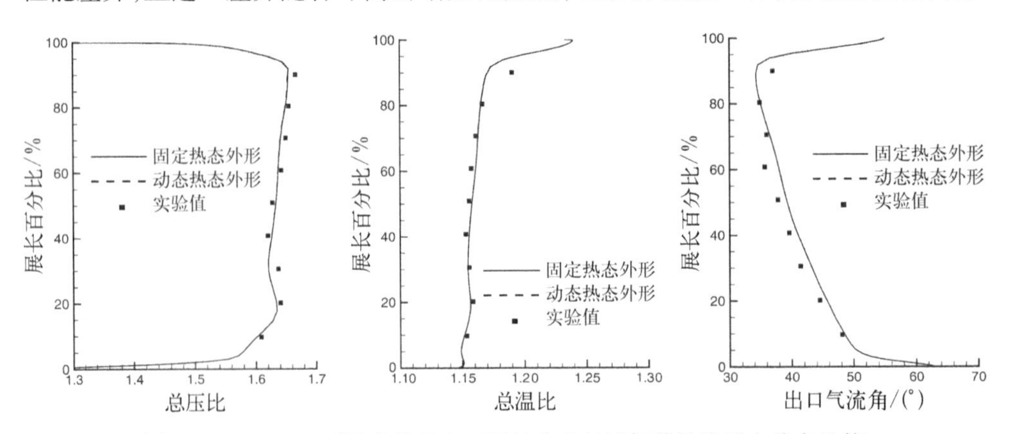

图 8.34 Rotor67 近最高效率点工况站位 2 处流场特性沿展向分布比较

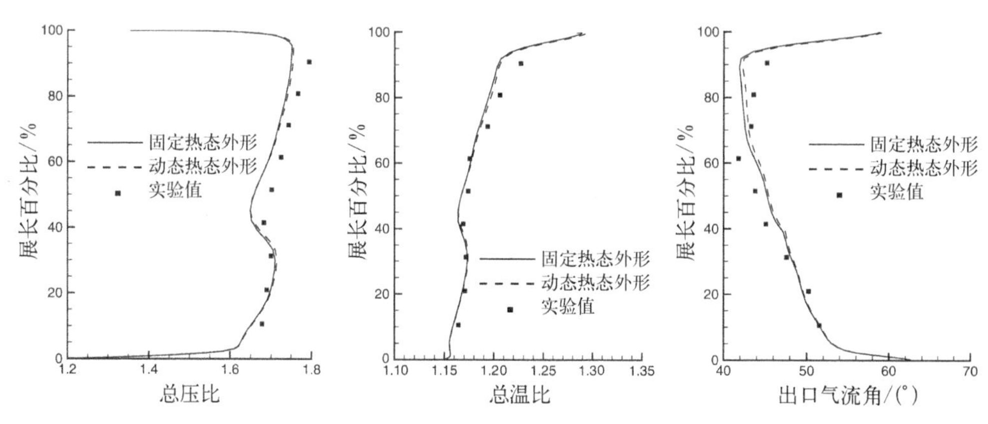

图 8.35　Rotor67 近失速点工况站位 2 处流场特性沿展向分布比较

计算得到的结果更为接近实验值。Rotor67 流场特性分析表明：当计算此类叶片性能时，有必要考虑静气弹变形随计算工况的变化，且采用动态热态外形相比于常规的固定热态外形能够得到更加准确的结果。

8.4　基于能量法的振荡叶片流场和颤振计算

航空发动机最为常见的颤振类型是亚/跨声速失速颤振，往往表现为某阶振型单自由度颤振且振动频率保持为该阶模态固有频率。失速颤振一般出现在叶片负荷较大的失速点附近，因而和流动分离和边界层效应密切相关。

能量法规定叶片做强迫振动，通过计算某阶固有模态一个振动周期内非定常气动力对叶片所做的功可以得到气动阻尼系数，由此判断叶片气弹稳定性。所选取的模态一般为具有潜在颤振危险的主要模态，如一阶弯曲和一阶扭转等。利用能量法不仅能够对给定任意叶片和工况进行颤振预测，还能够方便地进行各种影响参数分析，如叶片几何参数（展弦比、安装角和叶间间隙大小等），结构参数（折合频率、质量比和叶间相位角等），以及流场特征参数（折合转速、折合流量和增压比等）。特别地，叶间相位角（inter blade phase angle，IBPA）是叶轮机械特有的一个重要因素，对非定常流场和颤振特性有着较为显著的影响。

8.2 节已经介绍了叶片振动动边界问题的 CFD 模拟方法，本节主要讨论如何高效地计算具有任意 IBPA 的振荡叶片非定常流动，以及预测颤振。

8.4.1　叶间相位角问题

当颤振发生时，相邻叶片间一般存在振动相位差。叶间相位角因素十分复杂，它可能是一个固定值,也可能是一个无明显规律的变化值。当基于能量法进行叶片颤振计算时,为了突出叶间相位角因素的影响,同时简化数值计算,经常采用 Lane 提出的行波模型。该模型假定所有叶片具有相同的振动幅值和频率,但是相邻叶片间存在一个恒定相位差 σ。根据 σ 增加的方向与转动方向是否一致又可分为前行波和后行波模式,对于前者,有 $0° < \sigma < 180°$,对于后者,则有 $-180° < \sigma < 0°$ 或者 $180° < \sigma < 360°$。

当 σ 等于 0 也即相邻叶片振动不存在相位差时,叶片非定常流动模拟可以采用单通道模型。但需要注意的是,叶片是在静气弹平衡位置附近做强迫振动,因而基础外形应当是热态外形,如果已知的是冷态外形,则需要先进行外形转换。

当 σ 不等于 0 时,两侧周向边界上的简单周期条件不再成立。为了仍然能够应用周期边界条件,最直观的方法是采用多通道模型,此时计算通道数 K 与 σ 的关系为

$$K = \frac{360}{\sigma} \tag{8.44}$$

通常为了找到导致叶片气弹稳定性最差的叶间相位角,往往需要遍历所有可能的 σ,这将带来两个问题。第一,对于 σ 较小的情况,所需要的通道数将会非常多,对计算资源要求很高;第二,多通道模型只适用于部分能被 360 整除的相位角,具有局限性。为了克服上述困难,一种简单有效的解决方案是采用相位延迟边界条件来代替常规的周期边界条件。

8.4.2 相位延迟类方法

8.4.2.1 相位延迟思想

考虑如图 8.36 所示的振动叶片和单通道计算模型,"ab"表示上游周向边界,"cd"表示下游周向边界。根据 Lane 行波模型,所有叶片均以恒定幅值 x_0、频率 ω 和相位差 σ(以下均以弧度表示)做简谐振动。当进口来流攻角和叶片振幅较小时,流场仍具有空间上的周期性特征,此时任意流动变量 q 在"ab"边和"cd"边上存在如下时间延迟关系:

$$\begin{aligned} q_{ab}(\boldsymbol{r}_c,\ t) &= q_{cd}(\boldsymbol{r}_c,\ t - t_p) \\ q_{cd}(\boldsymbol{r}_c,\ t) &= q_{ab}(\boldsymbol{r}_c,\ t - (T - t_p)) \end{aligned} \tag{8.45}$$

对于直角坐标系下的速度分量,还需要考虑上游和下游之间的变换关系。式中,$\boldsymbol{r}_c = [x,\ r]^{\mathrm{T}}$ 表示两侧周向边界上对应一致的位置向量,包含了轴向坐标和径向坐

标分量。周期 T 和相延迟时间 t_p 由下式计算得到，即

$$T=\frac{2\pi}{\omega},\ t_p=\frac{\sigma}{\omega} \tag{8.46}$$

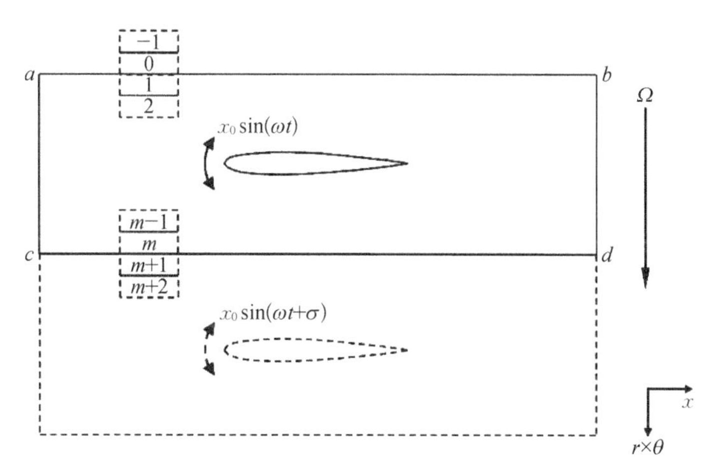

图 8.36　振动叶片及单通道计算模型截面示意图

8.4.2.2　直接存储法

当在绝对坐标系下观察时，由式(8.45)可知，“ab”边上在时刻 t 时的瞬时流场与“cd”边上在时刻 $t-t_p$ 时的流场等价，而“cd”边上在时刻 t 时的瞬时流场又与“ab”边上在时刻 $t-(T-t_p)$ 时的流场等价。根据该延迟关系，一种模拟具有非零 σ 的叶片振动流场的简单方法为直接存储法(direct store method)。

直接存储法基于单通道计算模型，将两侧周向边界上随时间变化的流场信息存储起来。在每一新时刻，边界上的流动变量由当前计算值，以及由时间延迟关系索引得到的存储值进行重新计算(修正)。这一做法较为直观且对计算程序改动较小，但是最大的缺点是需要存储所有时刻边界上的流动变量。为了克服这一缺陷，注意到时间延迟关系始终保持在一个振动周期内，因而可以只存储两侧周向边界上一个周期内的流场信息，进而在每一新时刻规定边界值的同时也对该时刻对应的存储值进行更新。

不妨假定一个振动周期 T 被划分为 5 个均匀的时间步 Δt，相延迟时间 t_p 等于 $2\Delta t$，对推进时间从初始时刻 0 开始进行编号，如图 8.37 所示。首先观察上游“ab”边，在当前时刻 7，计算该边上流动变量需要上游“cd”边在时刻 5 的值，因而对“cd”边上变量的存储至少要从时刻 5 开始。考虑到极端情况下当 t_p 几乎等于 T 时，对“cd”边上变量的存储要从时刻 2 开始，这里出于通用性目的存储了 2~6 时刻一个完整周期内的变量，如图中实线大括号所示。在对当前时刻 7 计算完毕后，

时刻 2 的存储值即被时刻 7 取代，从而有更新后存储了 3～7 时刻变量的周期 T'。类似地，当计算“cd”边上的变量时，虽然其与“ab”边有 3 个时间步的延迟关系，但是“ab”边上的变量存储周期与“cd”边保持一致，如图中虚线大括号所示。

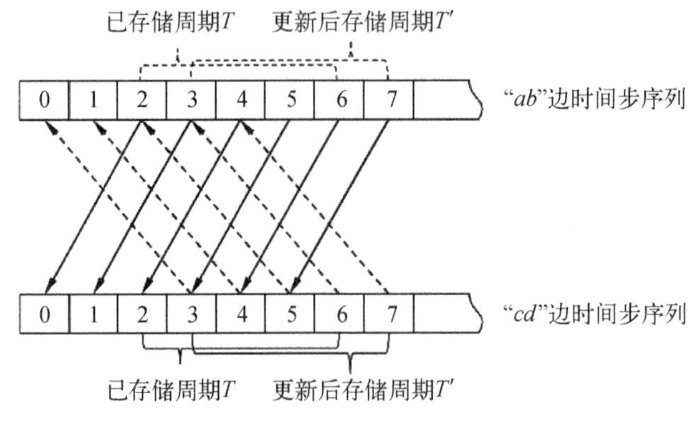

图 8.37　直接存储法简单示意图

上述过程中对边界上流动变量的修正和存储均是基于格点格式，对于本书采用的格心格式，则需要利用边界附近的虚拟单元，这里出于构造数值离散格式的目的考虑了两层虚拟单元。如图 8.36 所示，“1”和“2”分别代表上游周向边界任意位置$\boldsymbol{r}_c$ 处第一层和第二层内场单元，“0”和“-1”分别代表相邻的第一层和第二层虚拟单元；“m”和“$m-1$”分别代表下游周向边界$\boldsymbol{r}_c$ 处第一层和第二层内场单元（m 为周向网格单元数），“$m+1$”和“$m+2$”则分别为相邻的第一层和第二层虚拟单元，此时式(8.45)相应地变为

$$
\begin{aligned}
q_{-1}(\boldsymbol{r}_c,\ t) &= q_{m-1}(\boldsymbol{r}_c,\ t-t_p)\\
q_0(\boldsymbol{r}_c,\ t) &= q_m(\boldsymbol{r}_c,\ t-t_p)\\
q_{m+1}(\boldsymbol{r}_c,\ t) &= q_1(\boldsymbol{r}_c,\ t-(T-t_p))\\
q_{m+2}(\boldsymbol{r}_c,\ t) &= q_2(\boldsymbol{r}_c,\ t-(T-t_p))
\end{aligned}
\tag{8.47}
$$

基于格心格式，直接存储法将对虚拟单元内的流动变量值进行规定，而对边界附近内层单元的流动变量值进行存储。改进后的直接存储法在一定程度上限制了存储量要求上限，但是三维黏流问题所需求的内存仍然十分庞大。此外，该方法还容易引起收敛缓慢甚至计算发散，主要原因是上述循环过程对流场中的数值扰动较为敏感，误差难以有效衰减。

8.4.2.3　形修正法

为了克服直接存储法对内存资源需求过大的缺点，引入单通道形修正(single-passage shape correction, SPSC)法。该方法也采用单通道模型，其核心思想是考虑到叶片做简谐振动并且收敛后的非定常流场具有相延迟特征,因而假定周向边界上的流动变量可以表示为随时间变化的周期性函数如正弦函数等,这一假定适用于流场非谐波效应不强的情况。对于更为一般的情况,则可以表示为 N 阶傅立叶级数的形式。基于格心格式,参考图 8.36,上游“ab”边和下游“cd”边附近虚拟单元内的任意变量 q 可以表示为

$$
\begin{aligned}
q_{-1}(\boldsymbol{r}_c, t) &= \bar{q}_{m-1}(\boldsymbol{r}_c) + \sum_{n=1}^{N}[A_{m-1}^n(\boldsymbol{r}_c)\sin(n\omega t - \sigma) + B_{m-1}^n(\boldsymbol{r}_c)\cos(n\omega t - \sigma)] \\
q_0(\boldsymbol{r}_c, t) &= \bar{q}_m(\boldsymbol{r}_c) + \sum_{n=1}^{N}[A_m^n(\boldsymbol{r}_c)\sin(n\omega t - \sigma) + B_m^n(\boldsymbol{r}_c)\cos(n\omega t - \sigma)] \\
q_{m+1}(\boldsymbol{r}_c, t) &= \bar{q}_1(\boldsymbol{r}_c) + \sum_{n=1}^{N}[A_1^n(\boldsymbol{r}_c)\sin(n\omega t + \sigma) + B_1^n(\boldsymbol{r}_c)\cos(n\omega t + \sigma)] \\
q_{m+2}(\boldsymbol{r}_c, t) &= \bar{q}_2(\boldsymbol{r}_c) + \sum_{n=1}^{N}[A_2^n(\boldsymbol{r}_c)\sin(n\omega t + \sigma) + B_2^n(\boldsymbol{r}_c)\cos(n\omega t + \sigma)]
\end{aligned}
\tag{8.48}
$$

式中,$\bar{q}$ 为一个振动周期内变量 q 的时间平均值;A^n 和 B^n 分别为非定常扰动第 n 阶分量的实部和虚部。这些相关的傅立叶系数可以通过对上一个完整振动周期内的变量进行时间积分求得,如对内层单元 1 或 2 有

$$
\begin{aligned}
\bar{q}_{1/2}(\boldsymbol{r}_c) &= \frac{\omega}{2\pi}\sum_{i=1}^{N_T}[q_{1/2}(\boldsymbol{r}_c, t_0 + i\Delta t)\Delta t] \\
A_{1/2}^n(\boldsymbol{r}_c) &= \frac{\omega}{\pi}\sum_{i=1}^{N_T}[q_{1/2}(r_c, t_0 + i\Delta t)\sin(n\omega(t_0 + i\Delta t))\Delta t] \\
B_{1/2}^n(\boldsymbol{r}_c) &= \frac{\omega}{\pi}\sum_{i=1}^{N_T}[q_{1/2}(\boldsymbol{r}_c, t_0 + i\Delta t)\cos(n\omega(t_0 + i\Delta t))\Delta t]
\end{aligned}
\tag{8.49}
$$

对内层单元 m 或 $m-1$ 则有

$$
\begin{aligned}
\bar{q}_{m/m-1}(\boldsymbol{r}_c) &= \frac{\omega}{2\pi}\sum_{i=1}^{N_T}[q_{m/m-1}(\boldsymbol{r}_c, t_0 + i\Delta t)\Delta t] \\
A_{m/m-1}^n(\boldsymbol{r}_c) &= \frac{\omega}{\pi}\sum_{i=1}^{N_T}[q_{m/m-1}(\boldsymbol{r}_c, t_0 + i\Delta t)\sin(n\omega(t_0 + i\Delta t))\Delta t] \\
B_{m/m-1}^n(\boldsymbol{r}_c) &= \frac{\omega}{\pi}\sum_{i=1}^{N_T}[q_{m/m-1}(\boldsymbol{r}_c, t_0 + i\Delta t)\cos(n\omega(t_0 + i\Delta t))\Delta t]
\end{aligned}
\tag{8.50}
$$

式中,N_T 为一个振动周期所包含的时间步数;t_0 为一个振动周期的初始时刻。

综上可知,形修正法主要包含了两个过程,分别为在任一时刻对虚拟单元内的变量进行计算和规定的过程,以及在任一时刻对傅立叶系数进行更新计算的过程。根据式(8.49)和式(8.50)可以对一个完整周期内的流场变量进行积分得到傅立叶系数值。当一个新的振动周期开始时,这些系数被用于式(8.48)来更新流场变量且它们在该周期的计算中保持不变,同时又开始了新的计算傅立叶系数的积分过程。对以上过程不断循环,直至最终得到稳定的周期性非定常流场和收敛的傅立叶系数值。

由于形修正法只用到与时间无关的一些傅立叶系数项,因而对存储量的需求相比于直接存储法下降了一至两个量级。但是原始形修正法有时会出现收敛困难的现象。主要原因是:在计算过渡阶段,流场远未达到稳定状态,并且傅立叶系数也偏离收敛值较多;当采用这些不精确的系数去计算边界附近的流动变量时会产生较大的误差,反之,基于这些"虚假"的变量值来进行时间积分和更新系数时又会带来新的误差。和大多数迭代类方法一样,采用松弛技术一定程度上能够缓解这一问题,例如对于 A_1^n 可由下式进行计算:

$$(A_1^n)^{\text{new}} = \alpha(A_1^n)^{\text{old}} + (1-\alpha)\left[\frac{\omega}{\pi}\sum_{i=1}^{N_T}(q_1\sin(n\omega t)\Delta t)\right] \tag{8.51}$$

然而实际应用中发现收敛过程对松弛因子 α 的大小较为敏感。

8.4.2.4　双通道形修正法

根据以上分析可知,导致形修正法收敛性和鲁棒性不高的主要原因是流场变量修正和傅立叶系数更新这两个过程之间产生了不利的相互干扰。为了克服这一缺陷,关键点在于分隔这两个过程或者弱化它们之间的影响,在原始单通道形修正法基础上,提出一种高效的双通道形修正(double-passage shape correction, DPSC)法。

如图 8.38 所示,DPSC 方法采用双通道模型,其绝大多数步骤与原始 SPSC 方法相同,主要区别是在计算中利用了内部边界"ef"附近的流场单元,将上游边"ab"和下游边"cd"附近虚拟单元内的任意流动变量 q 表示为

$$q_{-1}(\boldsymbol{r}_c, t) = \bar{q}_{m-1}(\boldsymbol{r}_c) + \sum_{n=1}^{N}\left[A_{m-1}^n(\boldsymbol{r}_c)\sin(n\omega t - \sigma) + B_{m-1}^n(\boldsymbol{r}_c)\cos(n\omega t - \sigma)\right]$$

$$q_0(\boldsymbol{r}_c, t) = \bar{q}_m(\boldsymbol{r}_c) + \sum_{n=1}^{N}\left[A_m^n(\boldsymbol{r}_c)\sin(n\omega t - \sigma) + B_m^n(\boldsymbol{r}_c)\cos(n\omega t - \sigma)\right]$$

$$q_{2m+1}(\boldsymbol{r}_c, t) = \bar{q}_{m+1}(\boldsymbol{r}_c) + \sum_{n=1}^{N}\left[A_{m+1}^n(\boldsymbol{r}_c)\sin(n\omega t + \sigma) + B_{m+1}^n(\boldsymbol{r}_c)\cos(n\omega t + \sigma)\right]$$

$$q_{2m+2}(\boldsymbol{r}_c, t) = \overline{q}_{m+2}(\boldsymbol{r}_c) + \sum_{n=1}^{N} [A_{m+2}^n(\boldsymbol{r}_c)\sin(n\omega t + \sigma) + B_{m+2}^n(\boldsymbol{r}_c)\cos(n\omega t + \sigma)] \tag{8.52}$$

对式(8.52)中傅立叶系数的计算可以参考式(8.49)和式(8.50)。

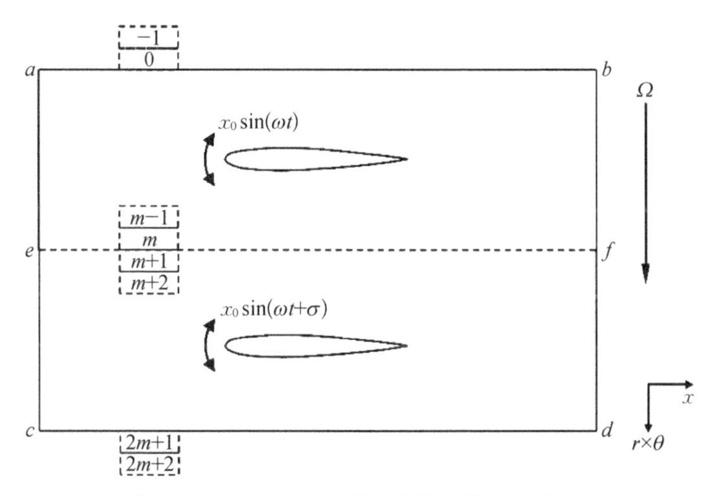

图 8.38　DPSC 双通道计算模型截面示意图

由于内部边界“*ef*”远离两侧周向边界,其周围的流场受边界的扰动较小且流动变量更加“独立”(即不会被已存储的傅立叶系数进行直接修正),因而由其附近内部单元内的变量计算得到的系数值能够很快达到稳定。当系数值接近收敛后,根据式(8.52)来规定虚拟单元内的值,从而能够很快得到一个稳定的周期性非定常流场。双通道形修正法在保留原始方法优点的基础上有效地提高了数值收敛性和鲁棒性,唯一的代价仅仅是多模拟一个通道流场。对于并行计算来说,这一改变几乎不会带来额外的计算时间消耗。

图 8.39 最终给出了基于非定常流动 CFD 求解技术和双通道形修正法的振荡叶片流场和颤振计算流程。

8.4.3　算例验证

在以下所有算例中,均取前四阶傅立叶级数进行计算 ($N = 4$), 每一个振动周期被划分为 180 步 ($N_T = 180$)。

8.4.3.1　二维标准振荡叶栅模型 STCF4

标准模型 STCF4 是一个环形涡轮叶栅,实验中所有叶片被强制以正弦规律做

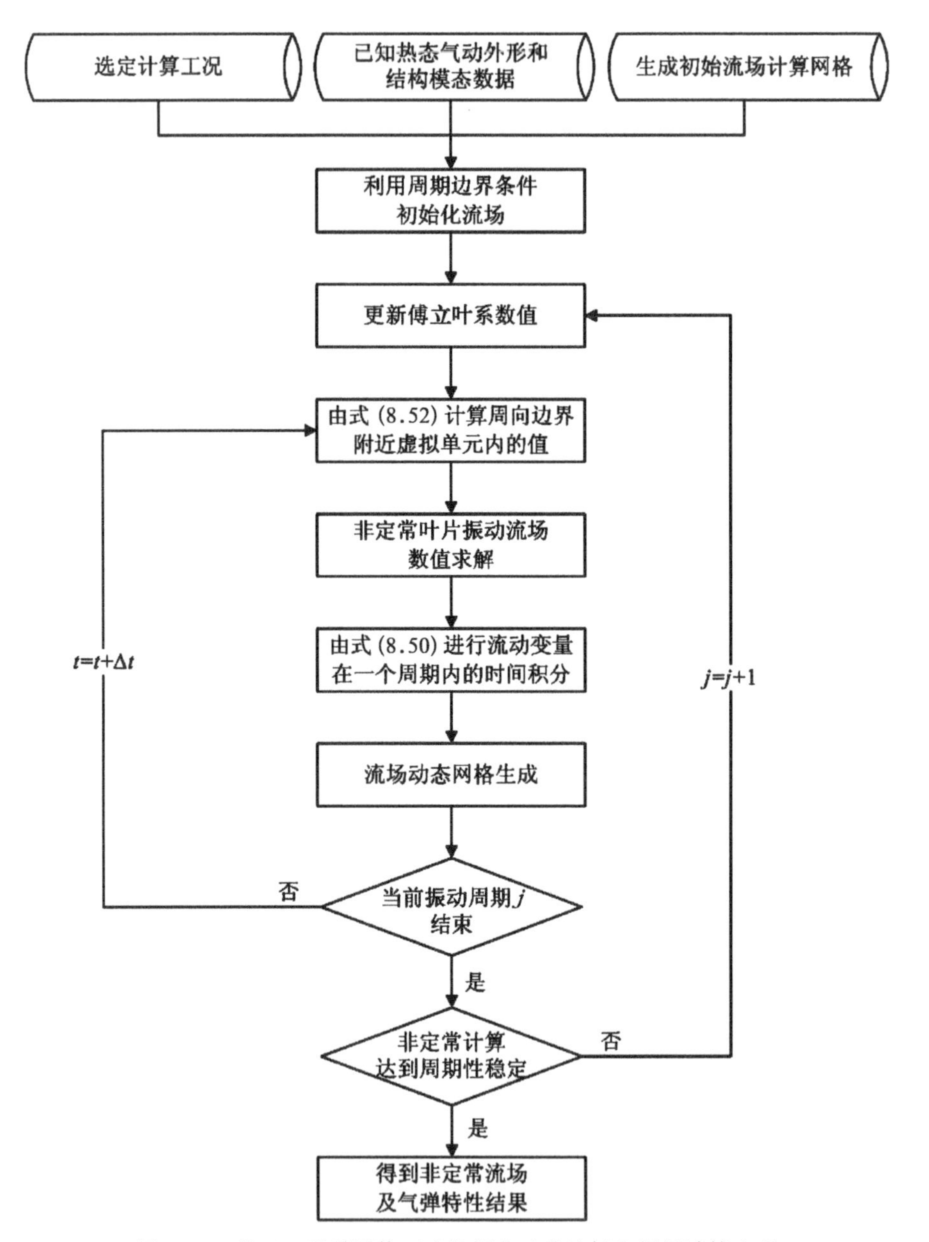

图 8.39　基于双通道形修正法的振荡叶片流场和颤振计算流程

弯曲模态振动,并且相邻叶片间的相位差保持为恒定值。由于沿叶高方向的叶型和安装角完全相同且实验数据是在半展长位置处测量得到,因而数值研究中经常将 STCF4 当做一个二维平面叶栅算例。该叶栅模型如图 8.40(a)所示,振动方向与弦线之间夹角为 60.4°,基于特征长度为弦长和特征速度为进口速度得到的折合频率等于 0.74。计算工况选取四个实验高亚声速状态 552B－1 至 552B－4,它们具有相同的进口总压 205 800 Pa、进口总温 293 K、出口静压 194 900 Pa 和雷诺数 7.3×10^5，区别仅在于相位角不同。计算采用 O4H 拓扑结构划分网格，每个计算域通道包含大约 6 000 个网格单元，第一层网格高度取为 2×10^{-6}。

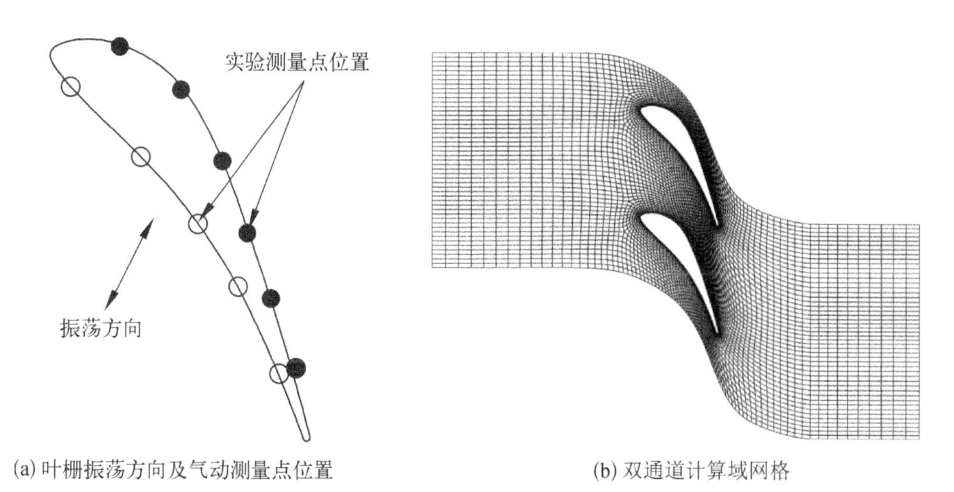

图 8.40　二维标准振荡叶栅模型 STCF4

首先对该工况进行定常流场验证，所得结果同时作为后续非定常计算的初始流场。图 8.41 对计算得到的定常物面压强系数 C_p 和等熵马赫数 Ma_{is} 与实验值进行了比较，两者吻合程度较好。其中，C_p 和 Ma_{is} 的计算公式如下：

$$C_p = \frac{p - p_{s1}}{p_{c1} - p_{s1}},\ Ma_{is} = \sqrt{\frac{2}{\gamma - 1}\left[\left(\frac{p_{c1}}{p}\right)^{(\gamma-1)/\gamma} - 1\right]} \tag{8.53}$$

式中，p_{s1} 和 p_{c1} 分别为进口静压和总压。

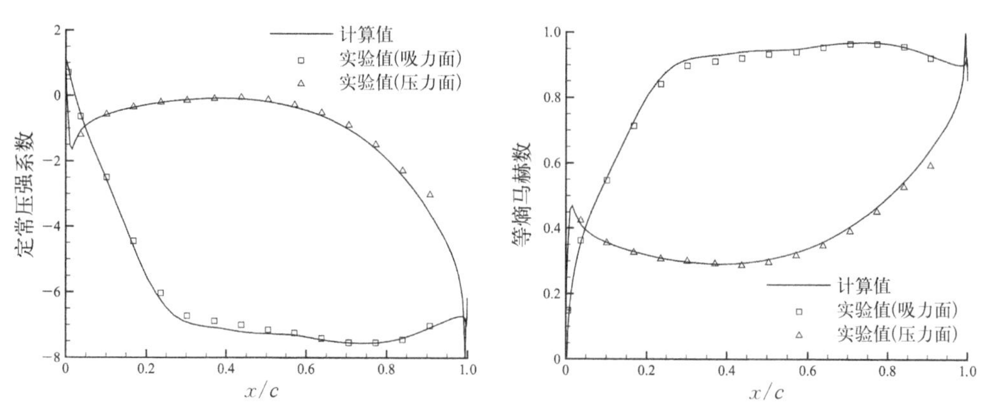

图 8.41　定常流场物面压强系数和等熵马赫数沿弦向分布

分别采用 DPSC 和 SPSC 方法进行非定常振荡叶栅计算，定义非定常压强系数 $\tilde{C}_p$ 如下：

$$\tilde{C}_p(t) = \frac{p(t)}{h(p_{c1} - p_{s1})} \tag{8.54}$$

式中，h 为无量纲叶片振幅。

计算得到的非定常压强（扰动）一阶分量占绝对主导，其比二阶及以上阶分量大三个量级以上，因此该叶栅的非谐振效应很小。如图 8.42 所示，在不同相位角下，由两种方法计算出的物面 $\tilde{C}_p$ 分布（表示为第一阶幅值和相位超前）均十分吻合，且 DPSC 的结果略微更接近于实验值。对于计算和实验存在的偏差（特别是幅值上较大的偏差），可能的原因是计算忽略了实际存在的三维效应。

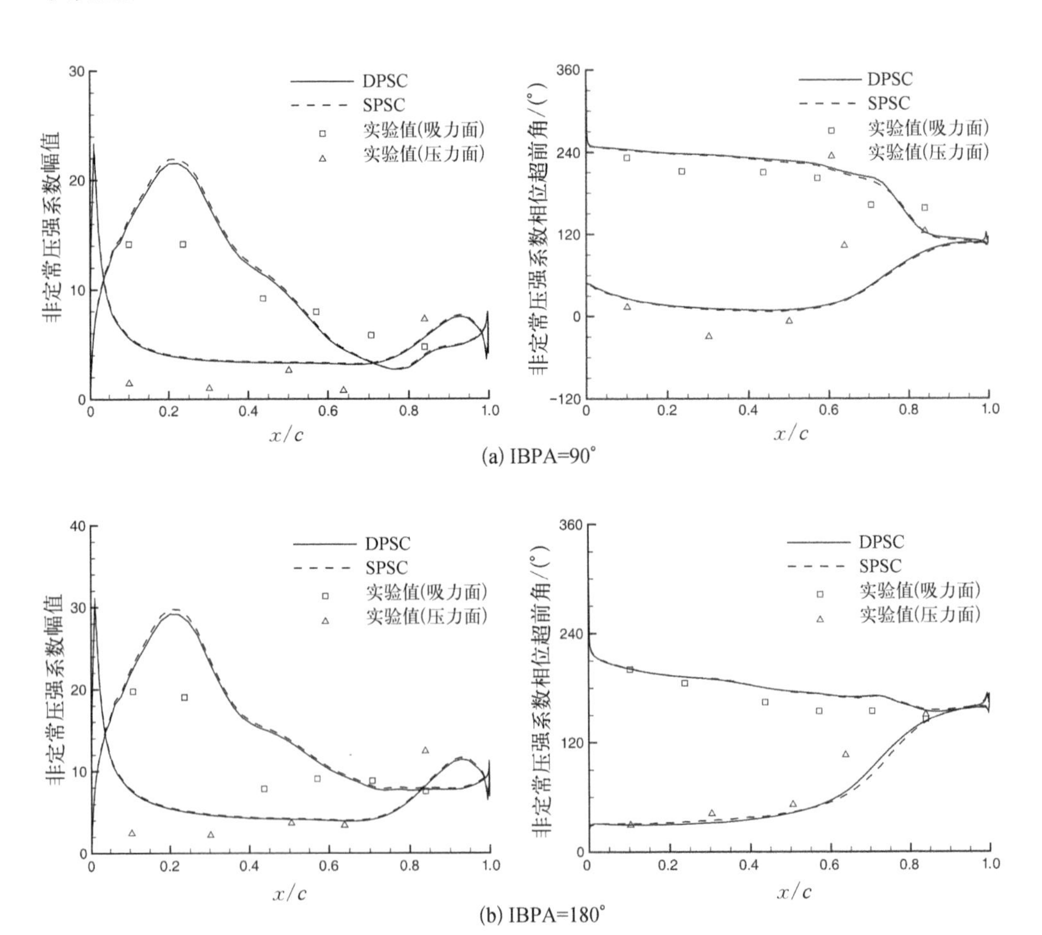

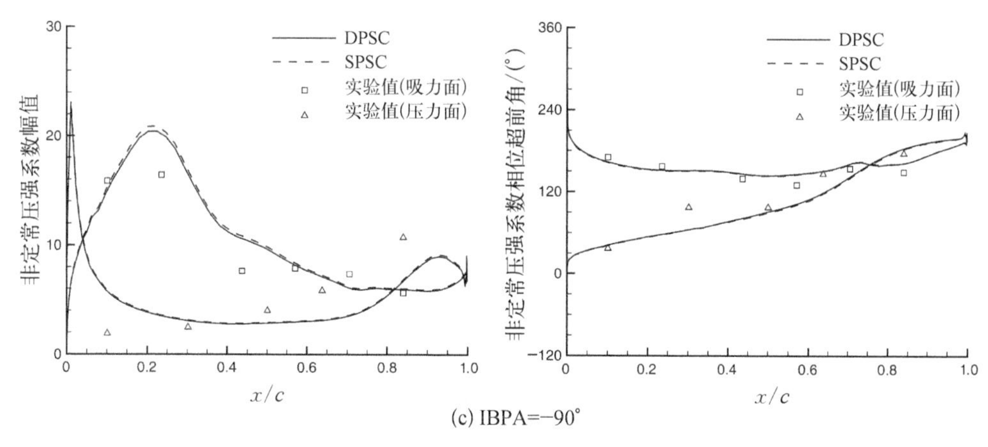

(c) IBPA=−90°

图 8.42　不同相位角下非定常压强系数一阶幅值(左)和相位超前(右)沿弦向分布

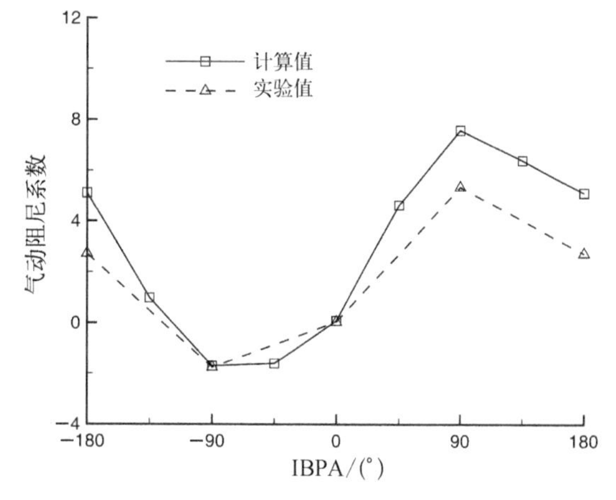

图 8.43　气动阻尼系数随相位角变化

在得到收敛的非定常周期性流场后,根据能量原理计算不同相位角下的气弹稳定性。定义气动阻尼系数为沿振动方向非定常气动力系数的一阶分量虚部,该值大小实质上反映了非定常气动力对叶片的做功情况,气动阻尼系数越大代表气弹稳定性越好。为了分析相位角对颤振特性的影响,除了以上几个典型值外,还对±45°和±135°的情形进行了计算。图 8.43 比较了计算和实验得到的气动阻尼系数随叶间相位角变化情况,两者趋势一致。当相位角大致在-135°~0°时,叶栅存在颤振的危险,且最不稳定的工况出现在-90°~-45°,而最稳定的工况则出现在 90°附近。整体上,前行波模式下的气弹稳定性要好于后行波模式。

为了验证 DPSC 方法的计算效率,以相位角等于 180°工况为例,对周向边界上任意一点进行非定常压强监测。如图 8.44(a)所示,DPSC 仅需 4 到 5 个振动周期就能得到稳定收敛的周期性结果,而图 8.44(b)中的 SPSC 则出现了非物理振荡且该振荡经过长时间迭代后仍然难以消除。采用松弛方法可以有效缓解 SPSC 这一数值困难,如图 8.44(c)和图 8.44(d)所示,虽然它们最终都趋于收敛稳定的结果,但是对松弛因子 α 较为敏感:当取值较小时,收敛过程较为缓慢,而取值过大则容易引起数值振荡。这里取 $\alpha = 0.5$ 较为合理,此时仍需 15 次左右的振动周期计算。

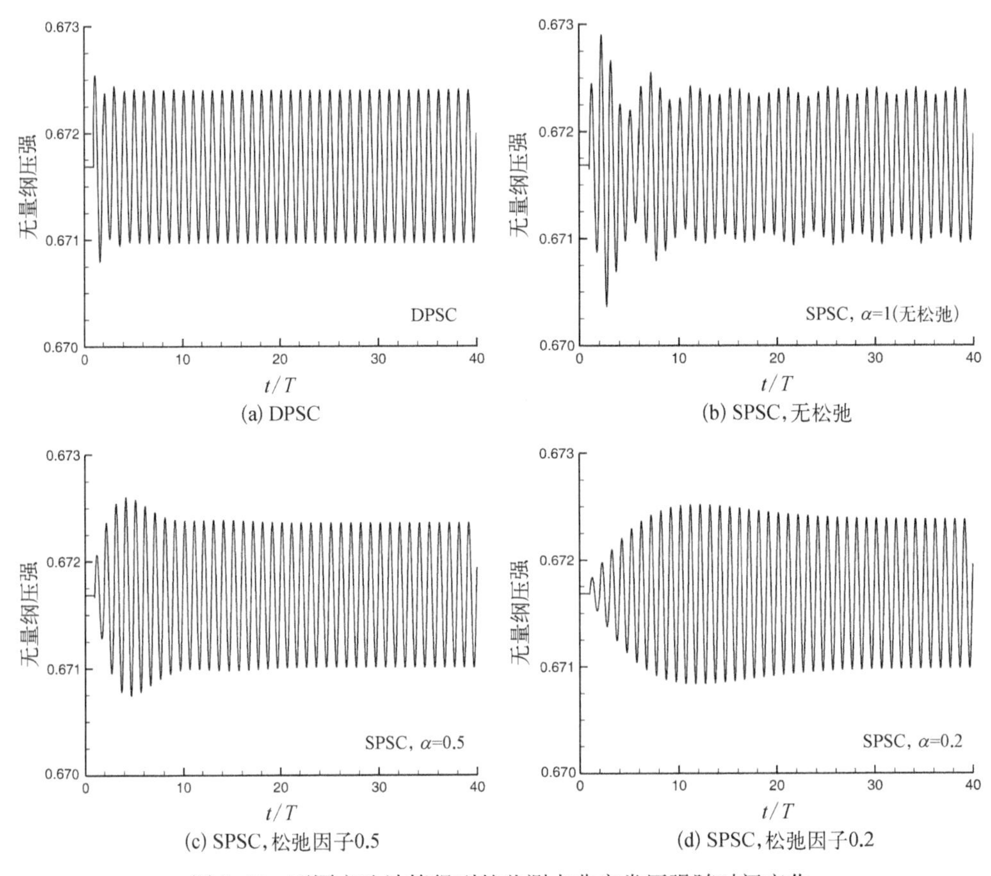

(a) DPSC　　(b) SPSC,无松弛

(c) SPSC,松弛因子0.5　　(d) SPSC,松弛因子0.2

图 8.44　不同方法计算得到的监测点非定常压强随时间变化

8.4.3.2　Rotor67 振荡风扇叶片

当前文献中较少有记载三维真实叶片强迫振动实验或者公开相应的叶片振荡非定常流动实验数据,因而再次选取 Rotor67 来对数值方法进行验证。选取该转子叶片的另一好处是已知其设计热态外形,从而能够方便地实施能量法流程,计算状态选为最高效率点工况。假定所有叶片做一阶弯曲模态振动,振型及固有动频率如表 8.6 所示,振幅取为令叶尖处最大变形点位移为 1 mm,所用网格同 8.3.2.2 节。

分别采用 SPSC 和 DPSC 方法对叶片振荡非定常流场进行模拟并利用能量原理定量获得气弹稳定性大小。定义气动阻尼系数 δ 为

$$\delta = - \frac{W_{\text{cycle}}}{\omega^2 M_1 q_1^2} \tag{8.55}$$

式中，W_{cycle} 为根据非定常流场结果计算得到的一个振动周期内气动力所做总功；ω 为固有圆频率；q_1 为一阶弯曲模态广义位移振幅；$M_1 = \boldsymbol{\phi}_1^{\mathrm{T}}\boldsymbol{m}\boldsymbol{\phi}_1$ 为一阶弯曲模态广义质量（若对振型进行质量归一化，则等于 1）。

考虑四个典型相位角，图 8.45 比较了两种方法计算得到的气动阻尼系数随迭代次数变化。对于该算例，不带松弛因子的 SPSC 方法会引起结果剧烈的无规则振荡，而 DPSC 方法则能够较为快速地得到收敛值（除了在相位角为-90°时出现细微的低频周期性振荡）。将不同相位角下获得的稳定气动阻尼系数表示在图 8.46 中。该转子叶片在最高效率点工况下无颤振危险。当相位角为 180°也即相邻叶片反相振动时，气弹稳定性最好；当相位角为 0°也即所有叶片同相振动时，气弹稳定性最差。

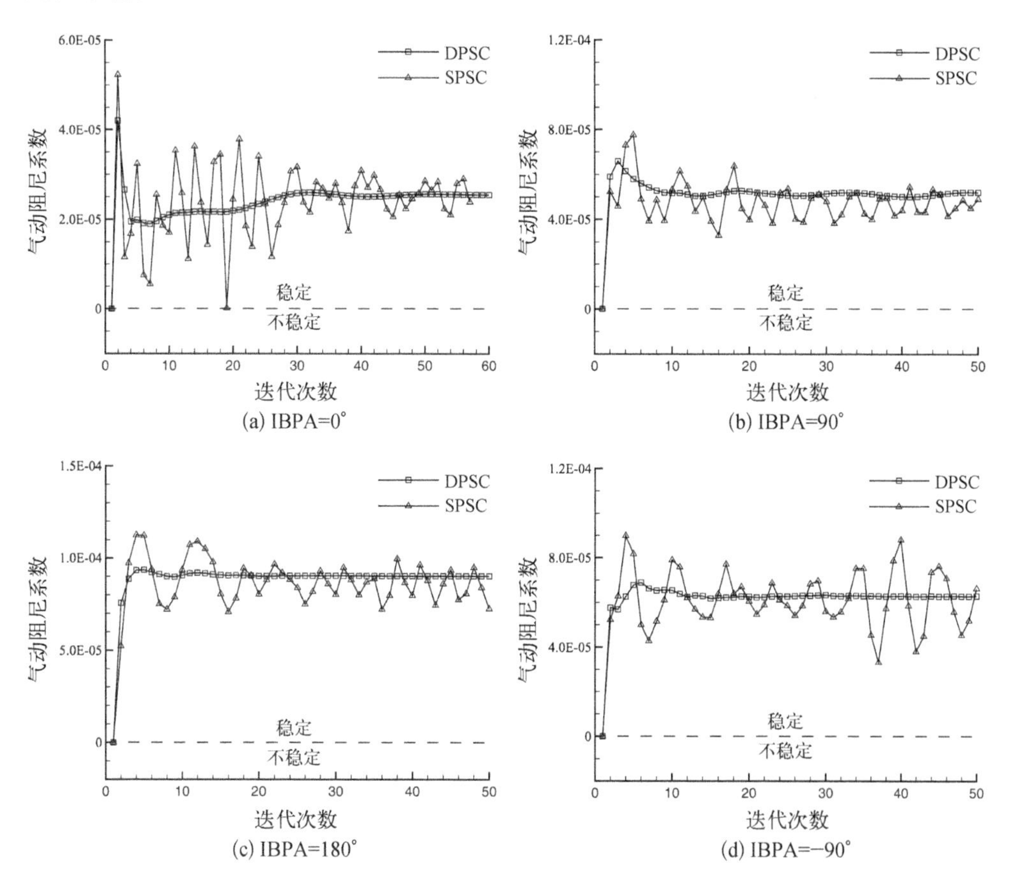

图 8.45　不同相位角下计算得到的气动阻尼系数随迭代次数变化

通过气动力总功（气动阻尼系数）虽然能够快速定量判断气动弹性稳定程度，但是却难以对颤振行为及发作机理进行分析。为了研究非定常气动力做功细节，选取相位角等于 0°和 180°这两个差异最大的工况，将一个振动周期内所做功在叶

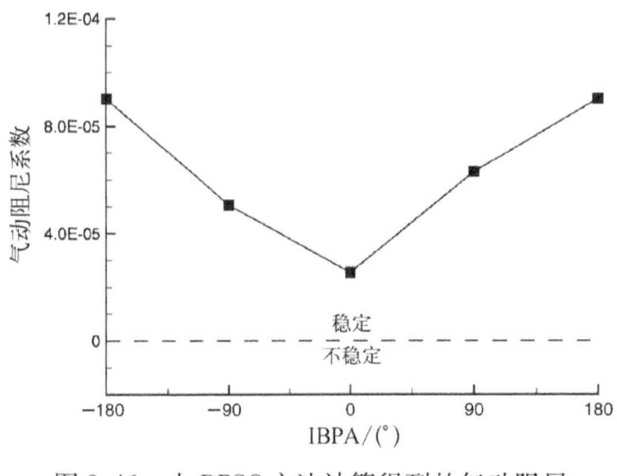

图 8.46　由 DPSC 方法计算得到的气动阻尼系数随相位角变化

片表面的分布表示在图 8.47 中(以彩色云图显示),同时还将振动过程中某时刻非定常压强一起表示出来(以等值线图显示)。对于 0°情形,吸力面半展长以上且叶型约 60%弦长后出现较大的正功区,该区域正对应着弓形激波和通道激波联合打在吸力面后的区域,而激波前则几乎全部为负功区域;负功最大值出现在 65%展长约半弦长位置,该片负功区正对应着弓形激波传播到吸力面且通道激波刚要形成的地方,其刚好覆盖了整个弓形激波厚度;此外,在近叶尖前缘区域还存在一块显著的负功极值区。在压力面上,绝大部分区域对气动总功贡献很小;半展长以上前缘附近所出现的细窄长条正功区正对应着通道激波打在压力面上的区域,而通道激波后区域则全部做非正功;负功最大值位于靠近叶尖位置,弓形激波之后及通道激波之前的区域。对于相位角等于 180°情形,此时吸力面上弓形激波和通道激波联合汇聚的位置后为负功区而激波前则出现正功极值,这与 0°下的情形刚好相反;其他特征与 0°情形相似,但是无论是吸力面还是压力面上的负功区域面积均要显著大于正功区域,因而使得该状态具有最好的气弹稳定性。

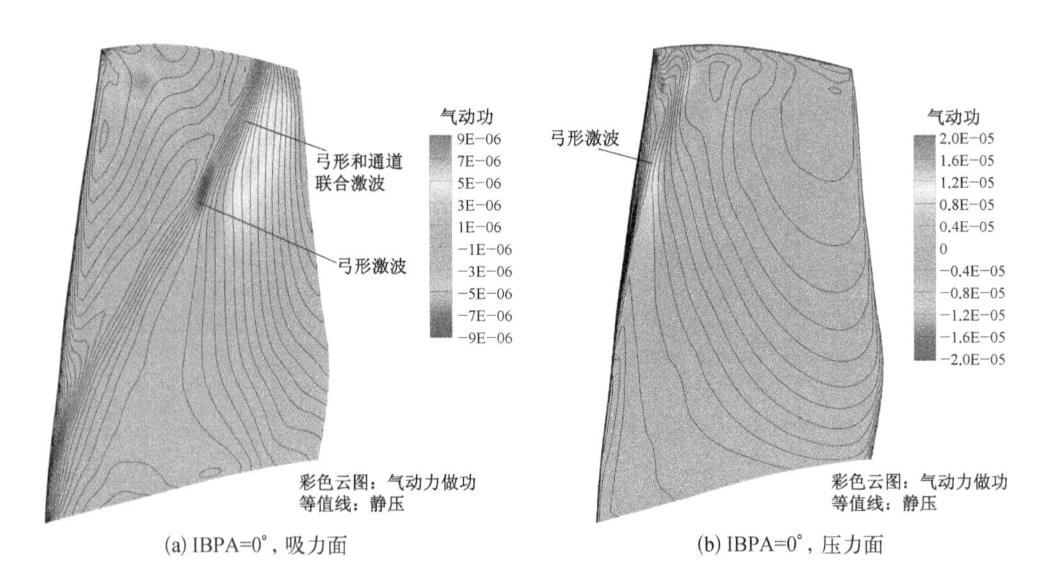

(a) IBPA=0°, 吸力面　　(b) IBPA=0°, 压力面

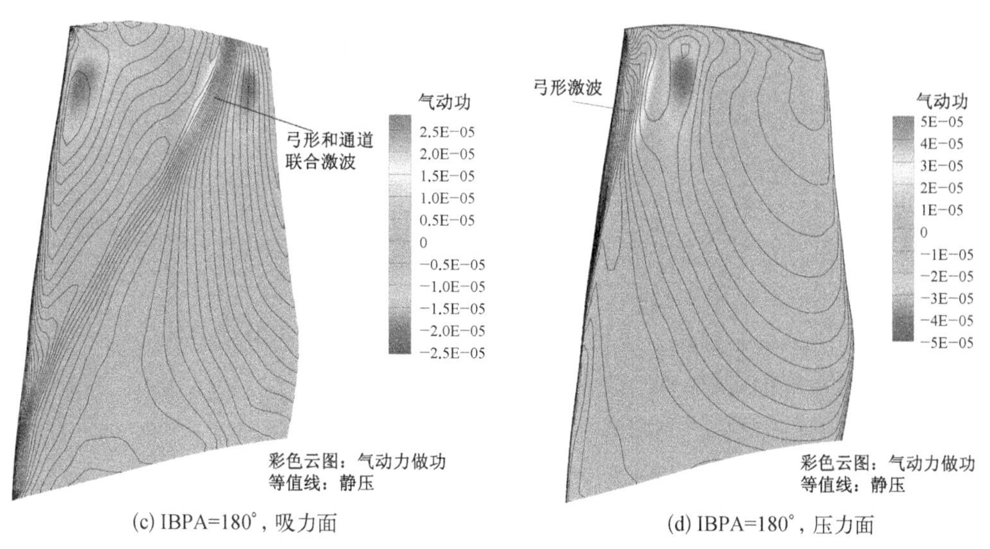

(c) IBPA=180°, 吸力面　　(d) IBPA=180°, 压力面

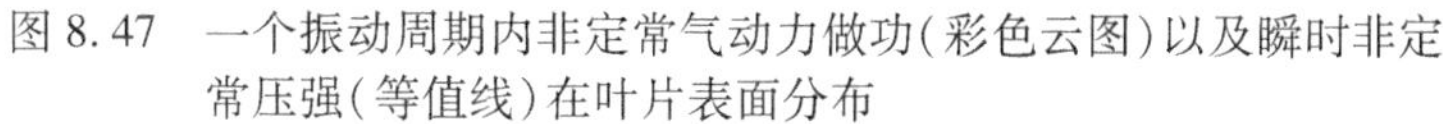

图 8.47　一个振动周期内非定常气动力做功(彩色云图)以及瞬时非定常压强(等值线)在叶片表面分布

根据上述现象可知,该叶片气弹特性与激波密切相关,且不同的相位角可能会导致激波不一样的非定常行为,如位置的振荡和强度的变化等。为了进一步观察这两种情形下激波特征的区别,取 90%展长截面进行研究,并将它们在四个不同时刻($t = 1/4T,\ 2/4T,\ 3/4T,\ T$)的非定常压强分布画在 8.48 中。从图中可以明显看出:对于 0°情形,通道激波打在吸力面上的位置和自身强度几乎不随时间变化,但是在压力面上会出现轻微的振荡;对于 180°情形,在吸力面和压力面上均出现了强烈的激波振荡行为和强度变化。由此可以认为,至少对于 Rotor67 转子叶片,非定常激波振荡是有利于气动弹性稳定的,而这一振荡在叶片反相振动情况下最为剧烈,工程上可以借助这一结论进行防颤设计。

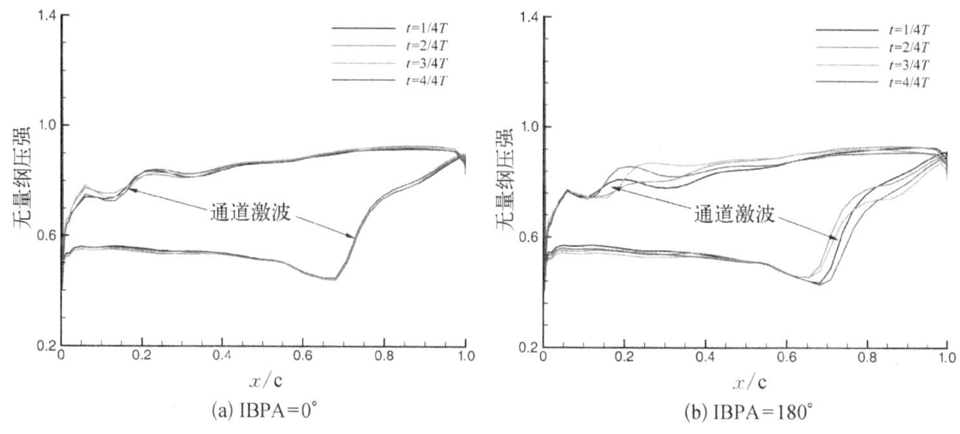

(a) IBPA=0°　　(b) IBPA=180°

图 8.48　一个振动周期内不同时刻 90%展长截面非定常压强分布

8.5 基于 CFD/CSD 耦合的时域法颤振计算

能量法属于流固解耦方法,其只考虑了结构振动对叶片流场的影响而忽略了非定常气动力对结构运动的真实作用。时域法属于流固耦合方法,它能够全面地考虑流体和固体之间的相互作用。相比于能量法,时域法从原理上拥有两个较为重要的优势。一是能量法由于假定叶片按某一阶模态振型做强迫振动且不考虑各阶模态之间的耦合,因而一般只适用于潜在颤振形式为单自由度非耦合情形的叶片,而时域法则具有更广的适用范围,无论是对于各类失速颤振、非失速颤振,还是现代风扇叶片中可能出现的耦合颤振均能够进行预测。二是能量法难以考虑结构中的复杂非线性因素,故而强烈依赖于线性颤振行为假设,而时域法原则上可以考虑结构和流场中的多种非线性因素,实现具有任意精度的流固耦合模拟。

8.5.1 CFD/CSD 时域耦合算法

由于直接构造和求解统一流固耦合系统方程仍然存在较大的困难,因此当前绝大多数研究均采用分域耦合方法,即利用模块化的思想对流场和结构场进行交替求解,两者之间通过边界条件更新来交换各自的物理量信息。以三维叶片为例,当前实现分域耦合的具体做法可以分为三类:一是精确求解物理空间下的结构运动方程,而将每一时间步的非定常气动力表示为瞬时结构参数的近似函数;二是精确求解非定常流场方程,但是利用线弹性假设将结构运动方程简化到模态空间中进行求解;三是不做任何流场和结构场假设并对两者控制方程均进行精确求解,该做法一般侧重于研究对已有的流场和结构计算软件进行接口匹配设计。本书基于第二种方式建立了一种用于预测叶轮机械叶片颤振的 CFD/CSD 耦合时域法。

在非定常气动力计算方面,采用基于求解旋转坐标系下动网格系统中三维 RANS 方程的 CFD 方法。在结构动力学分析方面,应用拉格朗日方程,旋转叶片的运动方程可以写成如下矩阵形式:

$$\boldsymbol{m}\Delta\ddot{\boldsymbol{x}} + \boldsymbol{g}\Delta\dot{\boldsymbol{x}} + \boldsymbol{k}\Delta\boldsymbol{x} = \boldsymbol{f}_c + \boldsymbol{f}_a + \boldsymbol{f}_g \tag{8.56}$$

式中,部分变量的含义同 8.3.1 节,$\boldsymbol{g}$ 为单元阻尼矩阵,包含了本身结构阻尼矩阵和科氏力 $\boldsymbol{f}_g$ 引起的反对称陀螺阵。通常 $\boldsymbol{f}_g$ 的影响较小可以忽略,并且为了偏安全设计往往也不考虑结构阻尼矩阵。将总变形 $\Delta\boldsymbol{x}$ 分解为离心力和非定常气动力引起的变形之和,从而上式变为

$$\boldsymbol{m}(\Delta\ddot{\boldsymbol{x}}_a + \Delta\ddot{\boldsymbol{x}}_c) + \boldsymbol{k}(\Delta\boldsymbol{x}_a + \Delta\boldsymbol{x}_c) = \boldsymbol{f}_c(t) + \boldsymbol{f}_a(t) \tag{8.57}$$

由于叶片振动幅度相比于自身特征长度是一小量,因而可以合理地假定上式中离心力 $\boldsymbol{f}_c$ 和它引起的变形 $\Delta\boldsymbol{x}_c$ 在振动过程中保持恒定,最终得到叶片在其离心外形位置附近的结构运动方程:

$$\boldsymbol{m}\Delta\ddot{\boldsymbol{x}}_a + \boldsymbol{k}\Delta\boldsymbol{x}_a = \boldsymbol{f}_a(t) \tag{8.58}$$

式中,$\Delta\boldsymbol{x}_a$ 为相对于叶片离心外形的瞬时位移向量。

仍然采用模态法求解以上方程,根据振型叠加原理,物理位移 $\Delta\boldsymbol{x}_a$ 和模态位移 q_i,以及正规振型向量 $\boldsymbol{\phi}_i$ 之间满足以下关系式:

$$\Delta\boldsymbol{x}_a = \sum_{i=1}^{n} q_i\boldsymbol{\phi}_i = \boldsymbol{\Phi q} \tag{8.59}$$

将式(8.59)代入方程(8.58)并在两端同时左乘 $\boldsymbol{\Phi}^{\mathrm{T}}$,从而得到模态空间下的运动方程:

$$\boldsymbol{M}\ddot{\boldsymbol{q}} + \boldsymbol{Kq} = \boldsymbol{F}_a(t) \tag{8.60}$$

式中,$\boldsymbol{M} = \boldsymbol{\Phi}^{\mathrm{T}}\boldsymbol{m\Phi}$, $\boldsymbol{K} = \boldsymbol{\Phi}^{\mathrm{T}}\boldsymbol{k\Phi}$,分别为广义质量和广义动刚度矩阵。这里采取了模态振型质量归一化的方式,从而 $\boldsymbol{M}$ 变为单位阵,$\boldsymbol{K}$ 变为对角阵,且每个对角线元素 $K_i = \omega_i^2$。广义气动力向量 $\boldsymbol{F}_a$ 的每个分量为

$$F_{a,i} = \oint_S \boldsymbol{\phi}_i^{\mathrm{T}} \cdot (\boldsymbol{p}(t) + \boldsymbol{\tau}(t))\,\mathrm{d}S \tag{8.61}$$

仍采取高效的二阶杂交预估校正方法求解结构运动方程。

给定任意工况下,上述叶片颤振计算时域法涵盖了已知叶片冷态外形和已知叶片热态外形两种情形。对于前者,首先通过静气弹正问题计算得到预应力作用下的结构模态数据、所有阶模态收敛的广义位移及相应的热态外形。在该平衡热态外形基础上,对其施加小扰动变形(如给定10%广义位移变化)后进入时域法计算循环。最终根据扰动的变化即广义位移时间响应曲线来判断和分析叶片颤振特性。图8.49详细描述了在给定冷态外形下的颤振分析流程。对于已知热态外形的情况,如果同时已知预应力下的结构模态数据,则可以在给定小扰动后直接进入时域法计算循环;如若未知,则可以通过静气弹反问题计算得到预应力下的模态数据。

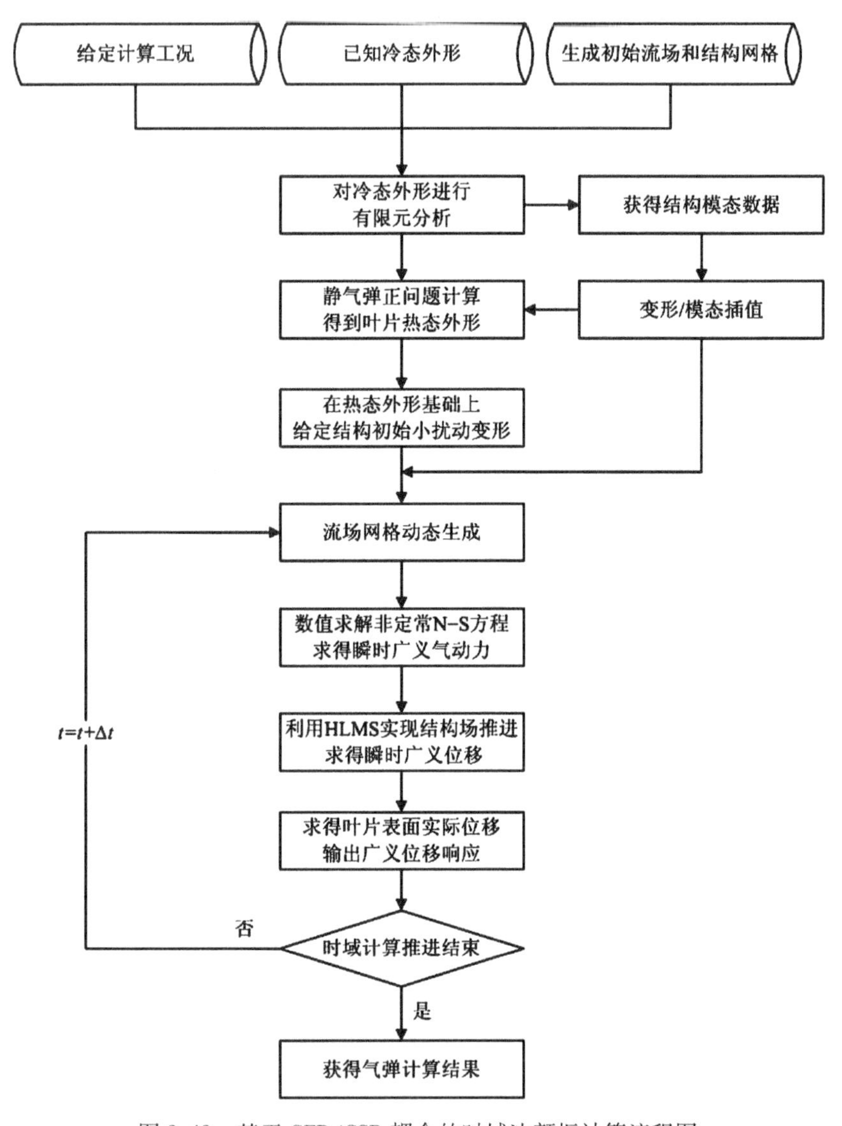

图 8.49　基于 CFD/CSD 耦合的时域法颤振计算流程图

8.5.2　Rotor67 风扇转子叶片颤振计算

首先对 8.3.2.2 节静气弹分析得到的冷态 Rotor67 转子叶片进行单通道时域法颤振计算,采用相同的气动网格和结构有限元模型等。颤振计算取前六阶模态,物理时间步长取为一阶模态固有动频率倒数的 1/200,虚拟时间迭代步数统一取为 200。图 8.50 给出了两个典型工况(一个近最高效率点和一个近失速点工况)下的各阶模态广义位移时间响应曲线,可以定性看出所有阶模态位移均呈收敛趋势。在近最高效率点工况下,一阶弯曲模态占绝对主导地位且其余阶模态位移非常接近于 0;在近失速点工况下,一阶模态依旧占主导,但是此时气动力对第二至第四阶模态也产生较小的位移。

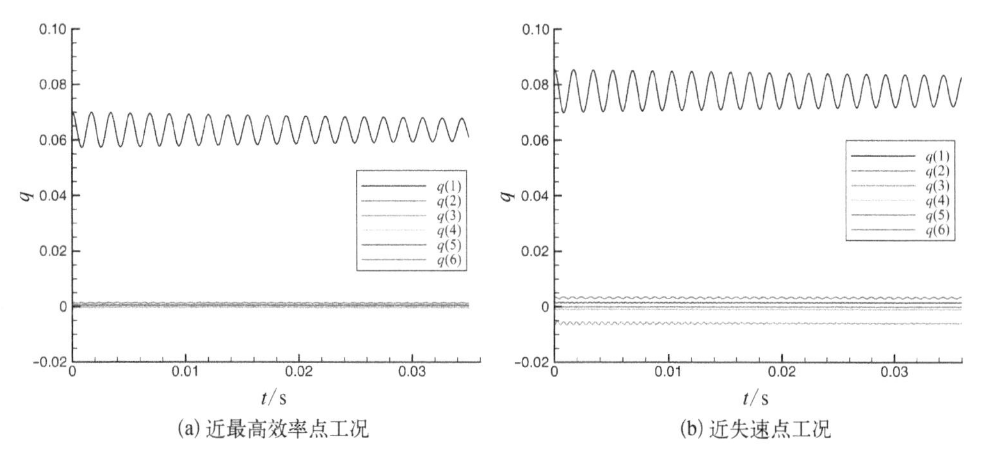

(a) 近最高效率点工况　　(b) 近失速点工况

图 8.50　Rotor67 典型工况下的各阶模态广义位移响应曲线

最大变形点位置出现在叶尖前缘点,对该点处的实际位移响应进行快速傅立叶变换(fast Founer transform, FFT),如图 8.51 所示,横坐标代表频率,纵坐标代表对应频率谐波振动的幅值并对其采用了对数标度。可以看到,各个峰值频率几乎均为叶片振动模态固有动频率值,说明了各模态之间没有任何的耦合或者靠近现象。其余工况下也有完全相似的结果。

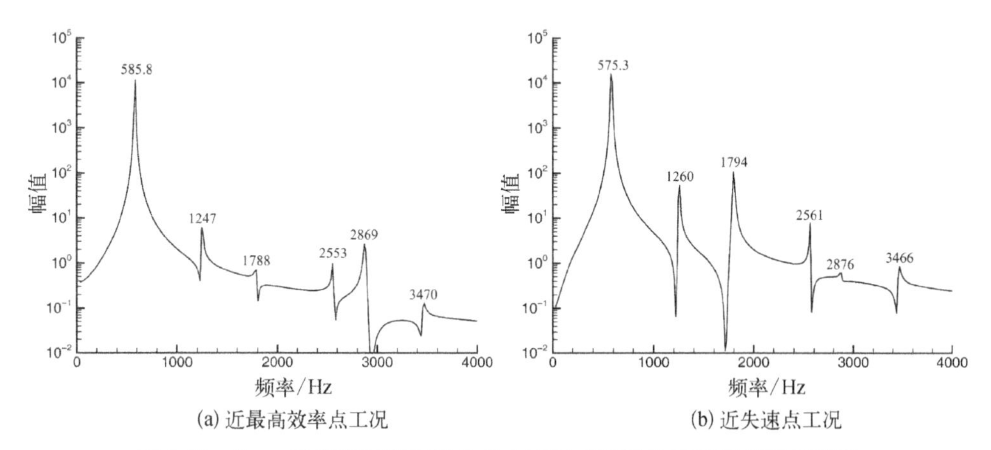

(a) 近最高效率点工况　　(b) 近失速点工况

图 8.51　Rotor67 典型工况下叶尖最大变形点实际位移响应 FFT 频谱图

为了从时域曲线上提取出能够定量表示气弹稳定性大小的参数,采用指数函数 $a - be^{-\zeta\omega t}$ 对广义位移响应曲线峰值进行拟合,其中,a 为静气弹计算得到的平衡位置模态位移(也是颤振计算能够收敛的最终值)，$b = 0.1a$ 为施加小扰动引起的初始振幅，ζ 为衰减系数。由于模态位移收敛率一定程度上能够表征一个振动系统的阻尼大小，因而根据 ζ 的值可以定量比较不同工况下的气弹稳定程度。鉴于该算例中一阶模态占绝对主导，以上述两个典型工况和一个额外的堵塞点工况为例，图 8.52 给出了各工况下一阶模态位移响应及对它们拟合得到的指数函数曲线，拟合程度均较为良好。

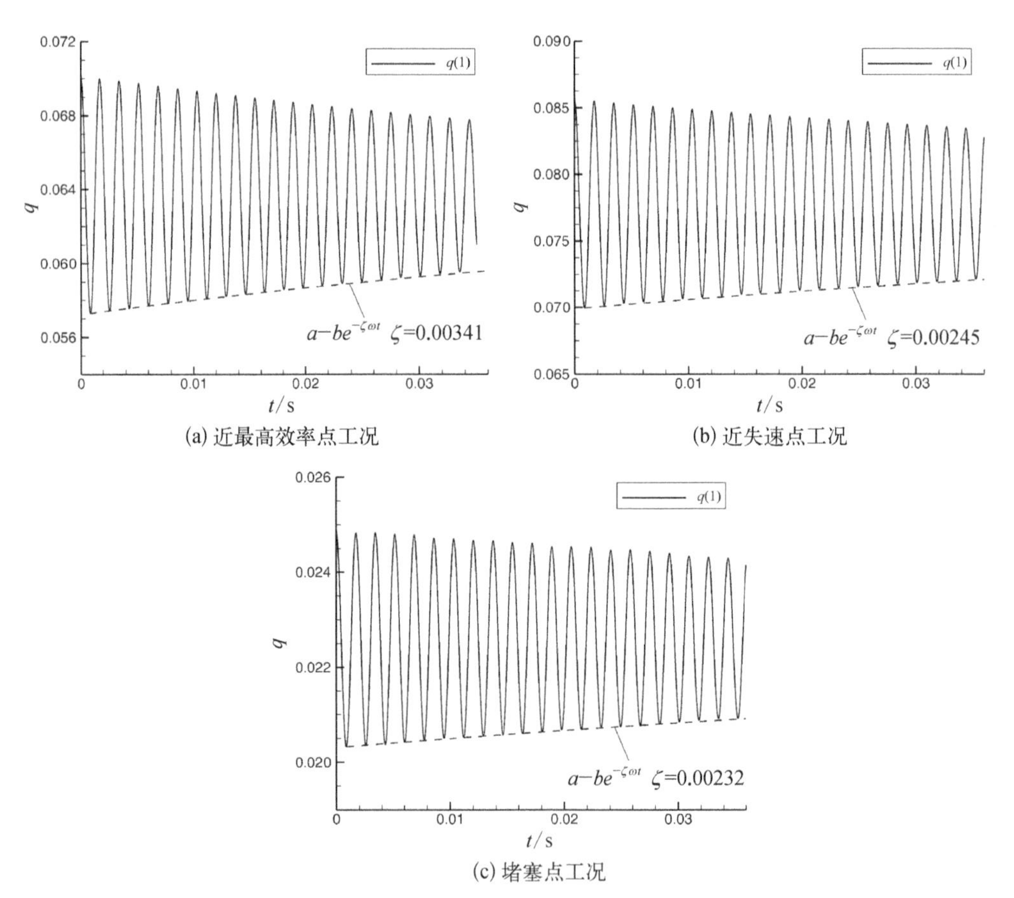

(a) 近最高效率点工况　　(b) 近失速点工况

(c) 堵塞点工况

图 8.52　Rotor67 典型工况下第一阶模态广义位移响应及指数函数拟合曲线

对更多工况进行计算并将衰减系数随总压比的变化表示在图 8.53 中，较大的总压比意味着流动趋近于失速状态，较小的总压比意味着流动趋近于堵塞状态，中间值则代表正常运行范围。在近失速工况下，气弹稳定性会突降，其主要原因和气流分离有关。随着叶片负荷(出口反压)的不断提高，流入叶排的气流攻角变大，从而导致吸力面上逆压梯度区域增大，甚至引起局部小尺度或者大尺度的分离。在该算例中，叶片在高反压下振动时会在较高展长截面叶型靠后区域产生瞬时的小范围分离区,进一步提高反压首先会导致流动失速及气动性能严重恶化,因而在失速边界前不存在颤振的危险。当靠近堵塞工况时,尽管此时叶片气动负荷较小,但是气弹稳定性也会平缓下降,且由于与堵塞现象对应的气流攻角数值往往很小,可能是接近于 0°的小的正值或负值,因而一般情况下不会有明显的气流分离。本书作者认为,随着反压的降低,吸力面上的通道激波位置后移,直至变成从后缘射出的两道斜激波,而压力面上则会在靠近后缘区域逐渐出现一道激波,正是这一激波结构的改变导致了气弹稳定性的下降。

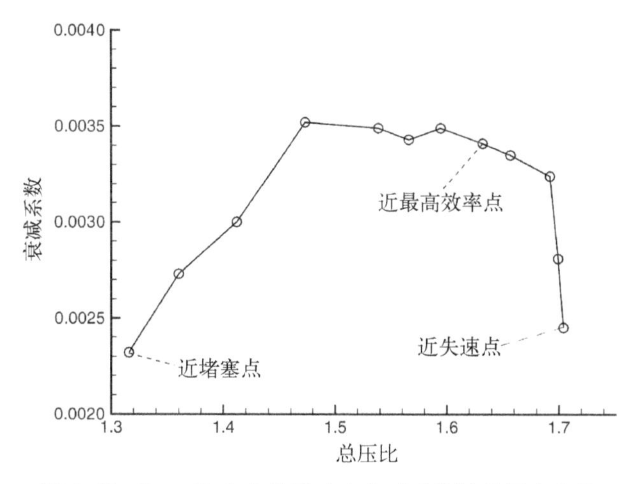

图 8.53　Rotor67 广义位移响应衰减系数随总压比变化

8.5.3　某风扇叶片失速颤振计算

已知某大展弦比风扇叶片试验件缩比模型,由地面实验结果发现在部分转速下当工作点朝失速边界靠近时,会出现动应力过大和叶片振幅不衰减的现象,推测极有可能存在失速颤振的危险。采用时域法对该叶片进行颤振预测,未考虑叶间相位角因素,因而使用了单通道模型。分别对 60%、80%和 100%设计转速进行计算,对应的设计状态叶尖截面进口相对马赫数分别约为 0.88,1.22 和 1.55。

进口采用标准大气条件,出口采用径向压力平衡方程条件,通过调整轮毂处规定的静压来改变叶片工作状态。雷诺数为 3.8×10^6,计算网格总数约为 80 万,图 8.54 显示了半展长 S1 流面和 S2 流面上的拓扑结构及网格。对于三个转速下的所有工况,颤振计算取前六阶模态,物理时间步长取为一阶模态固有动频率倒数的 1/200,虚拟时间迭代步数统一取为 200。

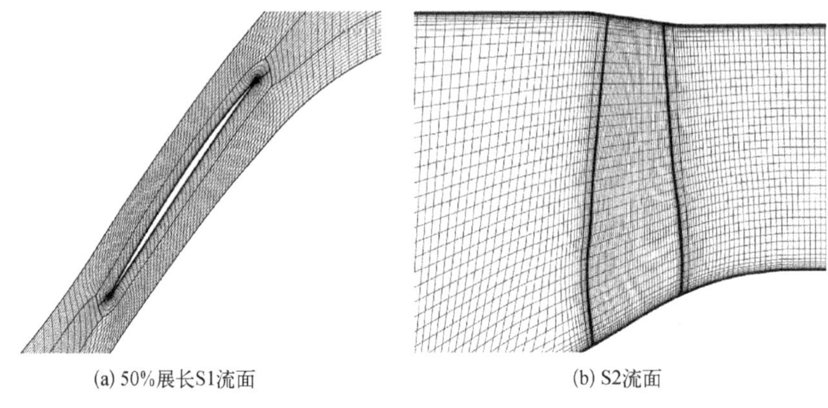

图 8.54　某风扇叶片计算网格示意图

8.5.3.1　60%转速

在 60%设计转速状态下,除了前缘驻点附近,绝大部分区域为亚声速流场。在对该叶片进行考虑预应力作用的有限元分析后得到所有阶模态数据,前六阶模态固有频率分别为 165.4、353.5、477.1、713.7、1 070 和 1 216 Hz,图 8.55 给出了第一阶模态(一阶弯曲)和第三阶模态(一阶扭转)振型。根据工程实际经验,叶片颤振最常以一阶弯曲模态或是一阶扭转模态形式发生,也将在下文看到,本算例中这两阶模态的响应占主导地位。

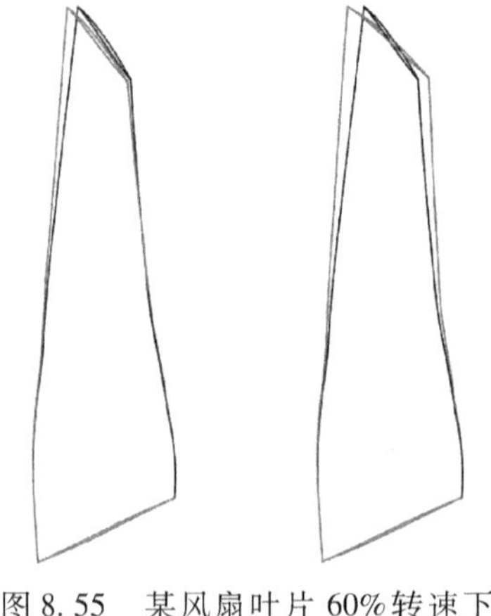

图 8.55　某风扇叶片 60%转速下一阶弯曲(左)和一阶扭转模态(右)振型示意图

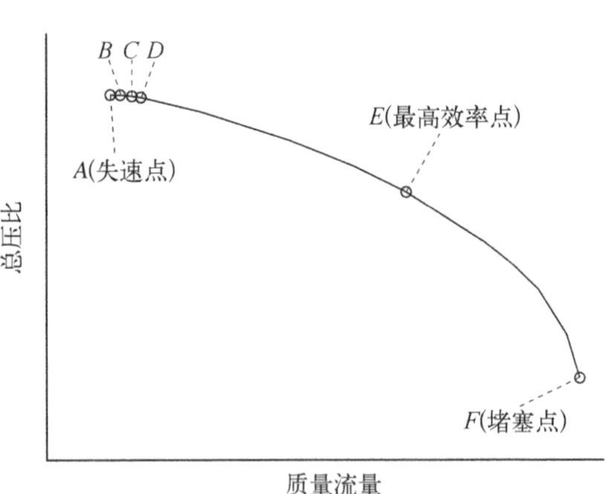

图 8.56　某风扇叶片 60%转速下总压比性能及颤振计算工况点示意图

图 8.56 给出了该风扇叶片 60%转速下的总压比性能,颤振计算选取了 $A\sim F$ 六个工况点,其中,A 为失速临界点,B、C 和 D 为近失速点,E 为最高效率点(设计点),F 为堵塞点。

将三个特征工况点 A、E 和 F 下计算得到的叶片各阶模态广义位移响应曲线表示在图 8.57 中。在失速临界点 A 下,第一阶和第三阶模态均呈发散趋势且后者发散现象更为明显,其余阶模态或是收敛或是保持小振幅不发散。同样对该工况点下叶尖最大变形点实际位移进行 FFT,如图 8.58 所示,各个峰值频率和叶片固有动频率非常接近。上述现象表明:该叶片在 60%转速下存在亚声速失速颤振的危险;在最高效率点 E 和堵塞点 F 下,各阶模态均未出现发散的情况,气弹特性稳定。对于这三个工况,均为第一阶和第三阶模态响应占主导,因而接下来也将主要关注这两阶模态的变化情况。

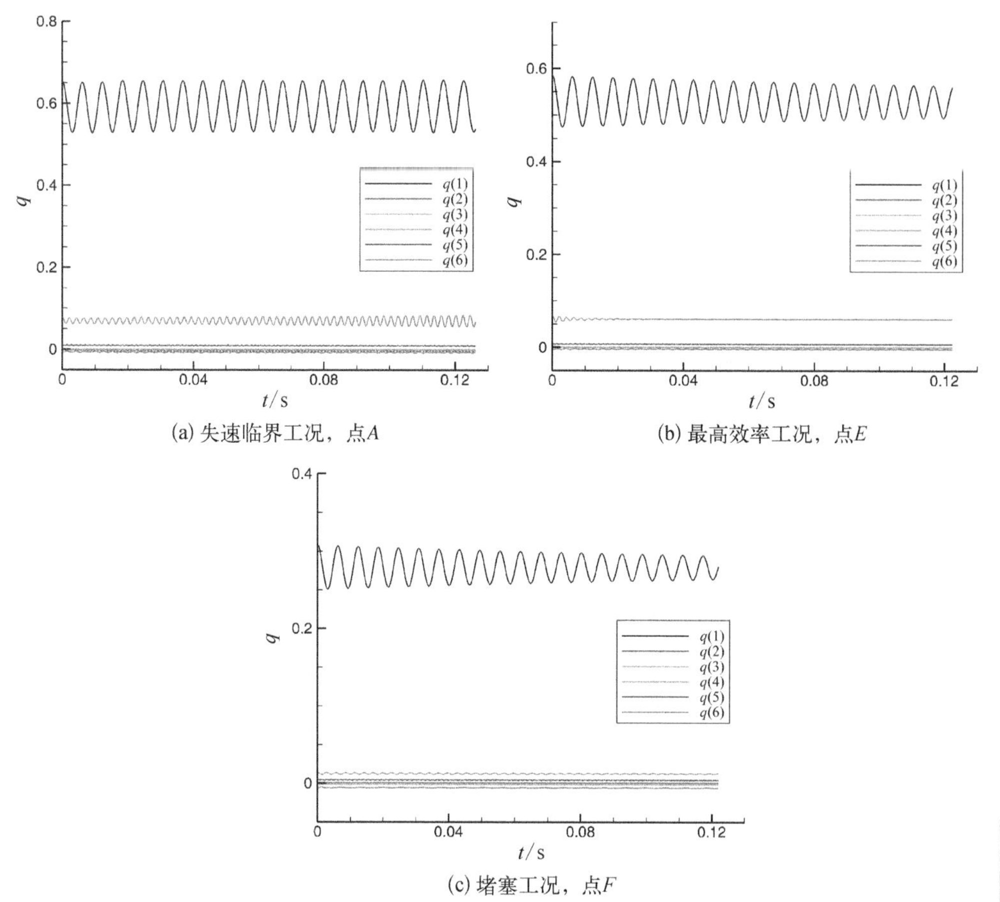

图 8.57　某风扇叶片 60%转速典型工况下各阶模态广义位移响应曲线

为了观察失速点附近颤振特性变化情况并找到颤振边界,将 A、B、C 和 D 四个工况点下的一阶弯曲和一阶扭转模态广义位移响应分别表示在图 8.59 和图 8.60 中。对于弯曲模态,A 点和 B 点振幅略微呈发散趋势,C 点几乎不变,而 D 点则略

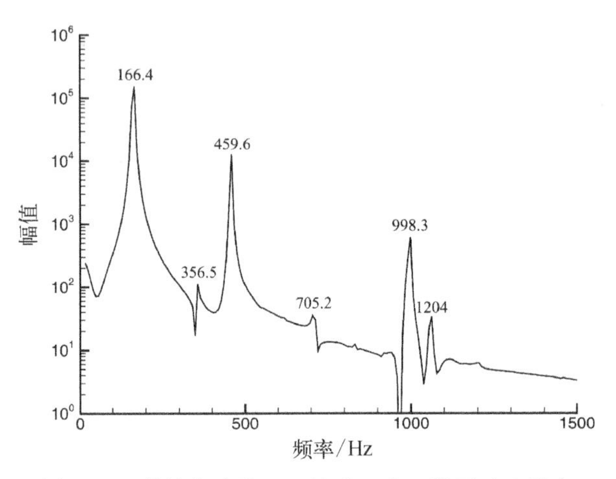

图 8.58　某风扇叶片 60%转速 A 点工况下叶尖最大变形点实际位移响应 FFT 频谱图

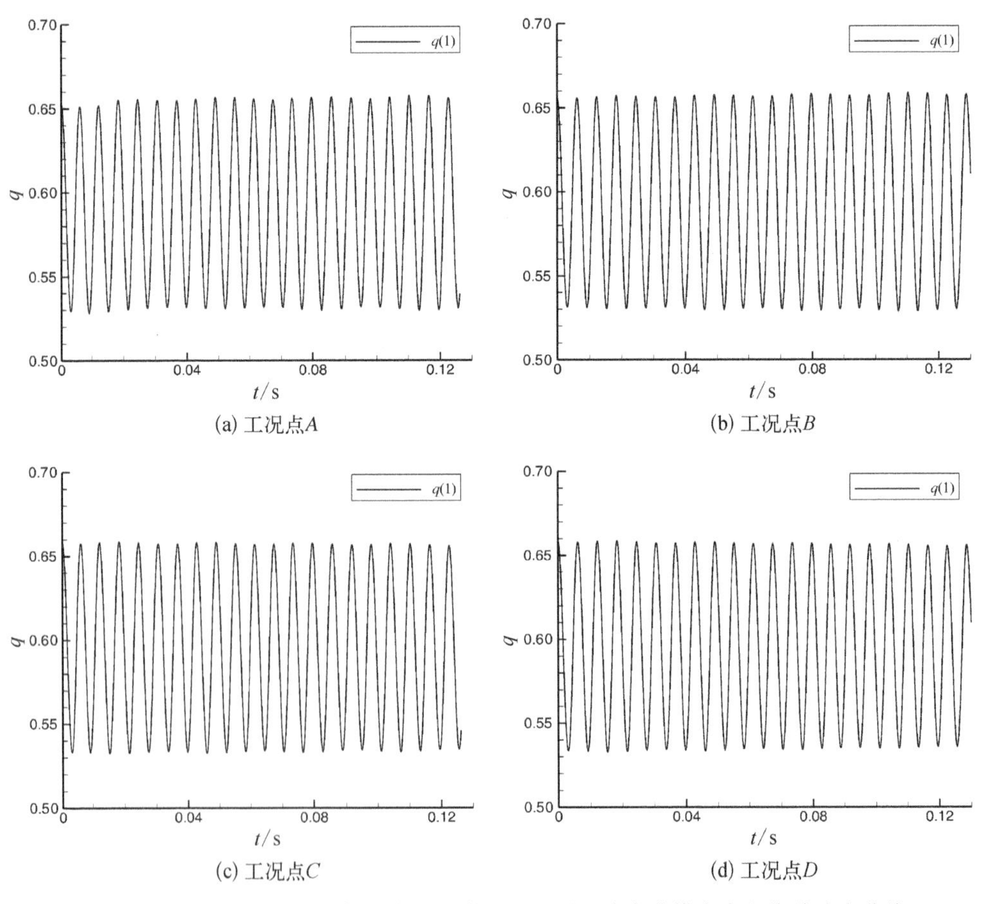

(a) 工况点A　(b) 工况点B　(c) 工况点C　(d) 工况点D

图 8.59　某风扇叶片 60%转速失速点附近工况下一阶弯曲模态广义位移响应曲线

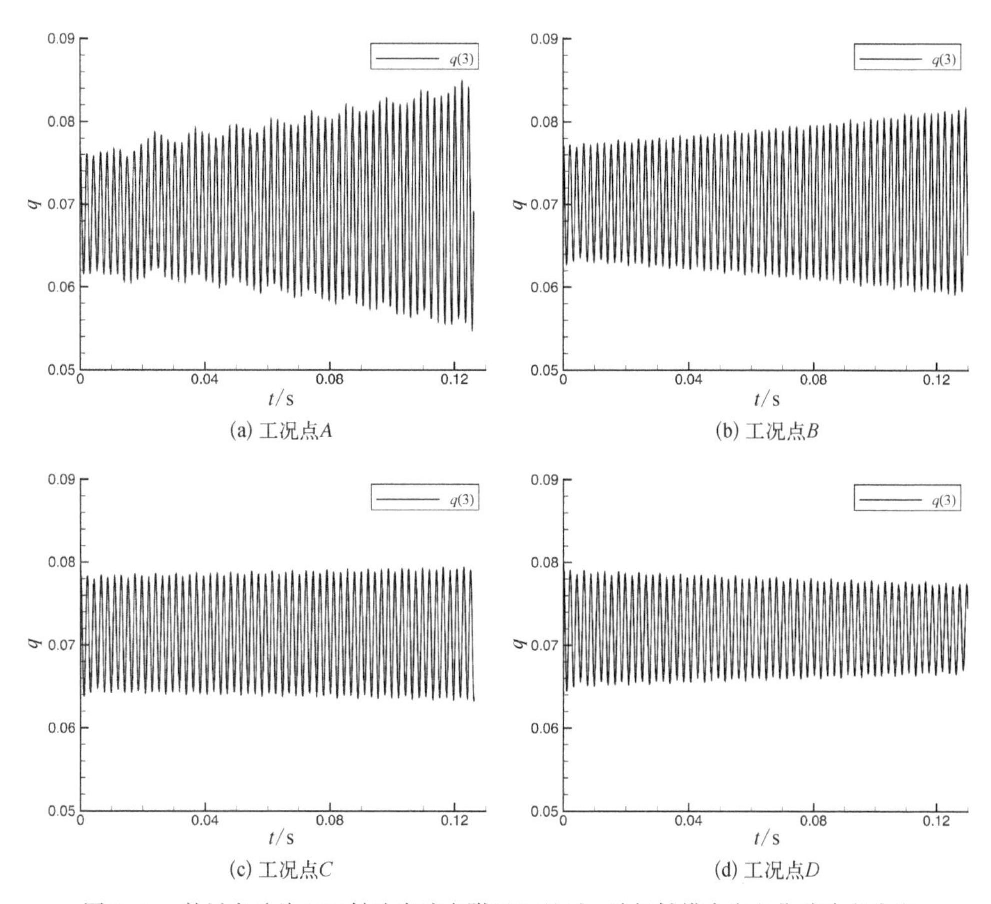

(a) 工况点A　(b) 工况点B

(c) 工况点C　(d) 工况点D

图 8.60　某风扇叶片 60%转速失速点附近工况下一阶扭转模态广义位移响应曲线

微呈收敛趋势;对于扭转模态,各点工况的气弹特性和弯曲模态一致,因而可以近似将 C 点当做颤振临界点且认为两个模态同时开始出现发散现象。对比这两阶模态响应可以发现,弯曲模态响应曲线在失速点附近的收敛(发散)率变化要显著小于扭转模态,后者对工况点变化较为敏感。因此,即使两个模态同时发生颤振,它们的颤振行为也存在较大差异,前者属于一种小幅发散且推测振幅有限,而后者则更接近于经典失速颤振并对航空发动机安全具有更大的危害性。

8.5.3.2　80%转速

在 80%转速时,局部区域出现激波,因而整个流场为一亚/跨声速流场。在设计点流场中,较高展长位置叶型前方出现一道离体正激波,其会打到相邻叶片吸力面上形成通道内的一道激波。正激波后的亚声速流场经由翼面首先加速至超声速,然后经过通道激波后又会减速至亚声速。叶片在 80%转速下前六阶模态固有频率分别为 205.5、407.8、485.3、773.7、1 089 和 1 261 Hz。仍然选取工况点 $A \sim F$

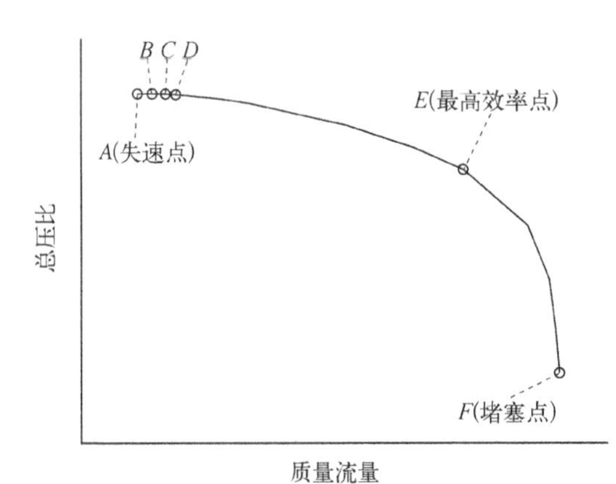

图 8.61　某风扇叶片 80%转速下总压比性能及颤振计算工况点示意图

来对叶片气弹特性进行计算，图 8.61 给出了该转速下的总压比性能及工况点在性能图上的位置。

对失速点 A、最高效率点 E 和堵塞点 F 计算得到的各阶模态广义位移响应如图 8.62 所示。在 A 点工况下，除了一阶弯曲模态发散外，其余各阶模态均呈收敛趋势，而 E 点和 F 点的气弹特性稳定。对 A 点工况下叶尖最大变形点实际位移响应进行 FFT 后得到的频谱信息见图 8.63，一阶弯曲模态基本上仍按照它的固有频率振动，且结合图 8.62 可知，该响应占较大的主导。根据以上现象推测叶片在 80%转速下存在跨声速失速颤振发作的危险。

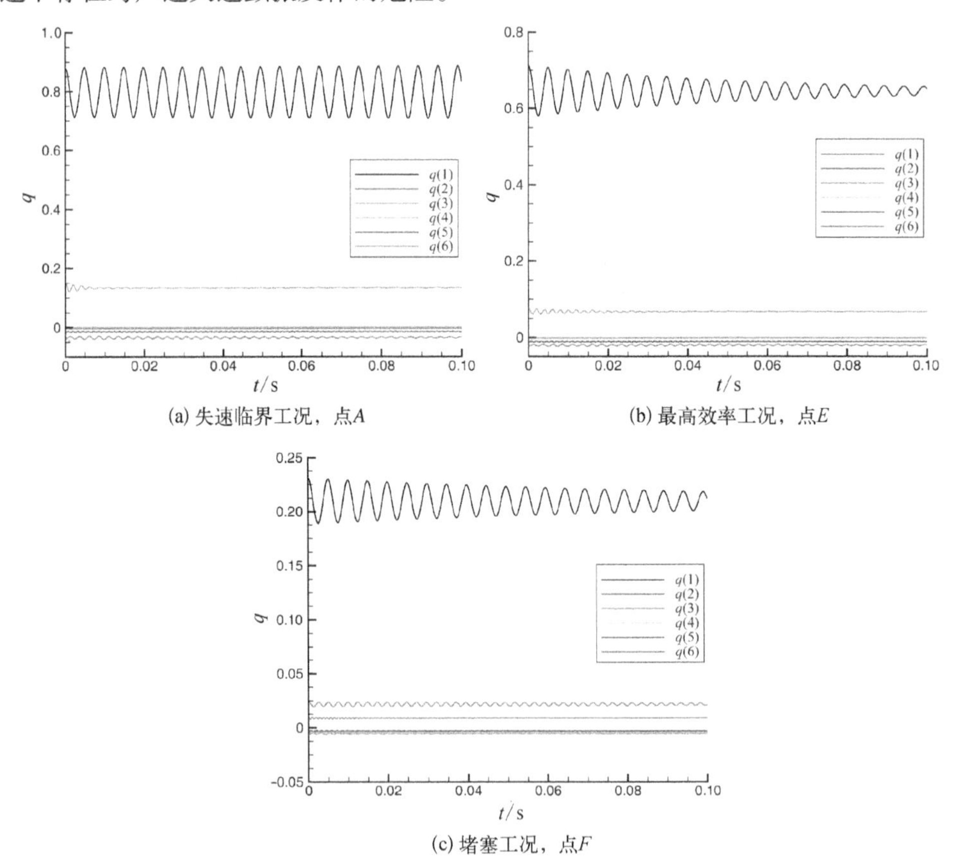

图 8.62　某风扇叶片 80%转速典型工况下各阶模态广义位移响应曲线

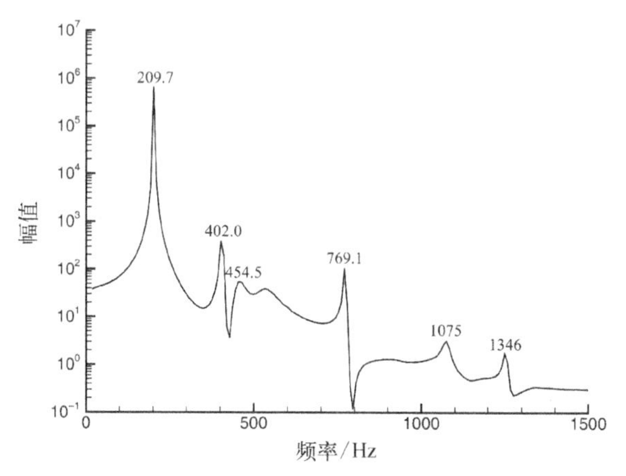

图 8.63　某风扇叶片 80%转速 A 点工况下叶尖最大变形点实际位移响应 FFT 频谱

由于该转速下的失速颤振仅发生于一阶弯曲模态，因而将失速边界附近四个工况点 $A \sim D$ 下的弯曲模态广义位移响应表示在图 8.64 中。随着工况点朝失速边界靠近，响应曲线从收敛趋势逐渐变为发散，相较于 60%转速时弯曲模态小幅发散

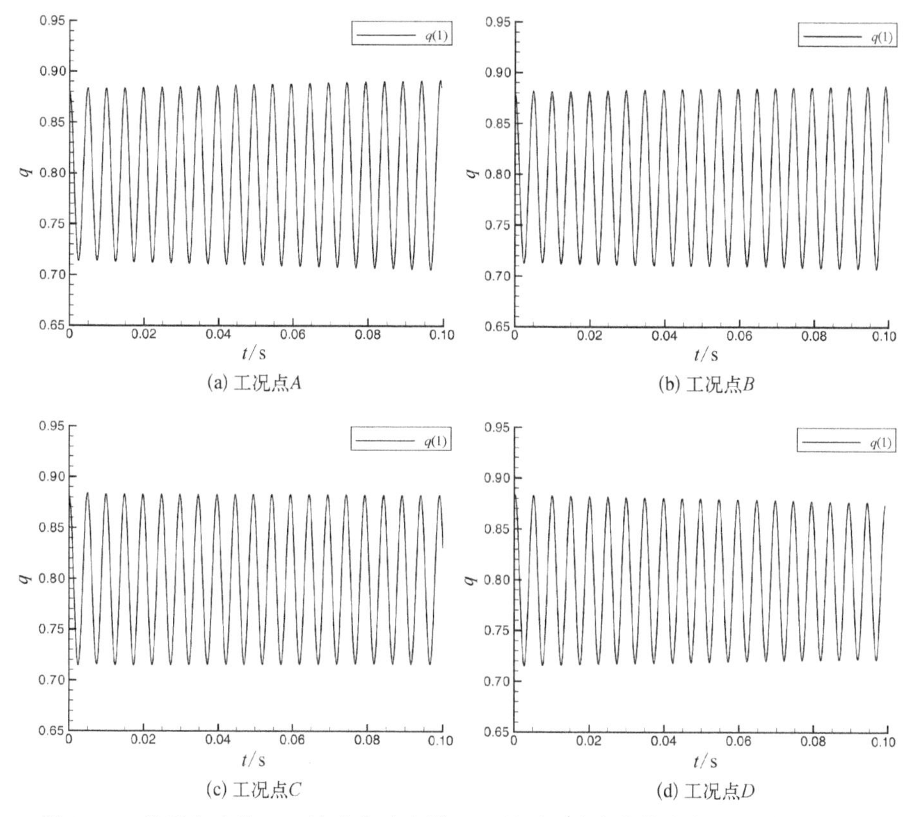

图 8.64　某风扇叶片 80%转速失速点附近工况下一阶弯曲模态广义位移响应曲线

的情况,该转速下的发散率显著提高。颤振临界点大致位于 B 点和 C 点之间。

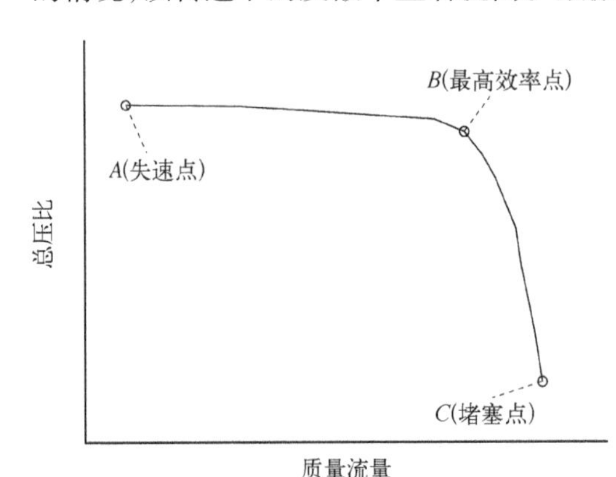

图 8.65　某风扇叶片 100%转速下总压比性能及颤振计算工况点示意图

8.5.3.3　100%转速

100%设计转速时,流场内约半展长以上区域的相对来流均为超声速。在设计点流场中,较大范围展长位置处叶型前方会出现附体的弓形激波,同时通道内激波位置后移,两者联合形成经典的 λ -型激波结构。叶片在100%转速下前六阶模态固有动频率分别为 246.5、465.9、497.4、840.3、1 114 和 1 315 Hz。选取典型工况点 A, B 和 C 来对叶片气弹特性进行计算,图 8.65 所示为该转速下的总压比性能及各工况点在性能图上的位置。

图 8.66 给出三个工况下计算得到的各阶模态广义位移时间响应,三个工况下

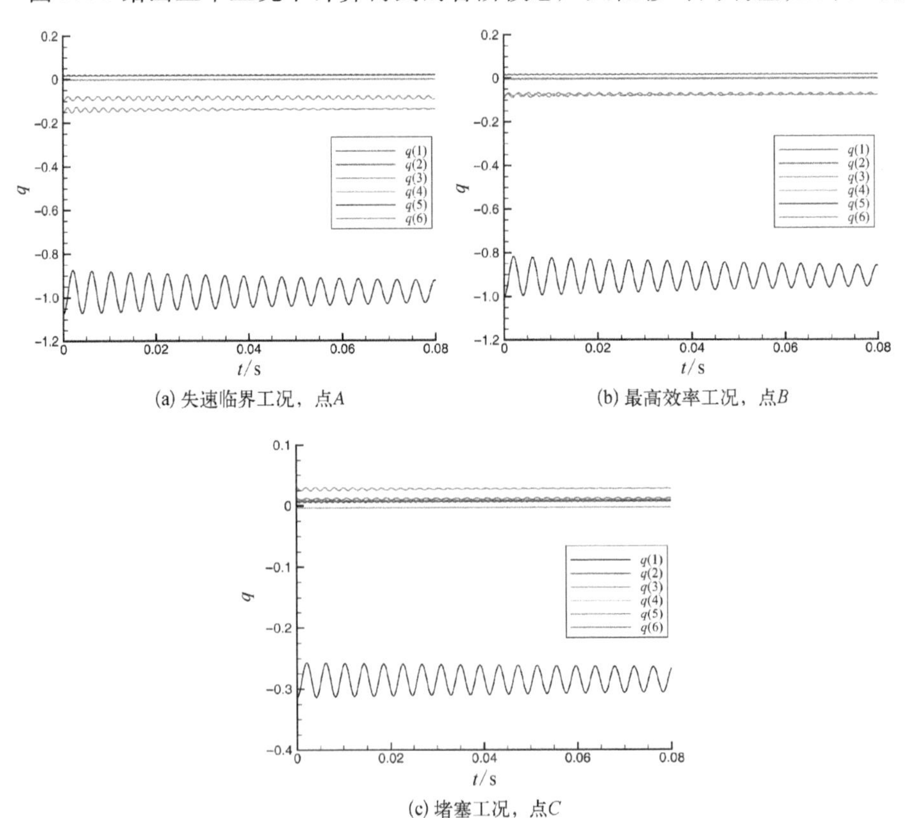

图 8.66　某风扇叶片 100%转速典型工况下各阶模态广义位移响应曲线

所有阶模态响应均呈明显的收敛趋势，说明该风扇叶片在 100%转速下无颤振发作的危险。

以上结果验证了该风扇叶片在部分转速（60%转速和 80%转速）下存在颤振的危险，潜在的颤振类型为亚/跨声速失速颤振，颤振表现形式为：60%转速下一阶弯曲模态小幅发散及一阶扭转模态显著发散；80%转速下仅一阶弯曲模态呈现显著发散；所有情况下的颤振模态均按照各自固有动频率振动，模态之间不耦合。当对更多转速进行颤振计算后，便能够在性能图上定量地给出颤振边界。

8.5.4 失速颤振浅析

尽管利用 CFD/CSD 时域耦合方法预测到了颤振发生，但是对于失速颤振发作的机制至今依然没有明确详尽的结论。唯一能够确认的是边界层内流动变化和流动分离会对颤振起到诱发作用，并且这一作用不同于外流机翼抖振原理。后者是由大迎角下的流动分离或者激波诱导分离直接引起的，本质上属于强迫振动响应。作为激励力的非定常气动力和抖振运动本身无关，且由于分离流较广的频谱分布，抖振一般具有随机性。失速颤振一般仅伴随着叶片上小范围的流动分离现象或者可能是大范围的逆压梯度但是无明显分离现象，此时的非定常气动力受叶片振动影响所展现出来的主要特征频率和叶片固有动频率重合，其表现形式往往为模态非耦合颤振。由此认为可以排除分离流对叶片直接激励，引起振动加剧的可能，相反，分离流对颤振起到的是一种间接作用。随着运行工况接近失速点，由于流动分离等引起的气动力非线性效应逐渐增强，因此此时叶片局部非定常各阶压力脉动和叶片各阶模态振动之间的相位差关系从相对较为恒定的值变得十分复杂。从能量角度来看，这一变化使得气流对叶片做功增加，因而对气弹稳定性起到不利的作用。如果再考虑流场中的激波影响，则将会使得这一过程更加复杂和难以分析。

除了从物理角度分析失速颤振诱因，以下也从数值角度阐述了准确模拟分离流对于预测失速颤振的重要性。如图 8.67 和图 8.68 所示，当采用不同固定虚拟时间迭代步数 N_t 时，60%转速下的两个工况展现出的结果截然不同。在最高效率点 E 下，虚拟时间迭代步数变化对响应曲线的影响很小，在较少的迭代步数下，即使非定常气动力有一定误差，也能得到该工况下准确的颤振特性。而在近失速点 B 下，当虚拟迭代步数取得较少如取为 50 时，会将一阶弯曲模态响应错误的预测为收敛，对一阶扭转模态尽管预测出了和其他情况下一致的发散趋势，但是在发散率上存在较大的差异，因而会导致颤振边界预测偏差。当迭代步数取到 150 和 200 时，两者得到的响应曲线则较为接近。上述现象说明，近失速点工况下的颤振特性对非定常气动力较为敏感。为了准确预测失速颤振，需要对该工况下的分离流场进行更准确的模拟，因此在每一物理时间步内需要包含更多的虚拟时间迭代步数。

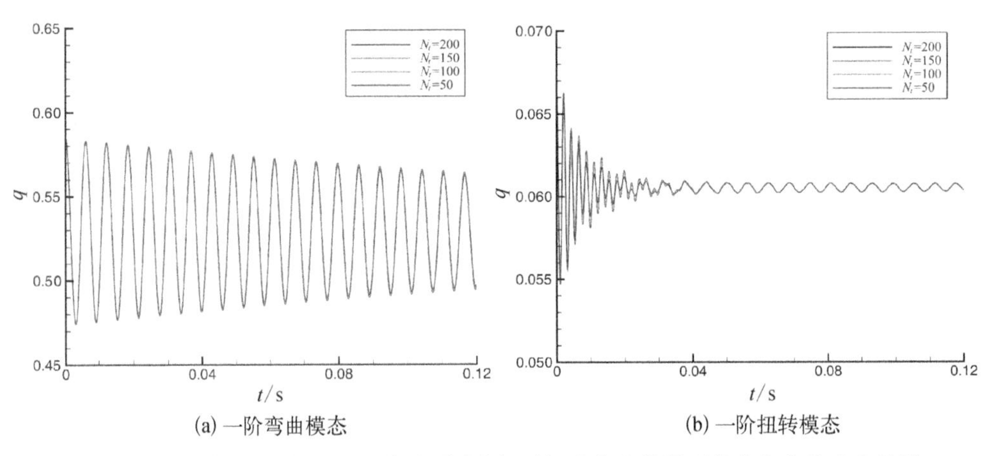

(a) 一阶弯曲模态　　(b) 一阶扭转模态

图 8.67　60%转速 E 点工况下采用不同虚拟时间迭代步数得到的广义位移响应曲线

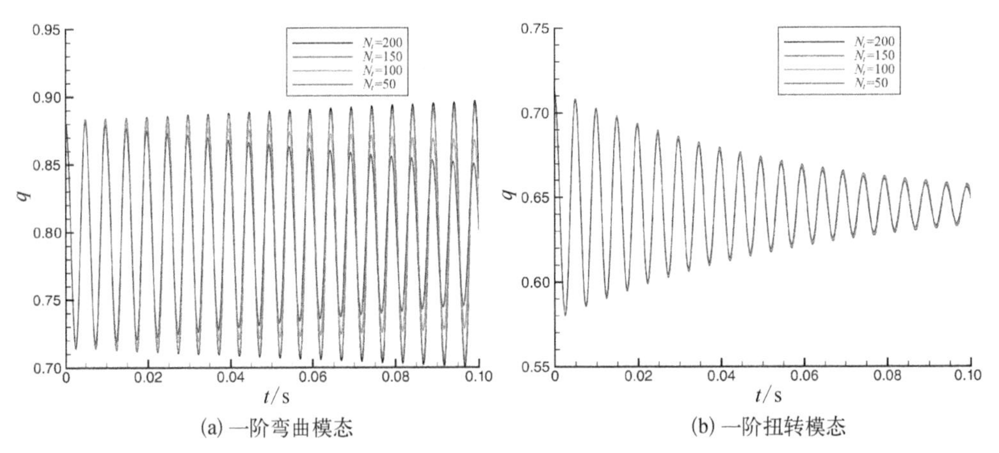

(a) 一阶弯曲模态　　(b) 一阶扭转模态

图 8.68　60%转速 B 点工况下采用不同虚拟时间迭代步数得到的广义位移响应曲线

8.6　航空发动机复杂颤振问题

继孤立叶片之后，CFD/CSD 耦合时域法开始逐渐应用于更为复杂的工程实际问题，本节将其拓展到工程应用中的以下几类特殊颤振问题。

第一类特殊问题为考虑非零叶间相位角的颤振。叶间相位角能够极大影响叶片颤振特性，8.4 节采用传统能量法对此类颤振问题进行了计算，本节将讨论此类问题的时域法并将其与能量法进行比较计算分析。

第二类特殊问题为带阻尼凸肩叶片的颤振。凸肩结构(part-span shrouds)是一种颤振抑制的简单可行的阻尼装置。通常,凸肩结构被安装在叶片较高展长位置,在工作状态时,整环叶片通过相邻凸肩工作面的接触和挤压联结在一起,从而有效地抑制颤振。无论是能量法还是时域法,凸肩结构的存在对气动及结构模拟均带来较大困难。

第三类特殊问题为多排叶片的颤振。真实压气机/涡轮叶片等在工作中均会受前后排叶片的影响,包括了本身相对位置改变引起的势流干扰和黏性效应导致的尾流干扰等。当考虑动静叶排非定常干扰时,叶片在非定常激振力的作用下会做强迫振动,该问题属于动力响应问题。本节主要针对多排叶片进行时域法颤振计算,因此将利用到工程中常用的定常交界面方法,从而将动静干扰导致的非定常效应及引起的强迫振动响应部分隔离开来。

8.6.1　考虑叶间相位角的时域法颤振计算分析

8.6.1.1　计算方案

相较于能量法,采用时域法模拟非零相位角下的叶片气弹问题存在以下几个方面的困难。首先,时域法中叶片强迫振动的假设被解除,为此需要解决如何使得相邻叶片按照指定相位差振动的问题。其次,时域法中涉及多模态振动,因而对每个模态都需要指定一个相位角,它们是否可以认为一致,相互之间有无影响均需充分考虑。此外,能量法中广泛采用的行波模型是否依然能够适用于时域法也存疑。

实验中测得的相位角因素远比计算所作假设复杂得多,不仅各模态的相位角可能不同,而且它们在整环叶片内一般也不是常值,甚至还会随时间发生变化。如果已知实验测得的各叶片之间各模态详细的相位信息及其变化数据,则可以利用时域法进行最为接近实际情况的模拟。针对以上几个问题作出以下假设或者简化方案。

对于非线性气弹效应不是太强的问题,各阶模态的振动频率和相位角几乎保持不变,因而采用延迟起振的方法来确保相邻叶片间具有指定的相位差。如对于任意叶间相位角 σ,当计算开始时,只需要令上游叶片相对于下游叶片开始振动的时间延迟 σ/ω_i,其中 ω_i 为某阶模态固有频率。同时假定行波模型依然成立并且认为所有模态都具有相同的相位角。

基于以上假设,采用多通道模型结合周期边界条件进行考虑叶间相位角的时域颤振计算,只考虑部分特定相位角情形,所需模拟的通道数和相位角的关系见式(8.44)。

8.6.1.2　算例分析

8.4.3.2 节针对 Rotor67 最高效率点工况,采用能量法对四个典型相位角下的气弹特性进行了预测。这里采用时域法对相同工况进行计算,最终得到的各叶片之间所有阶模态都具有规定的相位差。鉴于该算例中一阶模态占绝对主导,图 8.69 只展示了一阶模态广义位移时间响应,由于起振时间存在延迟,因此各个叶片起始的横坐标不一致。随着计算时间推进,初始相位差将一直保持。不同相位角下的位移响应曲线均呈收敛趋势,但是收敛率有所不同。由于收敛率一定程度上能够表征振动系统阻尼,因此为了进行定量比较,图中还一并给出了用指数函数拟合得到的衰减系数 ζ。将不同相位角下的 ζ 在图 8.70 中表示出来,由图可见:同相振动情况下衰减系数最小也即气弹稳定性较差,而反相振动情况下气弹稳定性最好。图中的变化趋势和能量法计算得到的气动阻尼系数随相位角的变化趋势(图 8.46)吻合很好,说明了两种方法预测的叶片颤振特性是一致的。

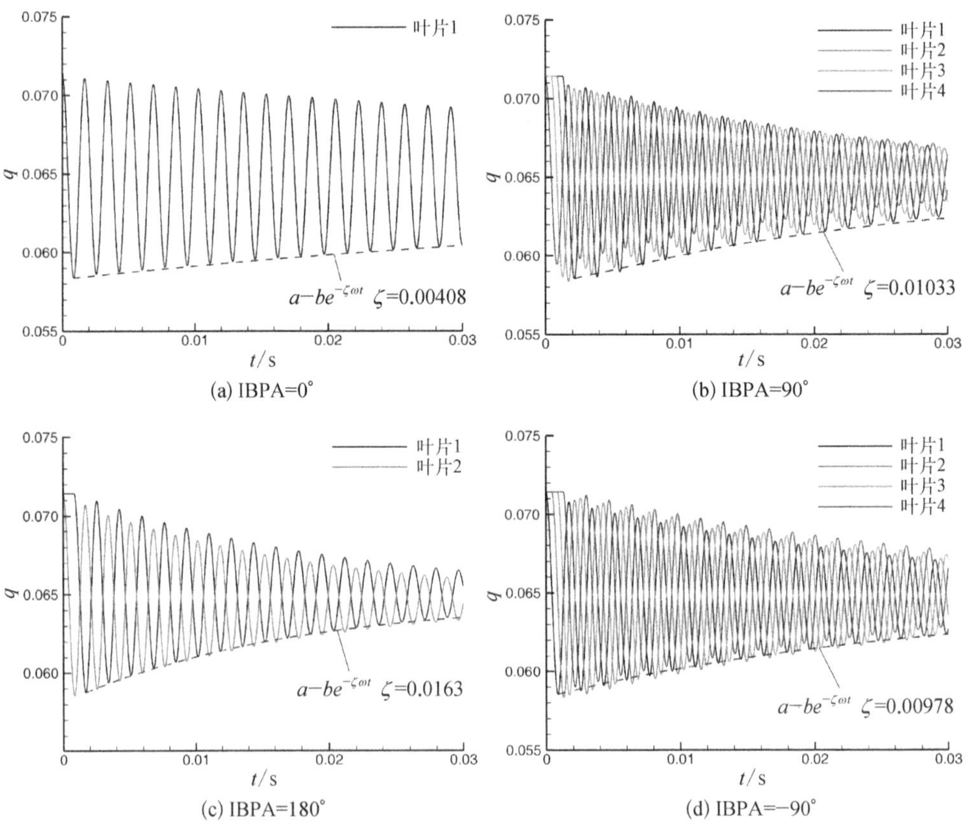

(a) IBPA=0°　(b) IBPA=90°　(c) IBPA=180°　(d) IBPA=−90°

图 8.69　不同相位角下时域法计算得到的第一阶模态广义位移响应及指数函数拟合曲线

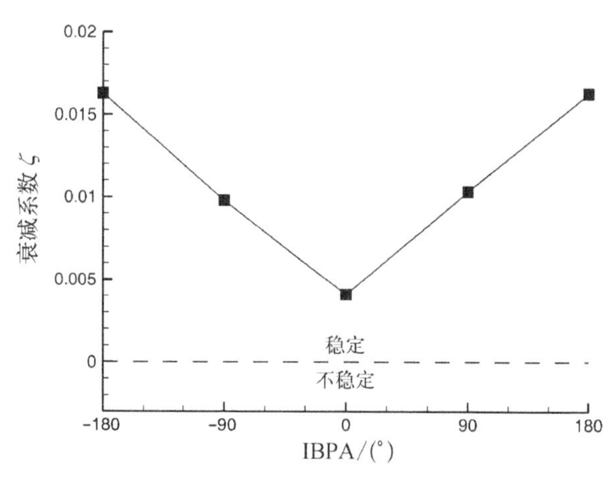

图 8.70　衰减系数 ζ 随叶间相位角变化

8.6.2　带阻尼凸肩叶片的时域法颤振计算分析

本节将时域法拓展到带凸肩结构叶片的颤振问题，比较计算不带凸肩叶片(unshrouded blade)和带凸肩叶片(shrouded blade)的颤振特性，分析凸肩抑制颤振作用的机制。

8.6.2.1　计算模型

由于当前文献中并未给出任何实际的带凸肩结构叶片模型数据，因此这里仍然选取 Rotor67 转子叶片的冷态外形(见 8.4.3.2 节)作为基础模型。鉴于凸肩结构大多安装在大展弦比风扇叶片上，对它进行了模型修改，具体为保持叶片上每个点轴向和周向坐标不变，径向坐标调整为原始值的两倍。得到的新叶片展弦比为 3.12，额定转速也相应调整为原始的一半，其余的关键设计参数如叶片数、叶尖马赫数、叶尖间隙等均保持不变。

对新风扇叶片引入一个典型的凸肩结构，如图 8.71 所示。凸肩结构类似于一块三角形薄板，安装在大约 65%叶片展长位置处。凸肩在叶片上的起始点和终止点分别位于当地弦长 40%和 80%位置处。当风扇叶片工作时，相邻叶片的凸肩(图中用蓝色与绿色表示)会贴合在一起，它们的接触面一般被设计为近似垂直于两叶片表面。

凸肩结构给 CFD 网格生成带来较大困难，特别是对于两侧周向边界网格的处理。注意到风扇工作下相邻凸肩始终贴合在一起，因而将它们看作一个整体，在由周向边界分割后，凸肩结构变为类似四边形薄板的结构，如图 8.72 所示。在不影响气动力计算的前提下，网格生成过程得到简化，周期边界条件也更容易实施。最终,整体计算域被凸肩结构分为上下两部分,分别在两部分生成高质量流场计算网格。网格总数约为 120 万,图 8.73 展示了不带凸肩和带凸肩结构下的叶片表面局部网格。

图 8.71　带凸肩结构跨声速风扇叶片模型及凸肩结构细节

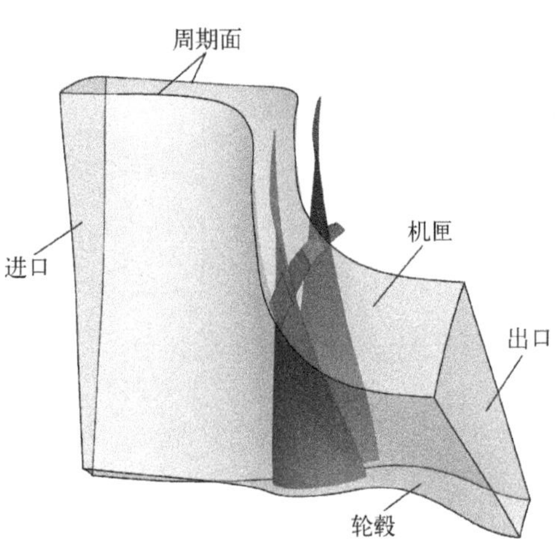

图 8.72　流场计算域及改变后的凸肩结构示意图

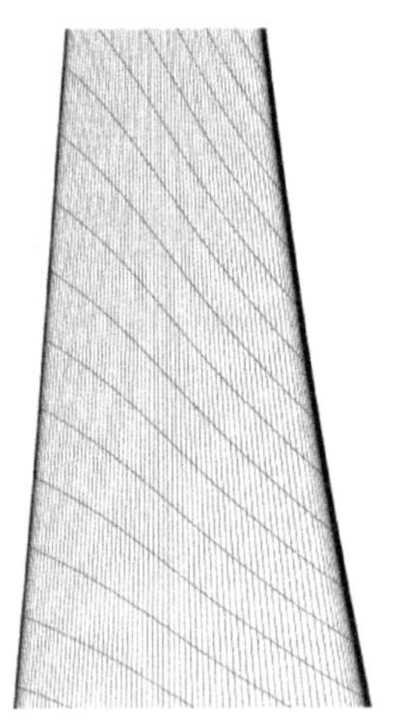
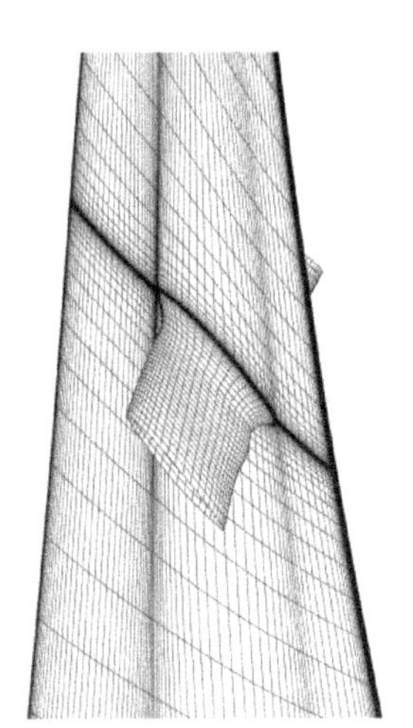

图 8.73　不带凸肩结构(左)和带凸肩结构(右)下的叶片表面局部网格示意图

8.6.2.2　计算方案

带凸肩结构叶片的非定常气动力 CFD 计算方法和常规叶片大致相同,但是叶片的振动会带动凸肩运动,再加上其自身的弹性变形,使得两侧周向边界上对应网格点的周期条件不再满足。为此采取如下简化方案:首先根据时域法计算出凸肩真实变形,在该变形基础上,令凸肩在周向边界处的变形取为上游和下游周向边界对应点的计算变形值的平均,而凸肩在叶片边界处的变形保持不变,其余位置处的变形则根据两侧的变形插值得到。该方案虽然一定程度上改变了凸肩结构的外形,但是这一改变只是略微影响局部流场,而对结构场的计算并无影响,实际应用也表明这一简化对气弹计算结果的影响几乎可以忽略不计。

结构模拟仍然采用模态法。当叶片工作时,相邻叶片凸肩的接触面之间存在额外的挤压力和摩擦力,因而模态空间下的结构运动方程变为

$$\boldsymbol{M}\ddot{\boldsymbol{q}} + \boldsymbol{K}\boldsymbol{q} = \boldsymbol{F}_{\mathrm{a}}(t) + \boldsymbol{F}_{\mathrm{s}}(t) \tag{8.62}$$

式中,$\boldsymbol{F}_{\mathrm{s}}$ 代表凸肩接触面上作用力引起的广义结构外力向量,可以表示为

$$\boldsymbol{F}_{\mathrm{s}} = \boldsymbol{\Phi}^{\mathrm{T}}(\boldsymbol{f}_{\mathrm{n}} + \boldsymbol{f}_{\mathrm{f}}) \tag{8.63}$$

式中,$\boldsymbol{f}_{\mathrm{n}}$ 和$\boldsymbol{f}_{\mathrm{f}}$ 分别表示接触面上的挤压力和摩擦力,它们仅在接触面上有非零值,而在叶片表面其余位置上等于零。

有限元建模中,采用八节点三维实体单元离散结构模型,叶片及凸肩材料均采用常规的钛合金,轮毂处进行固支处理,模态分析考虑了凸肩结构的存在及其对固有动频率和振型向量的影响。由于假定了非振动状态下凸肩之间的作用力较小,因而固有动频率变化不大(表 8.8)。图 8.74 还展示了带凸肩和不带凸肩叶片的第一阶和第三阶模态振型示意图。

表 8.8　带凸肩和不带凸肩风扇叶片固有动频率　(单位: Hz)

	一阶	二阶	三阶	四阶	五阶	六阶
带凸肩叶片	249.70	430.68	589.31	872.22	1 283.95	1 419.3
不带凸肩叶片	252.17	433.85	593.78	851.43	1 258.40	1 400.12

当风扇叶片工作时,凸肩接触面上实际的运动和动力学特性非常复杂。其主要原因是相邻凸肩间存在多种状态,如贴合、滑移和分离等情形,并且挤压力$\boldsymbol{f}_{\mathrm{n}}$ 和摩擦力$\boldsymbol{f}_{\mathrm{f}}$ 也难以准确获取。为此假定叶片振动幅度较小,相邻凸肩被认为始终贴合在一起。基于该假设,采用一种简化的接触面作用力模型。该模型考虑了挤压力和摩擦力随叶片振动的变化,并且摩擦力遵循库伦摩擦定律,从而$\boldsymbol{f}_{\mathrm{n}}$ 和$\boldsymbol{f}_{\mathrm{f}}$ 有如下表达式:

$$\begin{aligned} \boldsymbol{f}_{\mathrm{n}} &= (f_{\mathrm{n},0} + k_{\mathrm{n}}\Delta r_{\mathrm{n}})\boldsymbol{n}_{\mathrm{face}} \\ \boldsymbol{f}_{\mathrm{f}} &= k_{\tau}\Delta r_{\tau}\boldsymbol{\tau}_{\mathrm{face}} \end{aligned} \tag{8.64}$$

式中,$f_{\mathrm{n},0}$ 为法向预载荷;k_{n} 和 k_{τ} 分别为法向和切向刚度;Δr_{n} 和 Δr_{τ} 分别为凸肩法向和切向相对位移分量;$\boldsymbol{n}_{\mathrm{face}}$ 和$\boldsymbol{\tau}_{\mathrm{face}}$ 分别为接触面法向和切向单位方向向量。

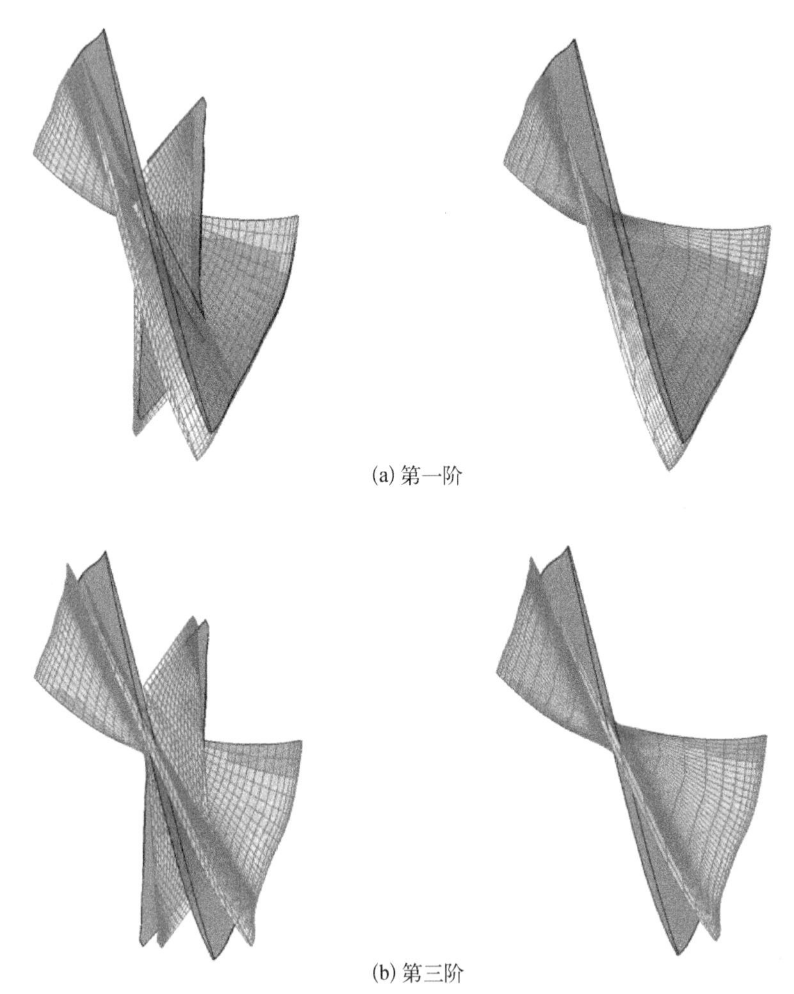

(a) 第一阶

(b) 第三阶

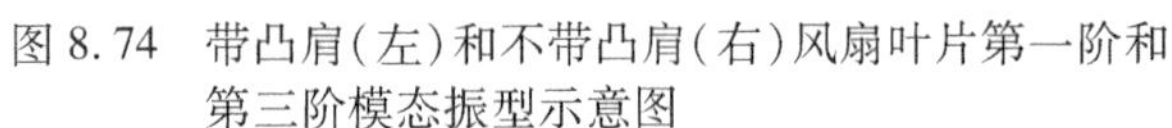

图 8.74　带凸肩(左)和不带凸肩(右)风扇叶片第一阶和第三阶模态振型示意图

8.6.2.3　计算结果与分析

对该大展弦比风扇叶片的颤振计算也是从冷态外形出发。由静气弹计算得到的静平衡变形可知,第一阶(一阶弯曲)和第三阶(一阶扭转)模态占较大的主导。颤振计算状态选为该风扇叶片最高效率点,物理时间步长取为一阶模态固有动频率倒数的 1/200,虚拟时间迭代步数取为固定值 100。首先对不带凸肩风扇叶片的颤振特性进行计算,考虑了同相振动和反相振动两种情形,所得到的广义位移响应曲线如图 8.75 所示。从图中可以看出,各阶模态响应均呈收敛趋势,不带凸肩风扇叶片在该工况下无颤振危险,并且反相振动下的气弹稳定性更好。

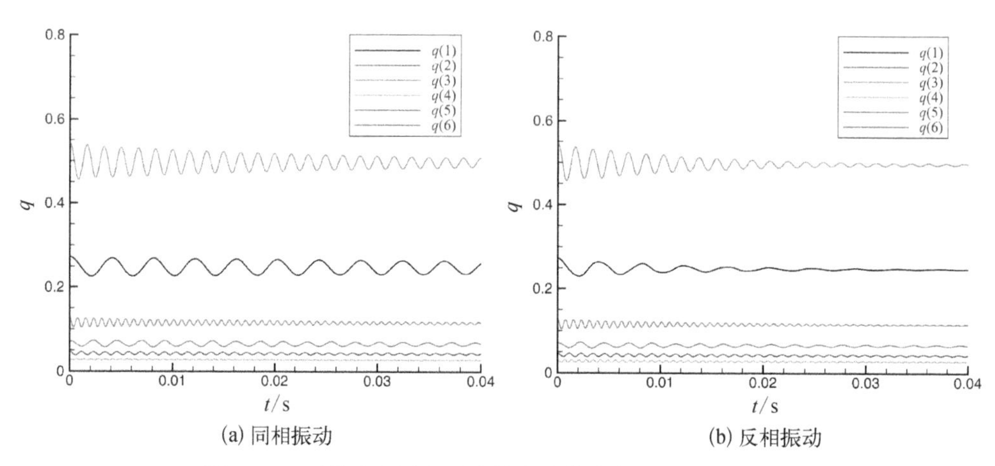

(a) 同相振动　　(b) 反相振动

图 8.75　不带凸肩风扇叶片的各阶模态广义位移响应曲线

带凸肩结构风扇叶片颤振计算中法向预载荷 $F_{n,0}$ 等于 0,根据实际经验,令无量纲 k_n 和 k_τ 取为 50,计算结果如图 8.76 所示。比较图 8.75 和 8.76 发现:无论对于同相还是反相振动,凸肩结构的存在均使得各阶模态收敛率明显提升,数值上验证了凸肩结构对颤振的抑制作用;两种叶片模型计算得到的平衡位置存在一定差异,尤其体现在第三阶模态上,差异达到 10%,这一差异主要是由凸肩引起的气动力变化导致的。

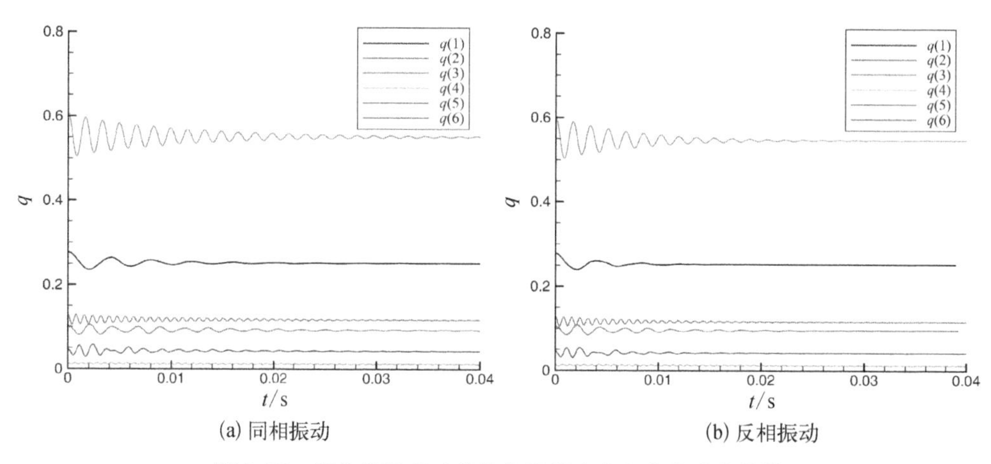

(a) 同相振动　　(b) 反相振动

图 8.76　带凸肩风扇叶片的各阶模态广义位移响应曲线

进一步分析可知,凸肩对气弹稳定性的提升作用是两部分因素的共同结果。其一是由于相邻凸肩之间挤压和摩擦作用导致的对叶片振动的阻尼效果,从能量角度来看,挤压力和摩擦力对叶片所做的负功使得一个周期内叶片振动能量不断减小,因而称该因素为机械阻尼因素。另一个因素为凸肩外形引起的非定常气动力变化的影响,称为附加气动阻尼因素。前者对颤振的抑制作用显而易见,而后者对气弹稳定性是否起积极作用，以及作用的大小均未知。

为了分析气动阻尼因素对气弹稳定性的影响，仍然对带凸肩风扇叶片进行颤振计算，但是忽略掉接触面上的作用力，即令$\boldsymbol{f}_{\mathrm{n}}$ 和$\boldsymbol{f}_{\mathrm{f}}$ 等于 0，此时得到的同相振动和反相振动下的广义位移响应曲线分别表示在图 8.77 和图 8.78 中。为了比较清晰，图中只给出了第一阶和第三阶模态响应，同时也一并给出了上述两种叶片模型的计算结果，其中黑色实线代表不带凸肩风扇叶片模型，红色实线代表带凸肩风扇叶片模型，红色虚线也代表带凸肩风扇叶片模型，但是不考虑凸肩接触面上的作用力。观察图 8.77 中黑色实线和红色虚线结果可以发现，它们的响应曲线收敛率比较接近，说明附加气动阻尼因素的作用较小，甚至对于第一阶模态，还会略微起到和颤振抑制相反的作用。如图 8.78 所示，反相振动下也有类似现象。以上结果从数值角度验证了机械阻尼因素是凸肩抑制颤振的最主要因素，而附加气动阻尼因素的作用相比于它几乎可以忽略。

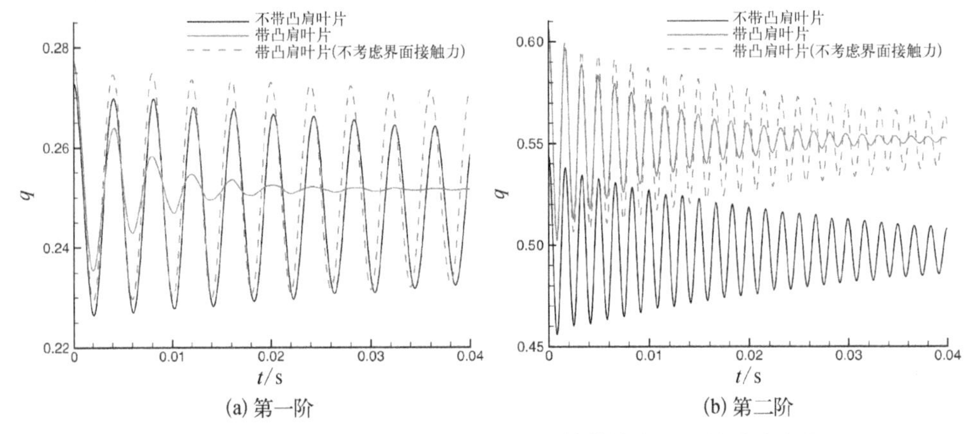

(a) 第一阶　　(b) 第二阶

图 8.77　同相振动下三种风扇叶片模型的结构模态广义位移响应曲线

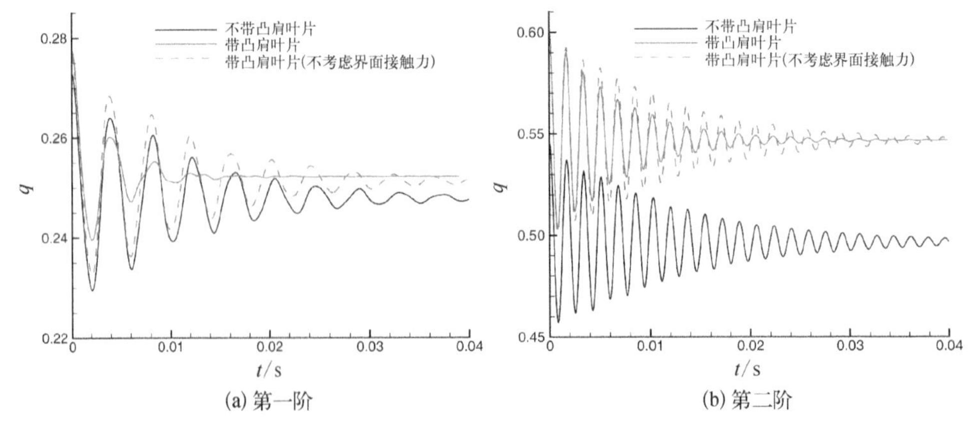

(a) 第一阶　　(b) 第二阶

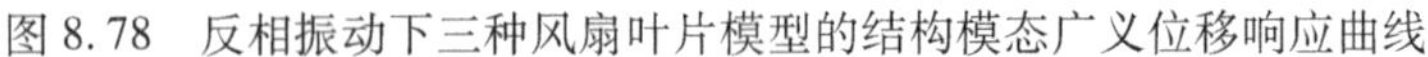

图 8.78　反相振动下三种风扇叶片模型的结构模态广义位移响应曲线

8.6.3　多排叶片时域法颤振计算分析

8.6.3.1　计算方案

相较于孤立叶片，多排叶片颤振计算首先需要考虑如何处理动静交界面。这里采用工程上最为常用的一种定常交界面处理方法——周向混合法。该方法假设动(静)子叶排内的流动在到达交界面之前已经发生充分的掺混，因而不需要考虑由动静叶排相对位置变化引起的非定常效应。周向混合法对于每一叶排均只需要模拟单个通道，计算过程较为简单且计算效率较高。应用该方法时，要求交界面两侧的网格在径向上匹配联结，因此在生成静态网格时需要预先考虑这一点。

周向混合法直接根据流动方向来传递交界面两侧通量，能够严格保证质量、动量和能量在交界面处的守恒。在任意径向位置处，上游总通量由上游当地质量、动量和能量通量，以及下游平均静压决定，而下游总通量由上游平均后的质量、动量和能量通量，以及下游当地静压决定。假定交界面法向为轴向(x 方向)，在任意径向位置有

$$
\begin{aligned}
F_1^{\text{up}} &= (\rho V)^{\text{up}} & F_1^{\text{down}} &= (\overline{\rho V})^{\text{up}} \\
F_2^{\text{up}} &= (\rho u V)^{\text{up}} + \overline{p}^{\text{down}} & F_2^{\text{down}} &= (\overline{\rho u V})^{\text{up}} + p^{\text{down}} \\
F_3^{\text{up}} &= (\rho v V)^{\text{up}} & F_3^{\text{down}} &= (\overline{\rho v V})^{\text{up}} \\
F_4^{\text{up}} &= (\rho w V)^{\text{up}} & F_4^{\text{down}} &= (\overline{\rho w V})^{\text{up}} \\
F_5^{\text{up}} &= (\rho H V)^{\text{up}} & F_5^{\text{down}} &= (\overline{\rho H V})^{\text{up}}
\end{aligned}
\tag{8.65}
$$

式中，上标 up 和 down 分别表示交界面上游侧和下游侧的流动变量；上横线则表示对该径向位置上所有单元面的变量按面积加权方式进行周向平均后的结果。对交界面上的通量进行简单转换后可以得到相应的守恒量或者原始变量，从而用于规定边界条件。

周向混合法的具体流程如下：

(1) 分别计算各自叶排非定常流场，通过插值得到交界面上的流场变量分布。

(2) 对交界面上游叶排的质量、动量和能量通量按照面积加权进行周向平均，并将平均后的值传递给下游叶排；对交界面下游叶排的压强按照面积加权进行周向平均，并将平均后的值传递给上游叶排。

(3) 根据式(8.65)对交界面上的流动变量进行掺混，从而得到各自叶排交界

面上的通量,并由此规定边界条件。

(4) 重新计算下一时刻的非定常流场并重复(1)~(3)。

对于多排叶片颤振问题,实际计算时只令关注的某排叶片在非定常气动力作用下发生弹性振动,其余叶排叶片则假定是刚性的。对该弹性叶片的时域法颤振计算流程和孤立叶片的计算流程一致。

8.6.3.2 计算模型

计算模型是一个公开的 3.5 级轴流式压气机,如图 8.79 所示,选取压气机前 1.5 级进行研究,包括第一级静子叶排,第一级转子叶排和第二级静子叶排。它们的叶片数分别为 38、40 和 25,静子叶排无间隙,转子叶排内存在 0.3 mm 的叶尖间隙。计算状态选择一个高亚声速近最高效率点工况:转子叶片具有转速 15 000 r/min,轴向均匀进气,进口总压 101 325 Pa,进口总温 288.15 K,出口轮毂处规定静压 106 000 Pa。图 8.80 为计算网格在 S2 流面和半展长 S1 流面上的示意图,每个叶排通道网格数分别为 50 万,81 万和 52 万。

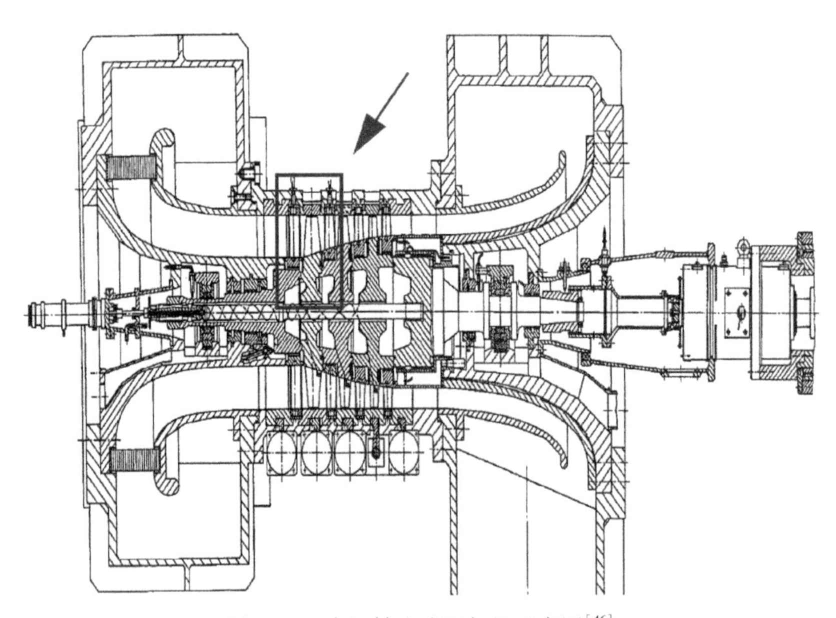

图 8.79　多级轴流式压气机示意图[46]

8.6.3.3 计算结果及分析

定常计算得到的质量流量为 118 kg/s,总压比为 1.25,总温比为 1.07。图 8.81 展示了 90%展长截面相对马赫数云图,由于采用了周向混合的定常算法,因此交界面两侧流场并不连续。上游叶排中产生的尾迹及其他周向不均匀特征到达

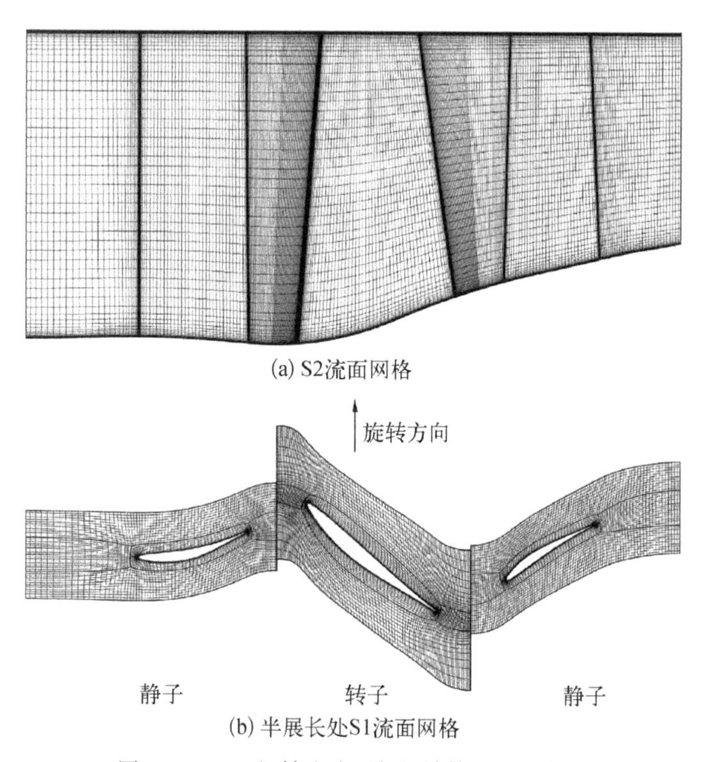

图 8.80　1.5 级轴流式压气机计算网格示意图

出口处即终止，而不会进入到下游叶排中，并且由于混合引起的流场耗散效应，尾迹的厚度逐渐变宽。这一现象在图 8.82 中也能得到体现，交界面上游出口存在由于尾迹引起的高熵增区域，而下游进口的熵增除了近边界层区域外较为均匀且数值上趋近于 0。

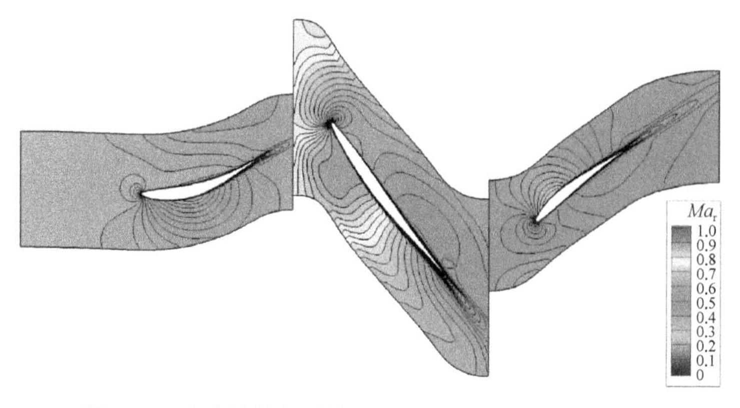

图 8.81　定常计算得到的 90%展长截面相对马赫数云图

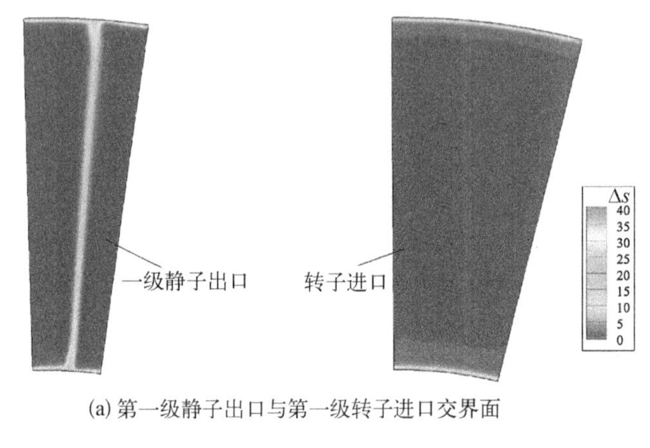

(a) 第一级静子出口与第一级转子进口交界面

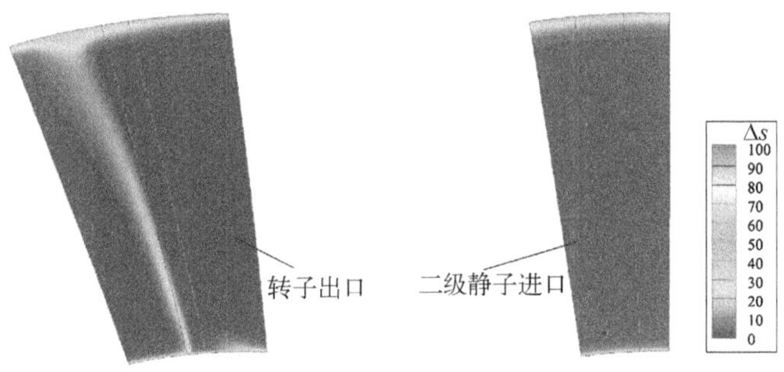

(b) 第一级转子出口与第二级静子进口交界面

图 8.82　定常计算得到的动静叶排交界面两侧熵增云图

结构有限元方面，对转子叶片仍然采用六面体实体单元建模，材料假设为钛合金，根部进行固支约束，考虑叶片旋转引起的惯性载荷。对其进行非线性静力学分析，得到离心力引起的最大变形位于叶尖截面前缘点，变形位移为 0.24 mm。对基于动力学模态分析获得的前六阶模态进行静气弹及颤振计算，图 8.83 展示了前两

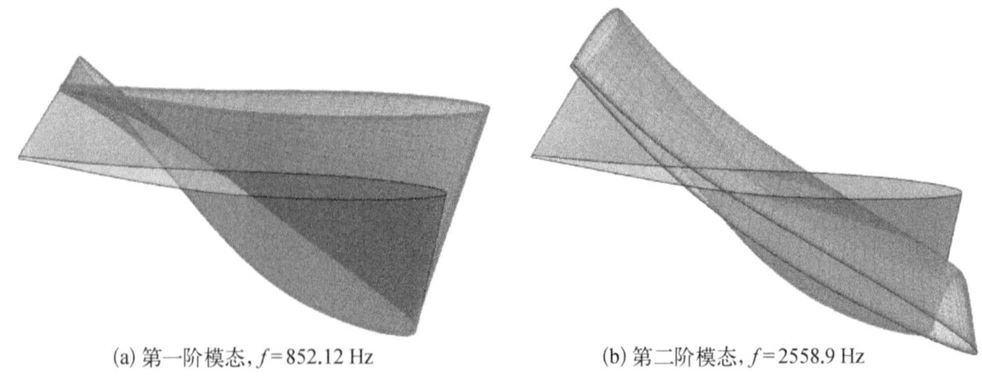

(a) 第一阶模态，f=852.12 Hz　　(b) 第二阶模态，f=2558.9 Hz

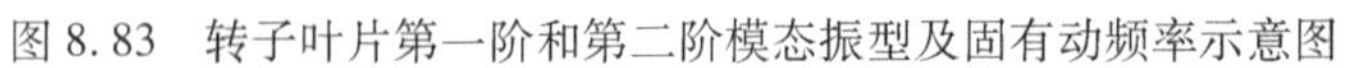

图 8.83　转子叶片第一阶和第二阶模态振型及固有动频率示意图

阶模态振型和固有动频率。静气弹计算结果显示，一阶模态（弯曲模态）占绝对主导，最大总变形位移约为 0.29 mm。

图 8.84 给出了该转子叶片颤振计算得到的各阶模态广义位移时间响应曲线，如图所示，各阶模态收敛性良好，且各自振动频率均保持为它们的固有频率，这一现象和孤立叶片在气弹稳定工况下的行为相似。需要注意的是，由于隔离了动静叶排干扰引起的非定常激励，因此叶片振动响应中没有和通过频率对应的振动分量。

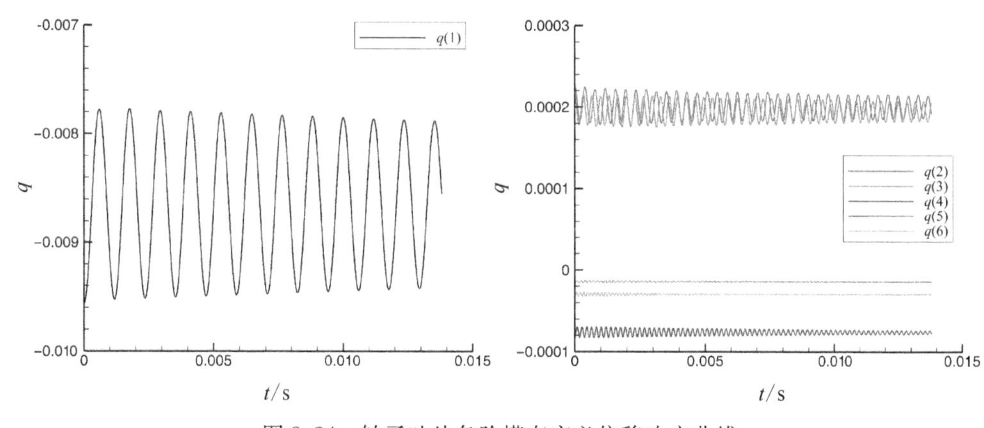

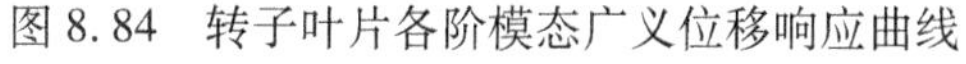
图 8.84　转子叶片各阶模态广义位移响应曲线

参 考 文 献

[1] 吴望一,1982. 流体力学(上册)[M]. 北京: 北京大学出版社.

[2] 吴望一,1982. 流体力学(下册)[M]. 北京: 北京大学出版社.

[3] 陆志良,2009. 空气动力学[M]. 北京: 北京航空航天大学出版社.

[4] 管德,1991. 非定常空气动力学计算[M]. 北京: 北京航空航天大学出版社.

[5] 张涵信,沈孟育,2003. 计算流体力学-差分方法的原理[M]. 北京: 国防工业出版社.

[6] 任玉新,陈海昕,2006. 计算流体力学基础[M]. 北京: 清华大学出版社.

[7] Anderson J D, 2007. 计算流体力学基础及应用[M]. 吴颂平,刘赵淼,译. 北京: 机械工业出版社.

[8] Blazek J, 2015. Computational fluid dynamics: principles and applications [M]. Oxford: Butterworth-Heinemann.

[9] Toro E F, 2013. Riemann solvers and numerical methods for fluid dynamics: a practical introduction [M]. Berlin: Springer Science & Business Media.

[10] 管德,1994. 飞机气动弹性力学手册[M]. 北京: 航空工业出版社.

[11] 杨超,2016. 飞行器气动弹性原理[M]. 北京: 北京航空航天大学出版社.

[12] 徐敏,安效民,康伟,等,2016. 现代计算气动弹性力学[M]. 北京: 国防工业出版社.

[13] 赵永辉,2007. 气动弹性力学与控制[M]. 北京: 科学出版社.

[14] Dowell E H, 1989. A modern course in aeroelasticity [M]. Dorecht, The Netherlands: Kluwer Academic Publishers.

[15] Livne E, 2003. Future of airplane aeroelasticity [J]. Journal of Aircraft, 40(6): 1066 - 1092.

[16] 胡海岩,2007. 机械振动基础[M]. 北京: 北京航空航天大学出版社.

[17] 克拉夫 R,彭津 J,2010. 结构动力学[M]. 王光远,等 译. 北京: 高等教育出版社.

[18] Hodges D H, Pierce G A, 2011. Introduction to structural dynamics and aeroelasticity [M]. Cambridge: Cambridge University Press.

[19] Ding L, Lu Z L, Guo T Q, 2014. An efficient dynamic mesh generation method for complex multi-block structured grid [J]. Advances in Applied Mathematics and Mechanics, 6(1): 120 - 134.

[20] Chen H, Lu Z L, Guo T Q, 2017. A hybrid dynamic mesh generation method for multi-block structured grid [J]. Advances in Applied Mathematics and Mechanics, 9(4): 887 - 903.

[21] 黄炜,陆志良,唐迪,等,2014. 基于多点约束的大展弦比机翼静气动弹性计算[J]. 北京航空航天大学学报,40(12): 1666 - 1671.

[22] 郭同庆,陆志良,程芳,2004. 一种静、动气动弹性的一体化计算方法[J]. 振动工程学报,17(4): 412 - 415.

[23] Huang W, Lu Z L, Guo T Q, et al., 2012. Numerical method of static aeroelastic correction

and jig-shape design for large airplanes [J]. Science China Technological Sciences, 55(9): 2447 - 2452.

[24] 陆志良,郭同庆,管德,2004. 跨音速颤振计算方法研究[J]. 航空学报,25(3): 214 - 217.

[25] 郭同庆,董璐,陆志良,2008. 跨声速机翼抖振初始迎角 N - S 方程定常计算分析[J]. 航空学报,29(4): 840 - 844.

[26] Zhang W W, Jiang Y W, Ye Z Y, 2007. Two better loosely coupled solution algorithms of CFD based aeroelastic simulation [J]. Engineering Applications of Computational Fluid Mechanics, 1(4): 253 - 262.

[27] 顾宁,陆志良,张家齐,等,2011. 基于 CFD 的机翼突风响应计算[J]. 航空学报,32(5): 785 - 791.

[28] 顾宁,陆志良,郭同庆,2013. 自由弹性机翼跨音速阵风响应分析[J]. 振动工程学报,26(5): 700 - 706.

[29] 胡骏,2014. 航空叶片机原理[M]. 北京: 国防工业出版社.

[30] 周盛,1989. 叶轮机气动弹性力学引论[M]. 北京: 国防工业出版社.

[31] 张文,1990. 离心力场下的弹性系统动力学,转子动力学理论基础[M]. 北京: 科学出版社.

[32] 张明明,李绍斌,候安平. 叶轮机械叶片颤振研究的进展与评述[J]. 力学进展,2011,41(1): 26 - 38.

[33] Marshall J G, Imregun M, 1996. A review of aeroelasticity methods with emphasis on turbomachinery applications [J]. Journal of Fluids and Structures, 10(3): 237 - 267.

[34] Verdon J M, 1993. Review of unsteady aerodynamic methods for turbomachinery aeroelastic and aeroacoustic applications [J]. AIAA Journal, 31(2): 235 - 250.

[35] Arima T, Sonoda T, Shirotori M, et al., 1999. A numerical investigation of transonic axial compressor rotor flow using a low-Reynolds-number k - ε turbulence model [J]. Journal of Turbomachinery, 121(1): 44 - 58.

[36] Walraevens R E, Gallus H E, Jung A R, et al., 1998. Experimental and computational study of the unsteady flow in a 1.5 stage axial turbine with emphasis on the secondary flow in the second stator [C]. Stockholm: International Gas Turbine and Aeroengine Congress & Exhibition.

[37] 郑赟,王彪,杨慧,2013. 跨声速风扇叶片的静态气动弹性问题[J]. 航空动力学报,28(11): 2472 - 2482.

[38] Chunill H, 2009. Large eddy simulation of transonic flow field in NASA Rotor 37 [R]. NASA TM 2009 - 215627.

[39] Guo T Q, Zhou D, Lu Z L, 2017. A double-passage shape correction method for predictions of unsteady flow and aeroelasticity in turbomachinery [J]. Advances in Applied Mathematics and Mechanics, 9(4): 839 - 860.

[40] He L, 1990. An Euler solution for unsteady flows around oscillating blades [J]. Journal of Turbomachinery, 112(4): 714 - 722.

[41] 徐可宁,王延荣. 时域法在压气机转子气动弹性计算中的应用[J]. 航空动力学报,2011,26(1): 191 - 197.

[42] 全金楼,张伟伟,苏丹,等,2013. 基于 CFD/CSD 时域耦合方法的多通道叶栅颤振分析

[J]. 航空动力学报,34(19): 2019 - 2028.

[43] 周迪,陆志良,郭同庆,等,2015. 基于 CFD/CSD 耦合的叶轮机叶片失速颤振计算[J]. 航空学报,36(4): 1076 - 1085.

[44] Carstens V, Boltz J, 2001. Numerical investigation of nonlinear fluid-structure interaction in vibrating compressor blades [J]. Journal of Turbomachinery, 123(2): 402 - 408.

[45] Zhou D, Lu Z L, Guo T Q, 2017. Numerical investigation of the effects of part-span shrouds on aerodynamic and aeroelastic characteristics of a transonic fan rotor [C]. ASME Turbo Expo 2017: Turbomachinery Technical Conference and Exposition. American Society of Mechanical Engineers: V07BT36A004.

[46] Hoynacki A, Gallus H E, Niehuis R, 1999. Unsteady flow phenomena in a three stage axial compressor with controlled diffusion airfoils [C]. Kobe: Proceedings of International Gas Turbine Congress: 575 - 582.